通(통)하는 통계학

저자 이무성

공학박사 / 품질관리기술사
한양대학교 대학원 산업공학과 졸업
한국표준협회 전문위원 역임
방위사업청 자문위원 역임
중소기업청 지도위원 및 평가위원 역임
한국산업인력공단 훈련기관 평가위원 역임
광주시 자연채 상표 심의위원
(주)효성일렉트 외 품질경영시스템 자문
한국호텔경영학회 학술이사
(현) 동원대학교 사회경영학부 교수

通하는 통계학

2015년 3월 1일 초판 인쇄
2015년 3월 5일 초판 발행

지은이 | 이무성
펴낸이 | 이찬규
펴낸곳 | 북코리아
등록번호 | 제03-01240호
주소 | 462-807 경기도 성남시 중원구 사기막골로 45번길 14
우림2차 A동 1007호
전화 | 02) 704-7840
팩스 | 02) 704-7848
이메일 | sunhaksa@korea.com
홈페이지 | www.북코리아.kr
ISBN | 978-89-6324-414-3 (93310)

값 20,000원

通(통)하는 통계학

이무성 지음

북코리아

머리말

현대사회를 흔히들 "정보화 사회"라고 한다. 이러한 정보들은 대부분 계량화된 수치로 접하게 된다. 예를 들면 일기예보에 있어서 비가 올 확률, 주가지수, 사고율, 환경오염의 정도를 나타내는 아황산가스 수치 등 무수한 통계수치가 정보로서 매일 쏟아져 나오는 시대에 우리는 살고 있다.

통계학은 불확실한 미래를 예측하는 데 있어서 가장 합리적이고 과학적인 의사 결정을 할 수 있는 학문으로서 농업, 경영, 경제, 공업, 보건의약, 행정 등 전문분야별 효율적인 연구나 운영을 위해서 널리 활용하고, 데이터베이스화 하여야 한다.

선진국과 후진국과의 차이를 하나의 예를 들라면 저자는 "통계개념의 인식과 활용의 수준"이 아닌가 하는 생각을 한 적이 있다. 이것은 선진국일수록 복잡한 현상이나 불확실성이 자주, 고도로 발생되고 있기 때문에 예측 가능한 정확한 정보획득이 필수적이기 때문이다.

본 저자는 다년간의 통계학 강의를 하면서 상당수 학생들이 "통계학은 어렵다"고 하는 절박한 상황을 인식하여 '通하는 통계학'이라는 책을 저술하게 된 것이다. 즉, 어려워하는 것을 보다 이해하기 쉬운 통계개념 방법론을 전달하고자 이 책을 저술하게 된 것이다.

이 책은 대학생, 경영관리자, 기술연구자 등 모든 분야에서 활용이 가능하며 특히 경영학, 산업경영학, 보건의료 정보학을 전공하는 학생을 염두에 두고 예제나 문제를 제시하였다. 또한 수리적 기초개념이 약한 학생이라도 쉽게 학습할 수 있도록 정리를 하였다. 그 일환으로 각 장의 후미에 'lecture review'코너를 두어서 기본적인 개념을 다시 한 번 학습할 수 있도록 하였다.

이 책의 구성 체계는 전체 12장으로 구성하였다. 제1장에서는 통계학의 개요로서 통계학의 학문적 정의, 기본용어, 전개과정을 나열하였다. 제2장에는 기술통계학으로 그래프에 의한 정리법과 기술통계량에 의한 정리법을 언급하고 있다. 제3장에서는 확률이론으로 기본개념, 확률의 구분과 성질, 확률의 법칙에 대하여 서술하고 있다. 제4장에서는 확률변수와 확률함수의 기본개념을 상세하게 정리하였다. 제5장에서는 이산확률분포에 대하여 기본개념을 이해하도록 하고 특히 이항분포, 포아송분포, 초기하분포를 제시하였다. 제6장에서는 연속확률분포의 기본개념을 서술하고 정규분포에 대하여 상세히 설명하였다. 제7장은 표본분포에 대하여 표본추출, 표본분포, 모집단에서의 표본분포를 중심으로 언급하였다. 제8장은 추정에 대하여 점추정과 구간추정을 쉽게 이해하도록 정리하였다. 제9장에서는 검정에 대하여 계량치와 계수치로 구분하여 검정방법론을 제시하였다. 제10장에서는 상관분석과 회귀분석에 대한 기본개념을 설명하였다. 제11장에서는 분산분석과 제12장에서는 비모수통계학에 대하여 간략히 제시하였다.

끝으로 여러 관련 교수님들과 전문가의 의견을 반영하려고 노력하였으나 미흡한 점은 지속적인 개정을 통하여 명실공히 '通하는 통계학'에 적합한 교재가 될 수 있도록 보완해 나갈 것을 약속을 드리며, 물심양면으로 지원을 아끼지 않은 여러분께 깊은 감사를 드린다.

그리고 이 책의 출판에 적극적으로 배려를 해주신 북코리아 이찬규 사장님을 비롯한 임직원께 진심으로 감사를 드린다.

2015년 2월

저자 이무성

차례

제3장
확률이론

제4장
확률변수와 확률함수

제12장 비모수통계학

부록

제1장

통계학 개요

1. 통계학이란?
2. 통계학의 기본용어
3. 통계학의 전개과정

현대사회에서 통계학은 인문학, 사회과학, 자연과학 전 분야에 활용되고 있으며 특히 다량의 데이터가 생성되고 정확한 데이터 수집과 처리가 결국 정확한 정보를 제공하여 합리적인 의사결정을 할 수 있는 학문적 방법론이다.

1. 통계학이란?

통계학(statistics)이라는 용어는 라틴어의 국가를 나타내는 state로부터 유래하여 학문을 나타내는 ics가 합성된 말이다. 따라서 통계학은 국가의 모습을 숫자로 표현하는 학문이라고 하였다. 즉 국가의 모습은 영토면적, 인구, 인구밀도, 국민소득, 가구의 수, 병력, 사회활동, 경제규모 등 숫자로 집계, 분석하는 것이다.

통계학은 역사적으로 거슬러 가보면, 기원전 고대 바빌로니아, 중국, 이집트 등에서 인구조사가 행하여졌으며, 로마시대에는 국가의 조직이 발달되면서 세금징수와 군사력 유지를 위한 징병 목적으로 주기적으로 인구와 재산상태를 조사하였던 것이다.

통계학의 본격적인 생성은 17세기 독일, 영국 및 프랑스로부터 찾을 수 있다. 1660년경 독일에서 콘링(H. Corning, 1608~1681)이 Hermstadt 대학에서 정치가는 국가의 중요사항인 국토, 군사, 인구 및 행정 등에 정확한 지식을 가지는 것이 중요하다고 주장하였으며 그 후 아헨발(G. Achenwall, 1719~1772)은 오늘날 통계학(statistics)의 어원이 된 'statistik'이란 용어를 처음으로 사용하면서, '이것이 국가의 중요사항을 기술하는 학문'이라고 정의하였다.

1.1 통계학 정의

통계란 분석하고자 하는 집단과 관련해 조사나 실험의 결과로 얻는 자료 또는 이의 요약된 형태를 말한다.

그렇다면 통계학이란 무엇인가? 통계학이란 자료를 수집하고, 정리, 요약하며 더 나아가 요약된 데이터를 분석하고 해석하는 일련의 방법과 규칙에 관한 학문이다. 통계학은 사회적 현상이나 자연적 현상에 관한 자료를 수집하여 이를 이해하기 쉬운 형태로 정리, 요약하는 데 이용된다. 즉 통계학은 요약된 자료를 분석하고 해석하여 미래의 상황에 대한 예측을 통하여 합리적인 의사결정을 하는 데 도움을 준다.

통계학(statistics)이란 조사, 관심대상에 대하여 자료를 수집하고 정리, 요약하고, 이의 정보를 토대로 불확실한 사실에 대하여 객관적이고 합리적인 의사결정을 이끌어 낼 수 있도록 그 방법론을 제시하는 학문

1.2 통계학의 역사

통계학의 기원을 보면 약 5000년전 중국, 이집트, 바빌로니아 등 고대국가가 성립되면서 생성하기 시작하여 BC 1440년경 모세의 구약성서에 보면 인구조사를 통하여 전쟁터에 나갈 수 있는 숫자를 지역별로 기록된 것을 알 수 있었다. 그 이후 학문으로서의 통계학은 17세기 중엽에 이르러 그 체계가 확립된 것이다.

(1) 고전 통계학

① 독일 국상학(국세학파)

17세기 중엽 독일에는 300여개의 작은 제후국들이 난립 - 국가 간 세력을 비교하여 알고자 하는 의도가 높았다. 이 당시 독일 국상학파의 창시자인 콘링(H. Corning, 1606~1681)이 '최근 유럽국상학'이라는 제목으로 강의하였던 바 이것이 독일대학 통계학파의 시초이다. 그 내용은 각국의 토지, 인구, 재정, 군사력 등 국가적 사항을 수량적으로 표현하여 비교하였다. 그 뒤를 이어 독일의 철학자, 역사학자, 경제학자인 아헨발(G. Achenwall, 1719~1772)이 처음으로 국상학(國狀學, Staatenkunde)이란 용어를 쓰고 국가의 중요사항을 기술하는 학문이라고 정의했다. 이 국가의 중요사항은 토지, 주민, 지리, 산물, 역사 그리고 행정조직을 통계자료로 활용하지 않고 문장에 중점을 두고 기술한 것이 특색이며, 이로써 국상학의 학문적 체계를 확립하였다.

② 영국(정치 산술학파)

독일의 국상학과 거의 동시에 영국에서 성립된 통계학의 근원적인 학문체계는 정치산술학(political arithmetics)이다. 17세기경 영국은 해외식민지와 무역이 급증하여 전염병과 풍토병이 들어와 사람들의 목숨을 잃게 되었다. 1603년부터 런던시청에서는 출생과 사망에 관한 통계를 주보로 발표했다. 잡화상인의 직업으로 첫 번째 인구통계학자인 그란트(J. Graunt, 1620~1674)는 1662년 "사망표에 관한 자연적, 정치적 관찰"(Natural and political observations upon the bills of mortality)이라는 논문을 발표하였고, 이를 통하여 대량관측에서 법칙성을 발견하고자 했다. 이것이 학문적인 관심을 끌었다.

그 뒤 그란트는 친구인 페티(W. Petty, 1623~1687)와 함께 현대 인구통계학의 골격을 제공한 인간 통계와 조사방법론을 최초로 개발하였다. 그리고 페티는 그란트의 방법론을 경제적 현상을 계량적으로 파악하는데 시도하였다. 이와 같이 그란트와 페티에 의해 만들어진 통계체계를 정치산술학(political arithmetic)이라고 한다. 정치산술학파는 사회현상을 수량화하므로써, 거기에 지배적인 법칙을 발견하는 방법을 제공한 것이라 볼 수 있다.

③ 프랑스(고전 확률론)

국상학과 정치산술학과 비슷한 시기에 프랑스에서도 독특한 형태의 통계학이 발전하였다. 당시 프랑스의 귀족사회에서는 도박이 성행하여 도박에 관한 확률에 관심을 가진 것이 출발점이 된 것이다. 도박에 대한 우연성과 필연성과의 대립을 의식하고 우연의 세계를 처리하기 위하여 프랑스를 중심으로 확률논리가 정립되었다. 확률에 대한 연구가 최초로 시작된 것은 르네상스시대에, 주사위놀이를 즐기던 도박사들의 요청에 의하여 갈릴레이(Galileo Galilei:1564~1642)가 확률의 기본적인 법칙에 대한 논문을 발표하면서 부터이다. 그 후 17세기 중엽에는 파스칼(B. Pascal, 1623~1662), 페르마(P. Ferma, 1601~ 1665), 베르누이(D. Bernoulli, 1700~1782) 등이 도박에 관한 확률계산을 수학적으로 취급하여 확률론이 발전하게 되며 이것이 추측통계학의 기초를 수립한 것이다. 확률문제가 많은 사람들의 관심사로 된 이면에는 도박으로 부자의 길을 찾으려는 상인들의 갈망이 있었기 때문이다. 파스칼 이후 베르누이(J. Bernoulli : 1654~1705)는 대수의 법칙(The law of large numbers)을 발견하였고, 드 무아브르(A. De Moivre : 1667~1754)는 확률, 순열,

조합이론을 수학적으로 정립시켰다. 이와 같은 확률논리의 전제 위에 라플라스(P.S. Laplace : 1749~1827)에 의해 출간된"확률의 이론적 분석(Theorie analytique des probability : 1882)" 등의 연구들이 통계학의 중요한 매개체로서 확률이론을 정립시켰다.

독일, 영국, 프랑스의 통계학이 하나로 통합하여 케틀레(A. Quetelet, 1796~1874)의 시대이며 이때에 이르러 고전통계학의 기초를 확립되었다. 케틀레는 "사회물리학"이란 저서에서 생물과 인류에 관한 자료를 이용하여 정규분포를 작성하고, 교육, 사회, 생물 등에 통계적 방법을 적용함으로써, 모든 영역에 통계적 방법의 적용가능성을 보여줌으로써 확률이론과 통계학에 지대한 공헌한 바 있다.

(2) 근대 통계학

20세기 초에 고전통계학이 근대통계학으로 탈바꿈하였다. 근대통계학은 기술통계학과 추측통계학으로 분류하여 독자적으로 발전하게 되었다.

① 기술통계학

케틀레 이후 갈톤(F.Galton .1822~1911)과 피어슨(K.Pearson)은 통계적 방법을 자연현상에 적용하여 법칙성을 찾으려고 시도한 최초의 사람들이다. 피어슨(K. Pearson, 1857~1937)이 진화론을 수량적 실증하려는 시도를 통하여 큰 발전을 이루었다. 즉, 그 당시 다윈(C .Darwin)의 "종의 기원(Origin of Species by means of Natural Selection, 1859)"이 출판되어 세상을 놀라게 했고, 이때 웰돈(W.F. R. Weldon, 1860~1906)은 다윈의 진화론을 믿고 생물 진화에 관한 측정값들의 분석에 갈톤과 피어슨의 방법을 이용하였다. 갈톤은 다윈과 웰돈의 영향으로 진화론의 과학적 입증연구에 몰두하다 여러 측정값과 실험값에 의해서 형질유전을 밝히려다 복귀(復歸)의 원리를 발견하는데 이것이 회귀(regression)와 상관(correlation)의 개념이다. 회귀와 상관의 개념과 방법은 피어슨에 의해서 체계화 되었다.

② 추측통계학

아일랜드의 맥주회사인 긴네스맥주회사(Guinness Breweries)에서 맥주의 품질문제에 봉착하였다. 이러한 문제를 해결하기 위하여 당시 옥스퍼드대학에서 공부하던 고셀(W. S. Gosset)이 양조실험에 소표본에 의해서 판단할 수밖에 없었다. 이와 같은 소표본에서 유용한 정보를 추출하는 방법론이 "스튜던트 t-분포"이다. 이러한 t-분포의 발견에 의해서 추측통계학의 탄생을 보게 된 것이다.

그 이후 피셔(R. Fisher)에 의해 비약적인 발전을 이루었으며, 피어슨의 영향을 받은 피셔가 실험계획에 관한 이론과 통계적 추정이론을 발표하게 되자, 새로운 통계학으로서 추측통계학이 발달하게 된 것이다. 또한 피셔는 표본이론에 근거하여 실험이론을 발전시켜 과학적인 조사에 통계분석을 응용하였으며 특히, 분산분석 방법론을 개발하여 추측통계학을 집대성하고, 발전시키는 데 큰 공헌을 하였다.

또한 추측통계학은 1936년과 1938년에 노이만(John Neuman)과 피어슨(Egon S. Pearson)에 의하여 발표된 통계적 가설검정이론으로 더욱 발전하게 되었고, 1950년 왈드(A.Wald)에 의하여 발표된 통계적 결정이론(theory of ststistical decision)으로 추측통계학을 집대성하게 되었다. 이와 같은 이론의 발전과 관련해서 응용분야에 있어서도 슈하르트(W.A. Shewhart)의 통계적 품질관리, 닷지(H. F. Dodge)와 로밋(H. G. Romig)의 샘플링검사법, 데밍(W. E. Deming)과 코크란(G.W.Cochran)의 표본조사법 등이 개척되었다.

(3) 현대 통계학

2차 세계대전을 전후로 하여 산업의 발전과 더불어 통계분석방법론이 경제학과 경영학분야에 적용하였다. 수많은 통계학자의 노력으로 통계이론이 수학적으로 완전 체계화됨으로써 통계학의 적용범위가 광범위화 되고 또한 컴퓨터의 발전으로 현대통계학은 더욱 발전하여 정보통계학, 전산통계학분야를 개척하게 되었다.

1.3 통계학의 영역

통계학은 다른 학문분야와 함께 응용하여 발전하고 있다. 즉, 경영통계학, 보건통계학, 공업통계학, 경제통계학, 농업통계학, 관광통계학, 호텔경영통계학, 사회복지통계학 등과 같이 통계학은 자연스럽게 복합적인 영역으로 전개하고 있다.

[그림 1-1]에서 제시하고 있는 바, 통계학의 영역 전개방법론으로는 크게 기술통계(descriptive statistics)와 추측통계(inferential statistics) 분야로 나눈다. 기술통계는 자료가 수집된 후 이를 정리, 요약하여 설명하는 분야이며 추측통계는 분석된 자료의 정보를 평

가하여 전체 관심대상의 특성을 추측, 모형화 하거나, 미래에 대한 의사결정을 예측하는 방법론이다.

(1) 기술통계학

기술통계학(descriptive statistics)은 자료를 수집, 정리하고 표현하기 위하여 통계적 기법을 활용하는 분야라고 할 수 있다. 이러한 데이터는 조사를 통하여 또는 실험을 통해서 수집할 수 있으며, 이렇게 수집된 자료를 표, 그래프 또는 요약특성치로 분류하고 정리할 수 있다. 예를 들면, 이직률, 불량률, 야구에서의 타율, 결점률, 합격률, 실업률, 부도율, 주가지수 등은 기술통계에 해당된다.

(2) 추측통계학

기술통계학의 절차는 표본이나 모집단의 측정을 기술하는 데 이용된다. 모집단의 규모가 작을 때에는 문제가 없으나 모집단이 클 때에는 비용, 시간, 인력 등으로 모집단 전체를 측정할 수 없으므로 표본을 추출하게 된다. 여기서 표본 측정을 기술하는 것으로 끝나지 않고 표본 정보를 이용해서 모집단에 대한 정보를 추측할 수 있다. 이와 같이 표본정보를 이용하여 모집단의 특성을 추론하는 것을 추측통계학(inferential statistics)이라고 한다.

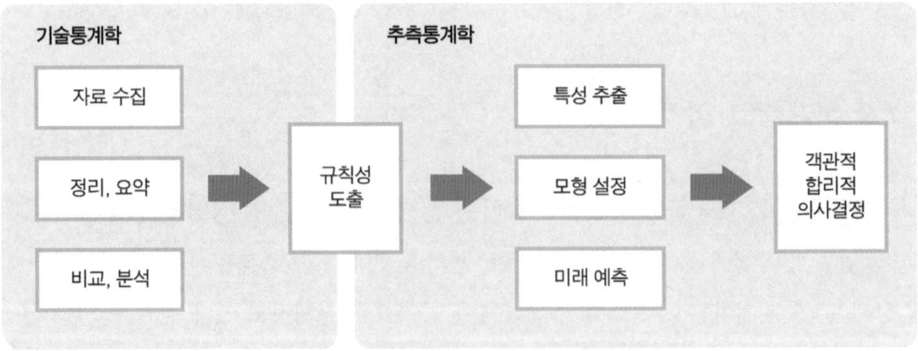

[그림 1-1] 기술통계학과 추측통계학 관계

본 도서는 [그림 1-2]에서와 같이 통계학의 내용 중에서 특히 사회과학분야의 사례와 통계방법론을 중심으로 통계학을 구성하는 데 중점을 두었다.

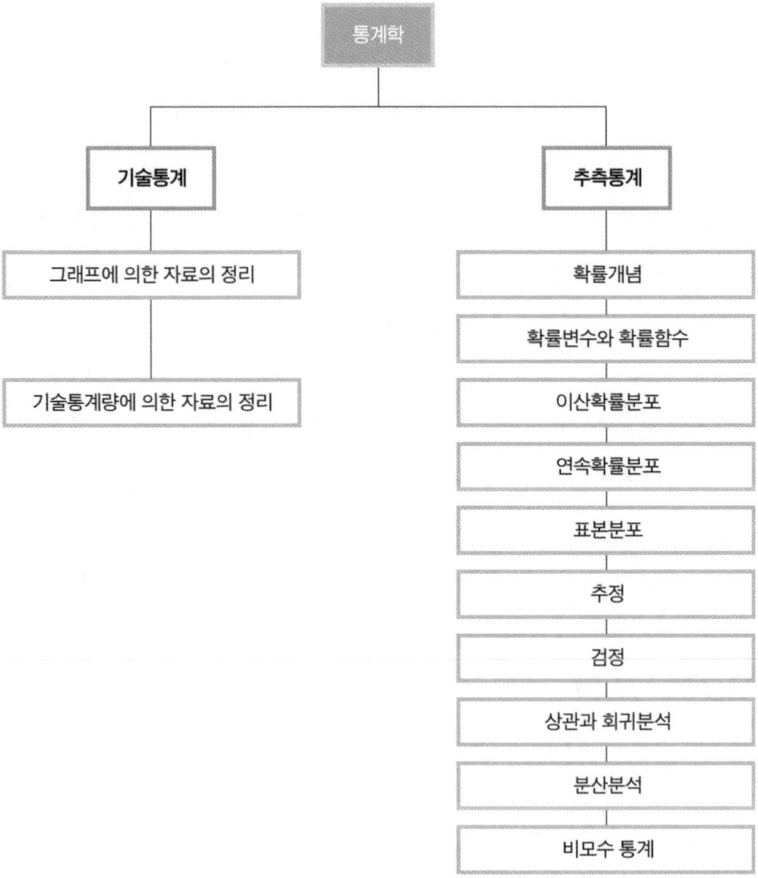

[그림 1-2] **통계학 교재의 구성**

2. 통계학의 기본용어

2.1 모집단과 모수

모집단(population)이란 관심대상이 되는 전체 측정치의 집합이다. 즉 모집단이란 조사자 혹은 연구자가 어떤 정보를 알고자 하는 집단, 연구 대상이 되는 집단으로 규정할 수 있다. 가령, 우리 회사에서 만드는 제품(A모델)의 평균불량률은 얼마나 될까?, 우리나라 남여 각각 평균수명이 얼마나 될까? 등에서 모집단이라 함은 우리회사 제품(A모델), 우리나라 남자, 여자가 된다.

모집단의 구성이 한계성이 있는지, 없느냐에 따라서 유한모집단(finite population)과 무한모집단(infinite population)으로 나눈다. 모집단의 구성단위를 숫자로 표현이 가능한 경우는 유한모집단이지만, 어떤 공정에서 만들어지는 부품이나 제품의 경우 지속적으로 생산되는 상황에서는 무한모집단이라고 할 수 있다.

모수(parameter)는 모집단의 특성을 나타낼 수 있는 상수(unique number)라고 하며 모평균, 모분산, 모표준차, 모비율 등으로 표현한다.

2.2 표본과 통계량

표본(sample) 혹은 시료라고도 한다. 표본은 조사, 연구 대상이 되는 모집단에 대하여 가장 정확한 방법은 이를 전수조사, 전수검사(시험)하는 것이나 현실적으로 인력, 시간, 예산 등의 제약조건이 있기 때문에 이것을 효율적, 경제적으로 조사할 수 있는 방법이 무작위 추출이 될 것이며 이러한 결과 형성된 또 다른 소집단을 표본이라고 한다. 즉 표본이라는 것은 모집단의 특성을 가장 잘 대표할 수 있는 일부분의 조사로 형성된 집단이라고 한다.

통계량(statistic)은 표본 집단체의 특성을 나타내는 변수(variable)라고 하며, 이에 표본평균, 표본분산, 표본표준편차, 표본비율, 범위 등이다.

- 모집단 : 내가 알고자 하는 집단의 집합체
- 유한모집단 : 모집단의 크기가 한정되어 있는 경우
- 무한모집단 : 모집단의 크기가 무한정되어 있는 경우
- 모수 : 모집단의 특성을 나타내는 상수
- 표본(시료) : 모집단으로부터 일부 무작위 추출을 하여 형성된 또 다른 집합체
- 통계량 : 표본(시료)의 특성을 표현한 변수
- 모수통계 : 모집단의 특성이 정규분포를 이루고 있을 것이라는 가정 하에 추정함
- 비모수통계 : 모집단의 특성의 분포에 대한 어떤 가정을 하지 않은 상태에서 추정함

2.3 표본 추출

일반적으로 시험이나 조사, 검사를 할 때 전수조사를 하면 알고자하는 어떤 현상의 정보를 가장 정확하게 파악할 수 있지만 모든 집합체를 무조건 전체를 조사하는 것은 어려운 점이 많다. 이것은 경우에 따라 엄청난 시간, 비용, 인력이 필요로 하기 때문이다. 물론 이러한 제약조건이 있는데도 불구하고 부득이한 사유로 전수조사를 해야 되는 경우가 있다. 예를 들면, 선거개표나 100% 정확도를 요구하는 경우가 될 것이다. 그렇지만 대부분의 경우는 모집단의 일부로서 추출된 표본을 이용하여 전체 모집단의 특성을 추론하게 된다.

(1) 무작위추출(random sampling)

무작위추출이란 모집단의 구성 원소가 표본으로 뽑힐 확률이 같은 상황에서 표본을 뽑는 방법을 말한다. 즉 하나의 원소를 뽑는 것이 다른 원소에 영향을 주지 않도록 표본을 추출하는 것이다. 이것은 결국 모집단과 표본체간의 차이(오차)를 최소화하는 것이다. 무작위 추출의 방법으로는 난수표(random number table)를 이용하거나 컴퓨터에 의해 발생된 난수를 이용할 수 있다.

(2) 복원추출

모집단으로부터 무작위추출 방법에 의해 뽑힌 그 대상물을 확인한 후 다시 모집단에 원위치 시키는 행위를 복원추출(sampling with replacement)이라고 한다. 이때 각 단계에서 대상물을 뽑힐 확률은 같아지며 대상물들은 서로 독립적으로 뽑히게 된다.

(3) 비복원추출

모집단으로부터 무작위추출 방법에 의해 뽑힌 한 개의 대상물을 확인한 후 다시 모집단에 원위치 시키지 않는 행위를 비복원추출(sampling without replacement)이라고 한다. 즉 한 개의 대상물을 뽑고, 나머지 $n-1$개 중에서 두 번째 공을 뽑으며 $n-2$개 중에서 세 번째 대상물은 뽑는 방법으로 이때 각 단계에서 대상물을 뽑힐 확률은 달라지며, 그 이전에 뽑힌 대상물의 영향을 받게 된다.

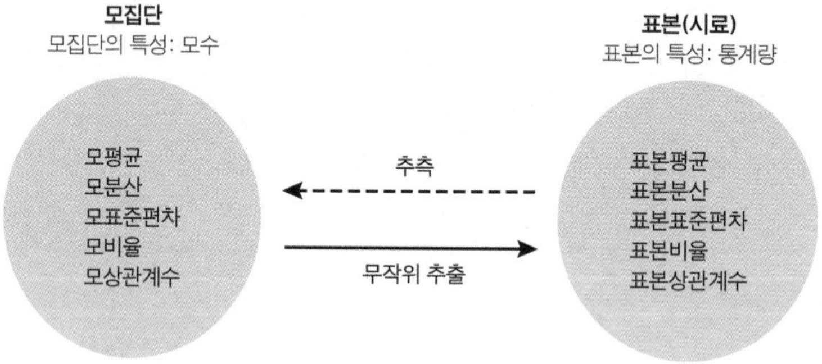

[그림 1-3] **모집단과 표본**

2.4 측정과 척도의 구분

측정(measurement)이란 관찰이 가능한 대상물의 특성을 나타내기 위하여 대상물에 수치를 부여한다는 의미로 사용된다. 따라서 측정은 일정한 규칙에 따라 사물 또는 사건에 대하여 숫자를 부여하는 것이다. 여기서 일정한 규칙이란 대상물을 어떻게 측정할 것인가를 정하는 것을 의미한다.

측정은 특성에 따라 질적인 측면과 양적인 측면이 있다. 질적인 측면은 가전제품의 고객만족도를 조사할 때 매주만족 - 만족 - 보통 - 불만족 - 매우불만족 중에서 어느 하나를 택할 것인가 혹은 선호도 순위별로 결정하는 방법 등 여러 가지 방법을 생각할 수 있을 것이다.

측정규칙의 설정은 척도의 설정을 의미한다. 척도란 일정한 규칙을 가지고 관찰대상을 측정하기 위하여 그 속성을 일련의 숫자로 나타내는 것을 말한다. 척도의 양적인 측면은 인장강도기, 경도기, 체중계 등이 있다. 척도에 의해 대상을 측정하면 그 특성을 객관화할 수 있으며 그 본질을 정확히 파악할 수 있는 것이다. 또한 관찰 대상들을 서로 비교할 수 있으며 그 들 사이의 일정한 관계를 알 수 있다.

측정의 척도는 네 가지로 구분하는데 명목척도, 서열척도, 등간척도, 비율척도 등으로 구분한다.

(1) 명목척도(nominal scale)

관찰대상의 고유한 속성을 분류할 목적으로 사용되는 척도로서 숫자나 기호를 부여하는 척도이며, 명명척도라고도 한다. 명목척도에 부여되는 숫자는 양적인 의미가 없으며 단지 자료가 지닌 속성을 구분하고 있을 뿐이다. 즉, 대상의 속성을 범주로 분류하기 위하여 숫자를 사용한다.

명목척도로 측정한 자료를 명목자료라고 한다. 예를 들면 남성에게는 1, 여성에게는 2라는 수치를 부여한다면 남성과 여성은 이 범주에 한하여 명목척도를 적용하는 것이다. 이외에도 결혼유무, 직업유형, 종교, 행정구역, 계절, 색상, 장애유형, 취미, 불량여부 등도 명목척도로 측정된다.

(2) 서열척도(ordinal scale)

명목척도와 같이 측정대상을 범주로 분류하지만 관찰대상을 서열이나 순위를 비교하기 위해 그 사물들의 속성의 많고 적음, 크고 작음의 수치에 따라 서열순서를 부여해 나가는 척도이다. 순서척도라고도 한다. 이 척도는 관찰대상의 비교우위를 결정하며 각 서열간의 양적인 차이는 고려하지 않는다.

서열척도로 측정한 자료를 서열자료라고 한다. 예를 들면 학년(1학년, 2학년, 3학년, 4학년 등), 경기의 순위(첫째, 둘째, 셋째 등) 등은 범주에 대한 좋고, 나쁨(선호도), 그리고 높고, 낮음 등과 같이 비교를 할 수 있지만 얼마나 더 좋고 더 높은지 비교할 수 없는 한계를 지닌다. 이 외에도 사회계층, 석차, 소득수준, 자격등급 등이 있다.

(3) 등간척도(interval scale)

등간척도는 측정대상을 범주로 분류하고 여기에 서열을 매긴다는 점에서 서열척도와 같지만 서열을 나타내는 숫자 간의 간격, 등간을 이루는 척도이다. 여기서 등간을 이루는 척도는 산술적 의미를 갖는 점에서 서열척도와 다르다. 등간척도의 종류로는 리커트 3점 척도, 5점 척도, 7점 척도 등이 있다.

등간척도로 측정한 자료를 등간자료라고 한다. 등간자료도 명목자료와 서열자료와 같이 의미있는 원점(0)이 없기 때문에 숫자 간 몇 배라는 비율은 말할 수 없다. 즉, 등간척도는 관찰대상의 양적인 차이를 알 수 있으나 절대적인 크기를 측정할 수 없으므로 비율계산은 못한다. 예를 들면 어제의 기온이 20℃ 이었고 오늘 기온 40℃ 라고 할 때 오늘은 어제보다 20℃ 더 덥다고 말할 수 있지만 두 배 더 덥다고 말할 수 없는 것이다. 그 예로서는 IQ, 온도, 주가지수, 성적, 물가지수, 경제성장률 등이 있다.

예시 리커트 5점 척도

[질문] 당신은 A회사의 ㅇㅇ제품의 품질에 만족합니까?

매우 만족	만족	보통	불만족	매우 불만족
10	8	6	4	2

(4) 비율척도(ratio scale)

비율척도는 명목척도, 서열척도, 등간척도가 갖는 조건의 특성을 만족시키면서 절대적 원점을 갖기 때문에 양적인 차이와 크기의 비율을 반영한다. 즉, 비율을 통한 측정의 크기를 비교할 수 있다. 이에 연령, 시간, 질량, 중량, 거리, 상품가격, 급여액, 사망률, 출생률, 졸업생수 등이 비율척도에 해당된다.

비율척도로 측정한 자료를 비율자료라고 한다. 비율척도의 예를 들면 김군이 100kg을 들어 올렸고, 이군이 50kg을 들어 올렸다면 김 군은 이군보다 2배의 무게를 들어올렸다고 말할 수 있다.

[표 1-1]에서 보는 바와 같이 척도의 특성을 범주, 순위, 등간격, 절대영점 관점에서 보면 명목척도, 서열척도, 등간척도, 비율척도 순으로 정보수준의 양이 많아짐을 알 수 있다. 또한 척도를 질적 척도와 양적 척도로 구분하고 적용 가능한 분석은 질적척도인 명목척도와 서열척도는 비모수통계에 적용하고 양적척도인 등간척도와 비율척도는 모수통계에 주로 이용한다.

[표 1-1] **척도 간의 비교**

구분		특성				기능	연산자	적용
		범주	순위	등간격	절대영점			
질적	명목척도	○	×	×	×	분류	=	비모수통계 빈도분석 교차분석
	서열척도	○	○	×	×	순위	=, 〈 , 〉	비모수통계 순위상관
양적	등간척도	○	○	○	×	간격	=, 〈 , 〉, +, −	모수통계
	비율척도	○	○	○	○	크기	=, 〈 , 〉, +, −, ÷, ×	

2.5 자료와 변수

(1) 자료

변수를 측정하여 얻은 측정치 혹은 관찰치의 집합을 자료(data)라고 하며, 자료를 수집한다는 의미는 변수를 측정하는 것과 동일한 의미라고 할 수 있다. 따라서 통계분석을 하는 경우 관심 대상의 변수를 명확히 하고 그 변수를 측정함으로써 자료를 수집한다.

분석대상이 되는 자료는 크기나 양을 수치로 표현할 수 있는지 없는지에 따라 [그림 1-4]와 같이 양적 자료(quantitative data)와 질적 자료(qualitative data)로 구분한다.

[그림 1-4] **자료의 종류**

양적자료는 데이터의 측정 속성에 따라 이산형 자료(discrete data)와 연속형 자료(continuous data)로 나누어질 수 있다. 이산형 자료는 하나 둘씩 셀수 있는 특징을 가진 데이터로서 불량개수, 불량률, 결점수, 사고건수, 결근율, 발병건수, 환자수 등 개수로 관측되는 자료이다.

연속형 자료는 계량기나 계측기기에 의해 읽은 데이터로서 데이터의 속성이 연속적으로 이루어진 것을 간략하게 관측된 자료이다. 즉, 체온, 혈압, 인장강도, 경도, 접착력 등이다.

질적자료는 수치로 표현할 수 없는 자료로서 색상, 성별, 지역, 혈액형, 학력, 직업, 상품선호도 등은 수치로 표시할 수 없다. 또한 몇 개의 그룹 중 한 그룹으로 분류되는 경우, 예를 들면, TV 브라운 크기(15″, 19″, 25″31″ 등)이나 숙련도 수준(미숙련자, 숙련자, 고숙련자), 혹은 혈액형(O형, A형, AB형, B형) 등으로 일정 범위 내에서 관측되는 자료이므로 범주형 자료(categorical data)라고도 한다.

또한 자료의 수집 원천에 따라 일차자료와 이차자료가 있다. 일차자료는 대상물을 직접 확인하거나 관찰, 의사소통을 통하여 직접 획득한 자료를 말한다. 일차자료의 수집방법은 직접설문, 개인면담, 전화면담, 우편이나 이메일을 통하여 자료를 얻는다. 이차자료는 이미 다른 사람들에 의해 이루어진 연구자료를 말한다. 회사 내에서 생성되는 내부자료로써 제반보고서, 재무제표 등이 있다. 외부자료로는 책, 간행물, 각종 공공기관에서 발행 보고서 등이 있다.

(2) 변수

자료들은 여러 가지 특성을 지니는데 특히 조사대상에 대해 관심을 가지고 있는 특성을 변수(variable)라고 한다. 즉, 변수는 모집단에서 무작위 추출에 의해 형성된 표본을 통하여 통계량이 측정되며 이러한 관측값은 매번 변하게 되며, 조사하고자 하는 대상에 따라 변하는 값을 가지는 속성이라고 한다.

① 속성에 따른 변수의 분류

- 질적변수(qualitative variable) : 관측된 속성이 문자로 표시되는 변수

  예 학력(초졸, 중졸, 고졸, 대졸), 성별(남자, 여자), 색상(빨강, 파랑, 노랑) 등

- 양적변수(quantitative variable) : 관측된 속성이 숫자로 나타낼 수 있는 표시되는 변수

  예 성적점수, 인장강도, 혈압, 온도, 몸무게, 시력 등

② 연속성 여부에 따른 변수의 분류

- 이산변수(discrete variable) : 관측값을 셀 수 있는 속성을 지닌 변수

  예 결근수, 결석수, 불량수, 불량률, 결근율, 년간 암 사망률, 재해율 등

- 연속변수(continuous variable) : 계량기나 계측기기에 의해 읽은 관측치

  예 중량, 시간, 혈압, 온도, 경도, 연신율, 나이, 압축강도, 혈당치 등

3. 통계학의 전개과정

3.1 PDCA관점에서 통계학의 문제해결

통계학의 기법에 의한 문제해결을 위한 전개과정은 적용분야와 상관없이 일반적으로 다음 [그림 1-5]와 같이 전개한다.

① 문제 정의 : 조사하고자 하는 문제점 제기 및 정의

② 모집단의 정의 : 조사하고자 하는 집단을 정의

③ 조사(실험) 계획 : 달성할 수 있는 조사를 계획

④ 자료 수집 : 조사계획에 따른 여러 가지 조사방법에 의한 자료를 수집

⑤ 자료정리 및 분석 : 도표나 그래프를 이용한 자료 정리 및 기초적인 분석, 요약

⑥ 요약 결과 문제점 : 분석결과에 대한 자료의 요약과 문제점

⑦ 조처 : 요약결과 모집단에 대한 문제점을 도출하여 합리적 의사결정 및 조처

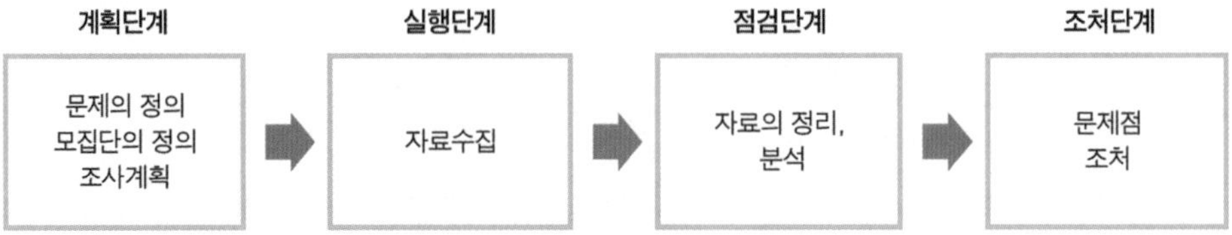

[그림 1-5] **통계학의 전개과정**

3.2 의사결정에서 통계학의 역할

제반 프로세스 활동과정에서 문제가 발생되면 경영자는 경험적 지식, 여러 가지 정보를 통하여 의사결정을 내린다. 의사결정에서 무엇보다도 중요한 것은 정보의 객관성과 합리성일 것이다. 이를 위해서는 통계학의 역할이 필요하다. [그림 1-6]에서와 같이 업무 수행 중 발생한 실질적인 문제를 경영의사결정의 문제로 형성하여야 한다. 그리고 의사결정의 불확실성을 제거하기 위한 통계적 문제로 전환한다. 이것에는 데이터를 수집하고 정리하는 단계가 된다. 그 다음으로는 적절한 통계패키지를 통하여 통계적 분석을 실시하고 통계적인 해답을 구한다. 이를 통하여 실질적인 문제에 대한 해결책을 수립하여 조처를 취하여 문제를 해결하도록 한다. 따라서 경영의사결정에서 통계학의 역할은 지대한 영향을 미친다고 볼 수 있다.

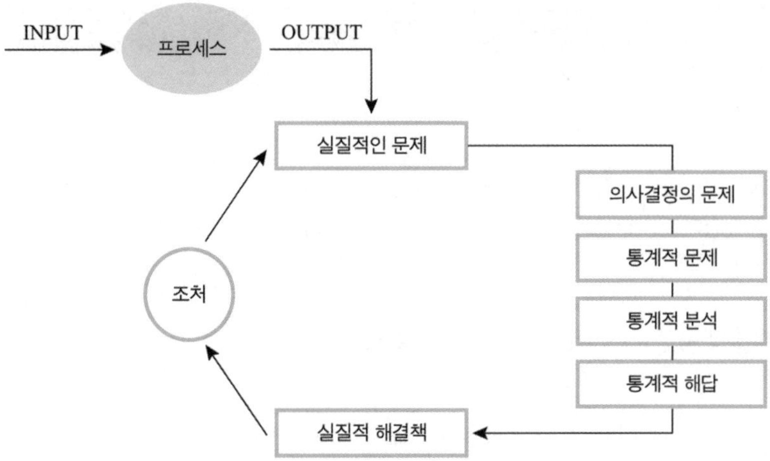

[그림 1-6] **의사결정과 통계학 역할**

Review Lecture

본 Review Lecture는 강의를 통하여 배운 내용을 교수님이 직접 학생들에게 질문형식을 통하여 강의 내용을 점검하고 마무리하는 코너입니다. ______ 같이 풀어 보실까요?

▌다음 내용을 읽고 ( ) 속에 알맞은 단어를 채워라.

01 통계학(statistics)이란 조사, 관심대상에 대하여 자료를 ( )하고 ( ), 요약하고, 이의 정보를 토대로 ( )한 사실에 대하여 객관적이고 합리적인 의사결정을 이끌어 낼 수 있도록 그 방법론을 제시하는 학문

02

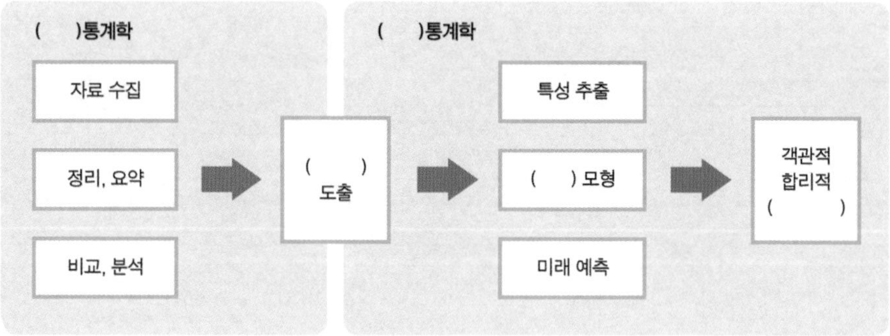

03

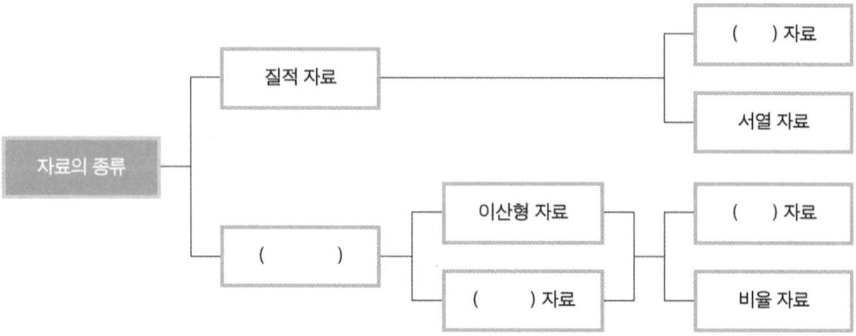

04 자료의 종류에 대한 정리이다.

① (　　　) : 내가 알고자 하는 집단의 집합체
② 모수 : 모집단의 특성을 나타내는 (　　)
③ (　　)(시료) : 모집단으로부터 일부 무작위 추출을 하여 형성된 또 다른 집합체
④ 통계량 : 표본(시료)의 특성을 표현한 (　　)

05

① (　　　) : 변수를 측정하여 얻은 측정치의 집합
② (　　　) : 조사대상에 대하여 관심을 가지고 있는 특성

▌다음 왼쪽 설명에 알맞은 단어끼리 선을 이어라.

06 측정척도의 구분

① 관찰대상의 고유한 속성을 분류 - 숫자나 기호를 부여하는 척도	•	•	등간척도
② 여러 가지 척도가 갖는 조건의 특성을 만족시키면서 절대적 원점을 갖기 때문에 크기의 비율 반영	•	•	서열척도
③ 명목척도와 같이 측정대상을 범주로 분류하지만 관찰대상을 서열을 비교하기 위해 그 사물들의 속성의 많고 적음, 크고 작음의 수치에 따라 서열순서를 부여해나가는 척도.	•	•	명목척도
④ 측정대상을 범주로 분류하고 여기에 서열을 매기며, 서열을 나타내는 숫자간의 간격, 등간을 이루는 척도	•	•	비율척도

연 / 습 / 문 / 제

01 통계학이란 무엇인지 설명하라.

02 기술통계학과 추측통계학에 대하여 각각 정의하라.

03 모집단과 표본에 대하여 정의하고 비교 설명하라.

04 모수란 무엇인지를 설명하라.

05 통계량이란 무엇인지를 설명하라.

06 무작위 추출이란 무엇이며, 이것을 하는 이유를 설명하라.

07 복원추출과 비복원추출에 대하여 설명하라.

08 변수란 무엇이며 변수를 구분하라.

09 측정척도에 대하여 구분하고 설명하라.

10 우리 대학 1학년 남학생 2005명에 대한 평균 신장을 파악하고자 한다. 학과 구분 없이 랜덤하게 150명을 선발하여 키를 측정하였다. 측정결과 평균 173cm으로 나타났다.

(1) 모집단을 정의하라.

(2) 표본을 정의하라.

(3) 제시된 문제를 기술통계와 추측통계 측면에서 설명하라.

11 다음 제시되는 문제에서 밑줄친 숫자들이 모수인지, 통계량인지를 구분하라.

(1) A대학 1학년 학생들의 중간고사 영어 성적이 평균 73.33점이었다.

(2) 튜닝핀 나사산을 가공 치수가 평균 10.05cm이라고 알려져 있다. 어느 날 50개를 랜덤하게 채취하여 평균 치수를 측정하였더니 평균 10.07cm이었다.

(3) 우리나라 국민전체 겨울철 3개월간(12월, 1월, 2월)의 독감 평균 발병율은 3%로 알려져 있다.

12 통계학의 전개과정을 설명하라.

13 의사결정에서 통계학의 역할을 설명하라.

제2장

기술통계학

1. 그래프에 의한 자료의 정리
2. 기술통계량에 의한 자료의 정리

자료를 그래프나 도표로 나타내면, 자료 전체의 분포를 시각적으로 명확하고 빠르게 쉽게 그 의미를 전달, 인식할 수 있다. 따라서 본 장에서는 막대그래프, 원그래프, 꺾은선 그래프, 점도표, 도수분포표-히스토그램, 도수다각형 그래프, 줄기-잎 그림, 레이더 차트 등에 대하여 알아본다.

1. 그래프에 의한 자료의 정리

1.1 막대그래프

막대그래프(bar graph)는 주어진 질적 자료를 정리하는 것으로 각각의 범주에 속한 비율을 하나의 막대로 나타낸 것이다. 즉, 각 범주에 속한 비율을 막대의 길이로 상대적인 비율(도수)로 나타내므로 분포의 특성을 시각적으로 비교하는데 사용한다. 서로 다른 두개 이상의 자료를 막대그래프로써 서로 비교한다면 자료의 도수보다 비율(%)로 세로축을 나타내고 가로축에는 질적 변수의 항목을 표시한다. 또한 막대그래프(bar graph)는 모양이 히스토그램과 유사하나 범주의 척도 수준을 서로 간격을 두고 표시한다는 점에서 차이가 있다.

예제 1 유통업계에 따르면 지난 1월 한달동안 실시한 올해 첫 세일에서 주요 백화점들의 매출신장률이 지난해 동기 대비 다음과 같이 조사되었다. 백화점별 매출신장률 현황을 막대그래프로 작성하라.

년도별	L백화점	H백화점	S백화점	A백화점
매출신장율 단위: %	12.0	7.5	4.8	12.2

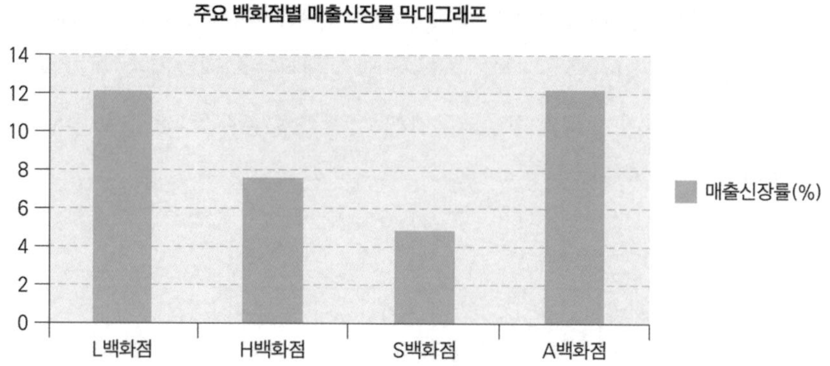

[그림 2-1] **막대그래프**

1.2 원그래프

원그래프는 주로 질적 자료로써 각 자료의 항목이나 구간에 대한 비율(%)이나 도수를 가지고 먼저 원모양(전체비율, 전체도수)을 그린 후, 해당 각 변수 항목의 비율에 비례하는 면적을 부채모양으로 분할하여 그린 그래프이다.

예제 2 상기한 [예제 1]의 자료를 가지고 원그래프를 작성하라.

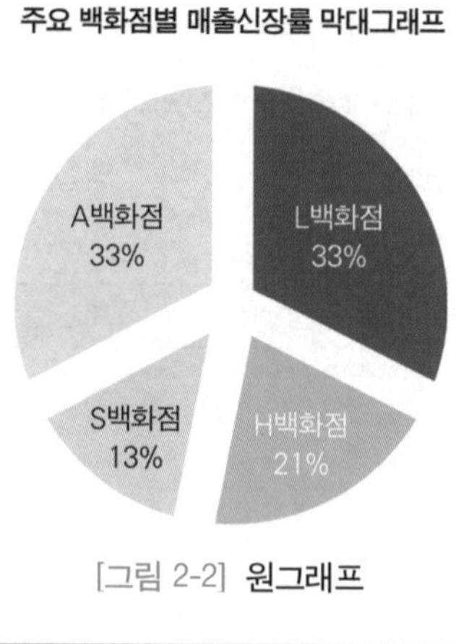

[그림 2-2] **원그래프**

1.3 꺾은선 그래프

꺾은선 그래프는 조건변화에 대한 추이를 쉽게 파악할 수 있는 그래프이다. 상태변화라는 것은 년도-매출액 추이, 년도별-국민소득 추이, 년도별-암 환자수 추이, 시간대별-안전사고 건수, 연령별-흡연율 추이 등과 같이 시간의 변화에 따라 변수의 추이를 파악할 수 있는 있으며 특히 이러한 그래프를 시계열그래프(time series plot)라고 한다. 이 외에도 온도별-불량율 추이, 압력 조건별- 생산량 등 조건별 변수의 추이를 쉽게 관찰할 수 있는 것이다.

예제 3 다음 자료를 가지고 월별 매출액 꺾은선 그래프를 작성하라.

1월	2월	3월	4월	5월	6월	7월	8월	9월	10월	11월	12월
70,050	75,000	68,800	83,000	90,450	94,230	78,560	79,400	81,000	93,000	91,060	83,600

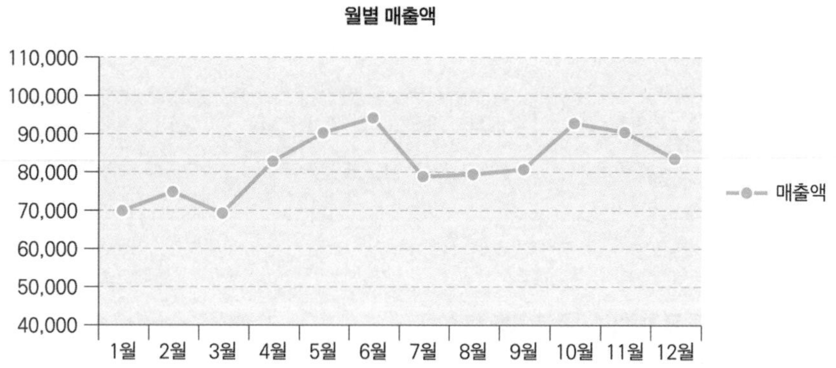

[그림 2-3] 꺾은선 그래프

1.4 점도표

점도표(dot plot)는 자료의 크기가 적으며, 쉽게 자료의 분포 모양을 파악하고자 할 때 작성할 수 있는 그래프이다. 이 그래프는 모든 자료를 포함할 수 있도록 수평선상에 점(•)을 표시하는 것이다.

이 그래프의 작성방법은

(1) 수평선을 긋는다.

(2) 수평선상에서 자료의 최소값을 왼쪽에, 최대값을 오른쪽에 표시한다.

(3) 최대값과 최소값 사이에 일정 간격으로 눈금을 표시한다.

(4) 해당 데이터를 수평선 위 해당 눈금지점에 순차적으로 점을 표시한다.

예제 4 다음 자료는 A병원에서 한 달 동안 태어난 신생아의 몸무게이다. 점도표를 작성하라.

3.8	3.5	3.5	3.4	3.6	3.7	3.6	3.6	3.4	3.1	3.3	3.4
3.5	4.1	4.0	3.8	3.6	3.7	3.4	3.6	4.0	3.5	3.6	3.4

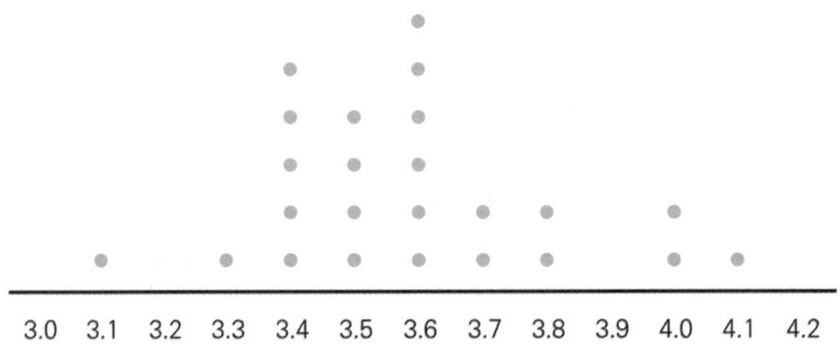

[그림 2-4] **점도표**

1.5 도수분포표-히스토그램

많은 관찰된 자료를 정리, 분석하고 다른 통계 자료와 비교하기 위해서는 자료를 정리하여야 한다. 그러므로 많은 양의 자료를 효율적으로 다루기 위해서는 개개 자료보다 몇 개의 구간을 나누어서 정리하면 자료의 전체에 대한 정보를 빠르게 파악할 수 있다. 따라서 자료를 손쉽게, 체계적으로 정리 요약하는데 흔히 활용하는 것이 도수분포표(frequency table)이다.

도수분포표란 자료의 특성을 쉽게 이해할 수 있도록 자료를 적절한 구간으로 나누고 각 구간에 빈도수를 기입하여 정리한 표를 말한다. 이 표는 한눈에 자료가 갖고 있는 특징을 파악할 수 있게 하고, 자료를 간단한 형태로 나타내 준다.

히스토그램(Histogram)은 도수분포표를 작성한 후, 이를 가지고 자료가 어떠한 분포를 하고 있는가를 쉽게 나타낸 그림이다. 즉, 다루고자 하는 자료의 값을 가로축으로 잡고 자료가 있는 범위를 몇몇으로 구분, 그 각각에 들어갈 자료의 수를 세로축으로 하여 기둥모양처럼 그려 그래프로 만든 것이며, 얼핏 보면 막대그래프 형태와 비슷하나 히스토그램은 막대그래프처럼 막대 간 간격을 두고 있지만 히스토그램은 막대 간 간격을 두지 않는다는 점이 차이점이다.

히스토그램을 작성하면 자료로 파악하기 어려웠던 전체의 모습을 쉽게 알 수가 있고, 특히 자료의 산포 상태나 치우침도 마찬가지로 쉽게 알 수 있다.

(1) 도수분포표 작성법

(가) 용어 설명

① 분포 : 측정치가 흩어져 있는 모양

② 계급(Class, 구간) : 하나하나의 기둥, 즉 자료를 몇 개로 구분했을 때의 그 간격

③ 계급(구간)의 수 : 기둥의 수

④ 계급(구간)의 폭 : 기둥의 굵기

⑤ 계급(구간)의 경계치 : 기둥과 기둥사이의 경계의 수치

⑥ 계급(구간)의 중심치 : 구간의 중심값, 기둥의 중심값

⑦ 도수분포표 : 측정치가 존재하는 범위를 몇 개의 구간으로 나누어 각 구간에 속하는 측정치의 출현도수를 기입한 표.

⑧ 도수 : 빈도수, 해당 계급 내에서 발생된 회수(f)

⑨ u : 변수변환을 위한 간단한 수라고 하며, 측정치의 각 구간 중 도수가 제일 많은 구간을 선택하여 이 구간의 대표치를 x_0로 하고 u를 0으로 부여한다. 즉 0으로부터 위쪽방향은 -1, -2, …,로 부여하고 아래쪽 방향으로는 1, 2, …, 으로 변수변환을 한다.

(나) 작성 순서

[순서 1] 일정기간을 정해서 데이터를 모은다.

데이터의 수는 100개 이상이 좋으나 그렇지 못한 경우는 최소한 30개 이상은 되어야 데이터의 신뢰성 확보 차원에서 좋다.

[순서 2] 계급의 수(기둥의 수)를 구한다.

계급의 수를 구하는 방법은 3가지로 구분한다.

① 표에 의한 방법 [표 2-1]

[표 2-1] **계급(구간)수 결정표**

n	계급의 수
50 이하	5 ~ 7
50 ~ 100	6 ~ 10
100 ~ 250	7 ~ 12
250 이상	10 ~ 20

② H.A. Sturges 방법

$$k = 1 + 3.3\log n$$

$$= 1 + \log_2 n = 1 + \frac{\log n}{\log 2}$$

③ $\sqrt{n}$ 방법

[순서 3] 계급의 폭을 정한다.

① 범위(R) = 최대치 - 최소치

② $\text{계급의 폭} = \dfrac{\text{범위}}{\text{계급수}}$

(비고 1) 계급의 폭에 대한 계산치에 대한 수치 맺음법은 자료에 대한 최소측정 단위의 정수배로 한다.

(비고 2) 최소측정단위 : 수집된 자료의 최소 자리수를 말함.

예1) 자료 : 9.4 9.5 9.3 11.1 .... 10.2 10.9 ⇨ 최소측정단위 : 0.1

예2) 자료 : 10 12 15 12 10 .... 15 13 ⇨ 최소측정단위 : 1

예3) 자료 : 0.03 0.05 0.04 0.02 .... 0.15 ⇨ 최소측정단위 : 0.01

[순서 4] 계급(구간)의 경계치를 정한다.

$$\text{제1구간의 아래쪽(하한)경계치} = \text{최소치} - \frac{\text{최소측정단위}}{2}$$

[순서 5] 계급(구간)의 중앙치를 구한다.

$$\text{계급의 중앙치} = \frac{\text{구간아래쪽경계치} + \text{구간위쪽경계치}}{2}$$

[순서 6] 도수분포표를 만든다.

도수분포표

NO	계급의 경계치	중앙치	체 크	도수(f)	u	fu	fu^2
* 이미 결정된 계급의 수를 기본으로 하되, 최대치가 계급의 경계치에 포함되면 종료함.							
	계						

[순서 7] 데이터를 해당 구간의 경계치별 분류하여 체크(正 ,𝍸)하여 도수를 구한다.

- 신속, 정확한 체크를 위해서는 이미 체크된 데이터는 연필로 표시하여 혼동이 일어나지 않도록 하는 것이 중요하다.
- 계급마다 도수를 합하여 총 데이터수를 확인한다.

[참고] 도수분포표에 의한 평균 및 표준편차 계산 공식

① 평균	② 표준편차
$\bar{x} = x_0 + \dfrac{\sum fu}{\sum f} \times h$ 혹은	$s = h\sqrt{\dfrac{1}{\sum f - 1}\left(\sum fu^2 - \dfrac{(\sum fu)^2}{\sum f}\right)}$ 혹은
$\bar{x} = \dfrac{\sum f_i X_i}{\sum f_i}$	$s = \sqrt{\dfrac{\sum f_i X_i^2 - (\sum f_i X_i)^2 / \sum f}{\sum f_i - 1}}$

(2) 히스토그램 작성법

[순서 1] 히스토그램의 좌표를 기입한다.

- 가로축에는 측정치
- 세로축에는 도수
- 가로축 눈금은 구간의 중앙치로 기입

[순서 2] 구간(기둥)을 작도한다.

[순서 3] 여백에 작성목적, 데이터 수집기간, 데이터종류, 총 데이터수, 작성자 등의 필요정보를 기입한다.

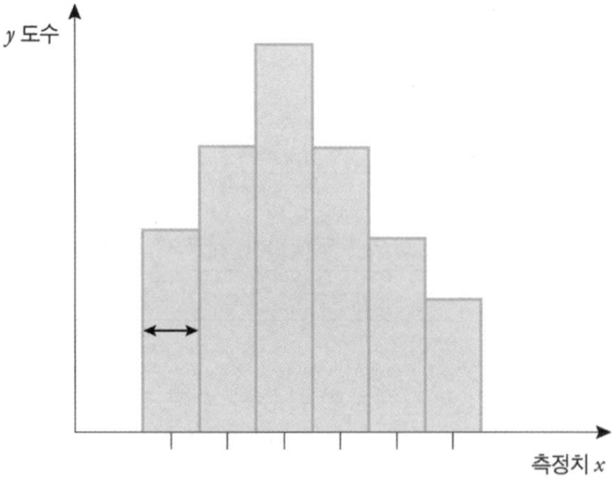

[그림 2-5] **히스토그램**

예제 5 다음 데이터는 수도권 50개 지역의 아파트에 대한 가격 상승율을 조사한 것이다. 도수분포표-히스토그램을 작성하라.

5.3	5.4	5.5	5.0	5.2	5.3	5.6	5.8	5.0	5.6
4.9	5.1	5.2	5.7	5.9	4.8	5.3	5.1	5.3	5.3
5.5	5.7	4.7	5.3	5.4	5.5	5.3	5.6	5.8	5.6
5.2	5.3	5.4	5.0	5.1	5.2	6.0	5.4	5.1	5.3
4.7	4.9	5.1	5.7	5.9	4.7	5.4	5.5	5.8	5.1

[해설] $N=50$, $x_{max}=6.0$, $x_{min}=4.7$ 이므로

① $k=1+3.3\log n=1+3.3\log 50=6.6\Rightarrow 7$

② $h = \dfrac{x_{max} - x_{min}}{7} \fallingdotseq 0.19 \Rightarrow 0.2$

③ 제 1구간의 하한 경계치 $= x_{min} - \dfrac{\text{최소측정단위}}{2} = 4.7 - \dfrac{0.1}{2} = 4.65$

④ 도수분포표 작성

NO	구간 경계치	중앙치	체 크	도수	u	fu	fu^2
1	4.65~4.85	4.75	////	4	-3	-12	36
2	4.85~5.05	4.95	~~////~~	5	-2	-10	20
3	5.05~5.25	5.15	~~////~~ ~~////~~	10	-1	-10	10
4	5.25~5.45	5.35	~~////~~ ~~////~~ ////	14	0	0	0
5	5.45~5.65	5.55	~~////~~ ///	8	1	8	8
6	5..65~5.85	5.75	~~////~~ /	6	2	12	24
7	5.85~6.05	5.95	///	3	3	9	27
합계				50		13	125

[참고] 도수분포표에 의한 평균 및 표준편차 계산 풀이

① 평균	$\bar{x} = 5.35 + \dfrac{3}{50} \times 0.2 = 5.362$ 혹은 $\bar{x} = \dfrac{4 \times 4.75 + 5 \times 4.95 + \ldots + 6 \times 5.75 + 3 \times 5.95}{50} = 5.338$
② 표준편차	$s = 0.2\sqrt{\dfrac{1}{50-1}\left(125 - \dfrac{(3)^2}{50}\right)} = 0.3192$ 혹은 $s = \sqrt{\dfrac{1429.705 - (266.9)^2/50}{50-1}} = 0.3192$

⑤ 히스토그램의 작성

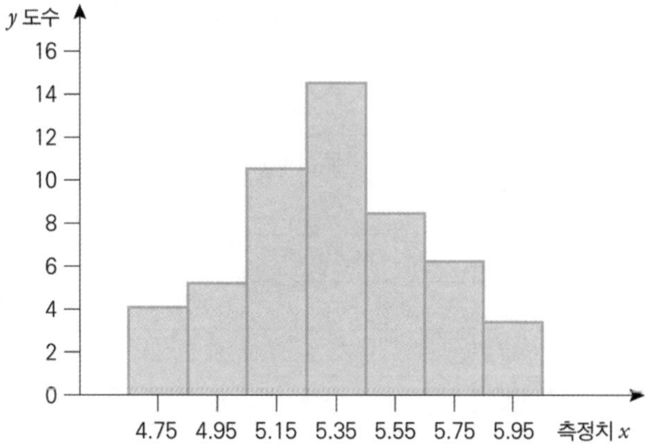

[그림 2-6] **히스토그램**

1.6 도수다각형 그래프

도수분포표에 의해 작성된 히스토그램에서 막대모양의 각 직사각형의 윗변 중앙을 차례로 점을 찍어서 실선으로 연결한 그래프를 도수다각형 그래프(frequency polygon graph)라고 한다. 이 그래프는 분포의 모양에 따라 자료의 대칭성이나 자료 전체의 특성을 파악하는 데 유용하다.

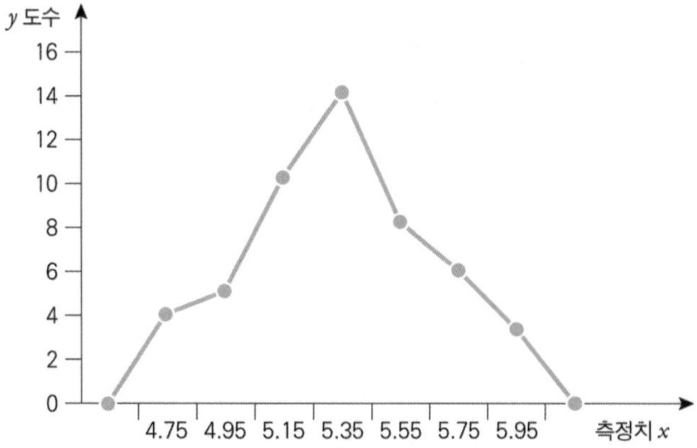

[그림 2-7] **도수다각형 그래프**

1.7 줄기-잎 그림

줄기-잎 그림(stem-and-leaf plot)은 터키(John Tukey)가 1977년 개발한 것으로 줄기그림(stem plot)이라고도 한다. 이 그림은 히스토그램과 달리 원 자료를 그대로 표현한다는 점에서 특이하며, 또한 자료의 수가 그렇게 많지 않고, 자료의 특성을 손쉽게 파악하고자 할 때, 즉 자료의 산포상태, 자료의 중심위치 정도를 파악하는 데 유용하다.

(1) 줄기-잎 그림 작성법

(가) 각 자료를 줄기와 잎 부분으로 구분한다.

예시 56 ⇨ 줄기 : 5, 잎 : 6

378 ⇨ 줄기 : 37, 잎 : 8

9.74 ⇨ 줄기 : 9.7, 잎 : 4

(나) 줄기 값을 세로로 크기 순서대로 나열한다.

(다) 각 줄기에 해당되는 잎의 값을 그 줄기의 오른쪽 가로로 나열한다.

(라) 잎의 값들을 크기 순서대로 재배열한다.

예제 6 다음 자료를 가지고 줄기-잎 그림을 작성하라.

44	83	74	67	55	62	68	79	84	72	44	46	28	36	35	59	54	50	25	47

[풀이] 자료의 줄기 부분에 10단위 수치를 선택하고 그 다음 마지막 한자리 수치를 잎 부분으로 정한다. 그 다음 작성법에 따라 줄기-잎 그림을 작성하면 다음과 같다.

2	8 5
3	6 5
4	4 4 6 7
5	5 9 4 0
6	7 2 8
7	4 9 2
8	3 4

⇨

2	5 8
3	5 6
4	4 4 6 7
5	0 4 5 9
6	2 7 8
7	2 4 9
8	3 4

[그림 2-8] **줄기-잎 그림**

1.8 레이더 차트

레이더 차트(Radar chart)는 전파탐지기의 형상처럼 원형내의 각 축의 점유 표시(일반적으로 100을 기준)로 항목별 전체 균형을 알 수 있도록 하는 것이다. 예를 들면, 일반적으로 두뇌지능을 추리력, 상상력, 기억력, 이해력, 수리력, 표현력, 감성력 등을 종합적으로 나타낸다면 각각의 능력이 균형을 갖추는 것이 두뇌발달에 도움이 된다면 B군의 두뇌지능에 대해 [그림 2-9]와 같이 표시하여 그 정도를 파악할 수 있다.

(1) 레이더 차트 작성법

(가) 전체를 대표할 수 있는 각각의 항목이 무엇인지 충분히 나열, 검토한다.

(나) 각 항목의 축의 길이를 100(혹은 10, 1)으로 보고 해당수치를 단계별로 구분하여 눈금을 표시한다.

(다) 구분된 부분에는 단계별로 원모양으로 표시하는 것이 좋다.

(라) 해당 항목의 축의 눈금에 데이터의 수치만큼 타점을 하고 이것을 각 점끼리 선으로 연결한다.

(마) 선의 모양은 정다각형 모양이어야 전체 균형을 갖추었다고 판단한다. 그러나 부분적으로 뾰족한 모서리를 가지고 있다면 균형을 잃었다고 판단한다.

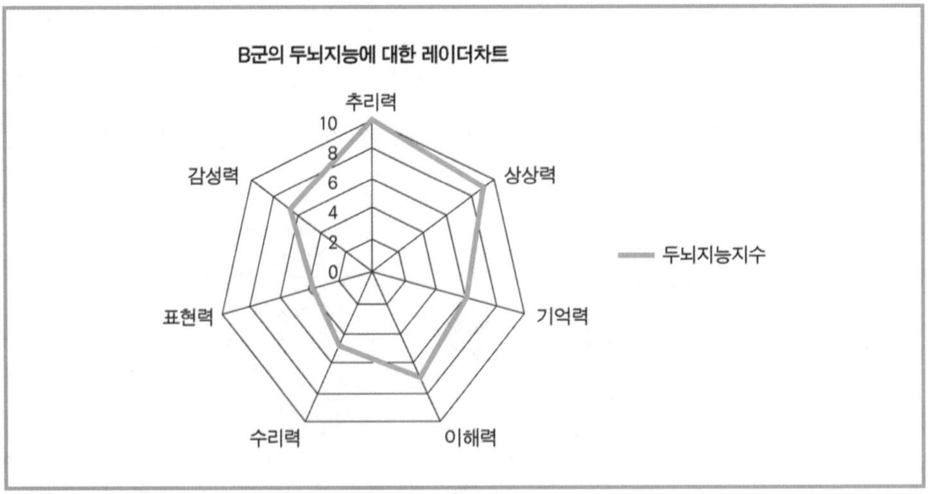

[그림 2-9] 레이더 차트

예제 7 어느 회사의 분임조 활동 결과에 대한 자기평가를 다음과 같이 실시하였다. 분임조 활동 전, 후를 레이더 차트를 작성하라.

NO.	항목	평가내용	개선 전	개선 후
1	참여도	분임조 활동에 적극 참여했는가?	10	10
2	기획력	적절한 활동계획이 수립되었는가?	7	9
3	문제해결력	문제점을 적극적으로 해결하였는가?	6	8
4	수법이해도	활동에 필요한 수법을 잘 이해하는가?	5	7
5	협동력	활동 중 상호 간 협동을 하였는가?	6	9
6	만족도	활동 결과에 대한 만족도는?	6	8
계			40	51

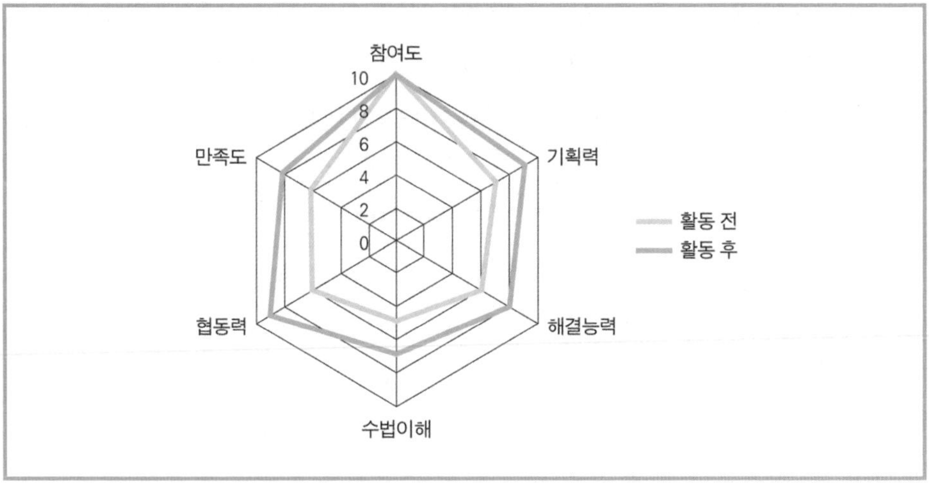

도표나 그래프를 이용한 자료정리는 관측된 자료의 분포 모양이나 특성을 시각적으로 빠르게 파악하는 데 유용하게 활용됨을 알 수 있었다. 그러나 양적 자료를 도표나 그래프를 활용하는 경우에는 주관적인 판단이 되는 경우가 있다는 문제점을 간과할 수 없다. 이러한 문제점을 해결하기 위해서는 양적자료의 분포모양이나 특성을 보다 객관적으로 요약하고, 설명할 수 있도록 하기 위해서는 기술통계량에 의한 자료 정리법이 필요하다.

2. 기술통계량에 의한 자료의 정리

2.1 모수와 통계량

모집단에 대해서 일정한 상수로서 모평균, 모분산, 모표준편차 등이라 하는 것을 총칭하여 모수(population parameter)라 하며, 희랍문자로 표시한다. 모수는 모집단의 성질을 결정지을 수 있는 상수라고 할 수 있다.

반면, 모집단으로부터 얻어진 표본에 관한 측정치의 평균, 분산, 표준편차 등은 동일한 모집단으로부터 추출된 표본이라도 각각 다른 값을 가질 수 있는 이들을 총칭하여 통계량(statistic)이라고 한다. 즉, 시료를 관측한 데이터와 그 데이터의 값을 말한다. 통계량에는 표본평균($\bar{x}$), 표본분산(s^2), 메디안($\tilde{x}$), 범위(R) 등을 말한다.

[표 2-3]과 같이 모수와 통계량간의 관계를 구분하여 다음과 같이 표시한다.

[표 2-3] **모수와 통계량**

구 분	모 수	통계량	모수의 추정치
평균치	μ	$\bar{x}$	$\hat{\mu}=\bar{x}$
표준편차	σ	s	$\hat{\sigma}=s=\sqrt{\frac{S}{n-1}}$
분산	σ^2	s^2	$\hat{\sigma^2}=s^2=\frac{S}{n-1}$
범위		R	$\hat{\sigma}=\frac{\bar{R}}{d^2}$

2.2 통계량의 특성

모집단으로부터 추출된 시료들을 관측한 데이터의 분포를 수량적 특성으로 관측 한 데이터의 값을 통계량(statistic)이라고 하며, 이들 통계량을 분포의 형태로 크게 네 가지로 구분한다.

분포의 형태

- 분포의 중심위치의 정도—계산적 대표값, 위치적 대표값
- 분포의 산포의 정도—산포도
- 분포의 좌우대칭의 정도—비대칭도, 왜곡도
- 분포의 상단의 뾰족한 정도—첨도

(1) 대표값

대표값은 분포의 중심위치를 나타내는 측정치로서 변수 전체를 대표하는 값이다. 그러나 대표값은 분포의 중앙 또는 도수의 집중점과는 반드시 일치하지는 않는다. 대표값은 계산적 대표값으로는 산술평균, 기하평균, 조화평균, 평방평균 등이 있으며, 상대적 위치를 나타내는 위치적 대표값으로는 중위수, 최빈수, 사분위수, Z값 등이 있다. 또한 데이터의 집중화 경향을 나타내는 수치를 분포의 대표값이라고 하며 여기에는 산술평균, 중위수, 최빈수 등이 있다.

(가) 평균치(mean, average)

평균치에는 산술평균, 기하평균, 조화평균 등이 있으나, 일반적으로는 평균치라고 하면 산술평균을 의미한다. 이중에서 산출평균은 극단값(이상치)가 포함될 경우 데이터 평균에 가장 많은 영향을 미치는 문제점이 있다.

① **산술평균**(arithmetic mean) : $\overline{x}$

단순산술평균은 자료의 합을 표본의 수로 나눈 값

$$\overline{x} = \frac{\sum_{i=1}^{k} x_i}{n}$$

여기서 n은 데이터의 크기, i는 1, 2, 3,..., k을 나타낸다.

가중평균은 그룹 데이터로 주어진 경우 단순산술평균에 그룹의 크기만큼 가중치를 달리 부여하여 얻은 평균 값

$$\bar{x} = \frac{\omega_1 \overline{x_1} + \omega_2 \overline{x_2} + \ldots + \omega_k \overline{x_k}}{\omega_1 + \omega_2 + \ldots + \omega_k} \frac{\sum_{i=1}^{k} \omega_i \overline{x_i}}{\sum_{i=1}^{k} \omega_i}$$

여기서 ω은 가중치 혹은 데이터의 크기, i는 1, 2, 3,..., k을 나타낸다.

예제 8 A전자회사의 관리직 직원들의 근무년수를 다음과 같이 조사하였다. 산술평균을 계산하라.

11	12	3	2	5	10	3	6	2	7	7	9	5	1	2
6	8	15	3	8	8	6	9	12	5	8	2	14	8	8

[풀이] $\bar{x} = \frac{205}{30} = 6.8$년

예제 9 K기계주식회사의 정밀가공 생산라인별 월별 생산금액을 조사해 본 결과 A생산라인 작업자 20명에 대한 평균생산금액이 900만원, B생산라인 작업자 15명에 대한 평균생산금액이 1200만원, C생산라인 작업자 30명에 대한 평균생산금액이 990만원이었다. 이 회사의 전체 생산금액을 가중평균으로 계산하라.

[풀이] $\bar{x} = \frac{20(900) + 15(1200) + 30(990)}{20 + 15 + 30} = 1010.77$(만원)

② 기하평균: G

기하평균(geometric mean)은 기하급수적으로 변화하는 측정치라든가 시간의 경과에 따라 변화하는 변동율이나 여러 가지 비율 등의 평균계산에 적용되며, 모든 측정치를 곱하여 측정치의 수만큼 제곱근을 구한 것이다. 일반적으로 양(+)인 데이터 경우에 적용되며, 기하평균은 이상치(극단값)의 영향을 받으나 산술평균보다는 작다.

기하평균

$$G = {}^{n}\sqrt{(x_1 \cdot \ x_2 \cdot \ \cdot \ x_n)} = (x_1 \times x_2 \times \cdot \ \cdot \ \cdot \ \times x_n)^{\frac{1}{n}}$$

예제 10 자본금 5000만원을 창업을 하여 2년차에는 자본금의 1.2배, 3년차에는 자본금의 1.8배, 4년차에는 자본금의 2.5배로 증가하였다. 연평균 자본금은 몇 배 증가하였는지를 구하라.

[풀이] $G = {}^{3}\sqrt{1.2 \times 1.8 \times 2.5} = (5.4)^{\frac{1}{3}} = 1.75$

③ 조화평균 : H

n개의 데이터 $x_1, x_2, x_3, \ldots, x_n$이 있을 때, 데이터 수 n을 이 측정치들의 역수의 합으로 나누어서 얻은 값을 조화평균(harmonic mean)이라 한다. 즉, 각 데이터 '역수의 산술평균의 역수'를 말한다. 또한 조화평균은 이상치(극단값)의 영향을 받으며. 시간적으로 변하는 변량 즉, 평균속도라든지 상품의 평균가격 등을 구하는 경우의 단위당 평균을 계산한다.

조화평균

$$H = \frac{1}{\frac{1}{n}\sum_{i=1}^{n}\frac{1}{x_i}} = \frac{n}{\sum_{i=1}^{n}\frac{1}{x_i}}$$

이들 평균 간의 관계는 산술평균($\bar{x}$) ≥ 기하평균(G) ≥ 조화평균(H)으로 된다.

이 조화평균을 일반적으로 단순조화평균(simple harmonic mean)을 말하며 x_i의 측정값이 도수분포로 주어질 때는 다음과 같은 가중조화평균(weighted harmonic mean)으로 정의된다.

가중조화평균

$$H = \frac{n}{\sum_{i=1}^{k} \frac{f_i}{x_i}} \qquad \text{단, } n = \sum_{i}^{k} f_i$$

예제 11 H물류회사는 서울에서 부산을 왕복하는 갈 때는 매 시간당 90km로, 올 때는 매 시간당 80km로 달렸다. 이 화물차가 왕복하는데 평균속력은 얼마인가?

[풀이] $H = \dfrac{2S}{\dfrac{S}{90} + \dfrac{S}{80}} = \dfrac{2}{\dfrac{1}{90} + \dfrac{1}{80}} = 84.746km/hr$

예제 12 K회사에서 개발한 신모델 승용차를 주행 시험한 결과 국도에서는 1리터당 15km로, 고속도로에서는 1리터당 18km를 달렸다. 이 승용차의 리터당 평균주행거리는 얼마인가? 단 주행거리는 각각 100km으로 한정하였다.

[풀이] $H = \dfrac{200}{\dfrac{100}{15} + \dfrac{100}{18}} = \dfrac{2}{\dfrac{1}{15} + \dfrac{1}{18}} = 16.393km/L$

예제 13 다음 도수 계열에 대한 가중조화평균 H를 계산하라.

계 급	중앙치 (x_i)	도수(f_i)	$\frac{f_i}{x_i}$
0 - 10	5	8	1.60
10 - 20	15	10	0.67
20 - 30	25	14	0.56
30 - 40	35	9	0.26
계		41	3.09

[풀이] 조화평균 $H = \dfrac{\sum f_i}{\sum \left(\dfrac{f_i}{x_i} \right)} = \dfrac{41}{3.09} = 13.27$

④ 절사평균 : TM

여러 개의 데이터 중에 이상치가 있는 경우 이 수치가 데이터 전체의 평균에 영향을 주어 정확한 평균이 되지 못하므로 전체 데이터를 대표하지 못하는 경우가 생긴다. 이와 같이 이상치의 영향을 최소화하기 위해서 데이터를 크기 순으로 나열한 후 양끝에 위치한 이상치를 제거한 후 평균치를 계산한다. 일반적으로 양쪽 끝에서 절사하는 비율은 5%, 10%, 25% 등이 있다. 이와 같이 일정비율만큼 큰 데이터나 작은 데이터를 각각 절사비율만큼 버린 나머지 데이터로부터 구한 평균을 α% **절사평균**(trimmed mean : TM) 이라고 한다.

예제 14 다음 데이터는 인근 15개 기업체에 대한 가동율을 조사하였다. 10%의 절사평균을 구하면 얼마인가?

72, 100, 89, 75, 86, 80, 95, 10, 88, 96

[풀이] 우선 데이터를 크기 순으로 나열하면, 10, 72, 75, 80, 86, 88, 89, 95, 96, 100이 된다. 여기서 $n = 10$, $\alpha = 10\%$ 이므로 $n \times \alpha = 10 \times 0.1 = 1$ 이다. 따라서 1개의 가장 작은 수치와 1개의 가장 큰 수치10, 100을 제거한 후 평균을 구한다.

$$\text{절사평균} \quad TM = \frac{72+75+80+86+88+89+95+96}{8} = 85.125$$

⑤ 평방평균 : Q

평방평균은 측정값들의 제곱을 평균하여 그 제곱근으로 계산되는 대푯값이다. 평방평균은 대푯값으로 사용되는 것보다 산술평균에 대한 분산 또는 표준편차를 계산하는 개념으로 사용된다.

$$Q = \sqrt{\frac{\sum_{i=1}^{n} x_i^2}{n}} = \sqrt{\frac{x_1^2 + x_2^2 + \ldots + x_n^2}{n}}$$

예제 15 다음 데이터에 대한 평방평균을 구하라.

3, 5, 7, 7, 8, 8, 9

[풀이] $$Q = \sqrt{\frac{\sum_{i=1}^{n} x_i^2}{n}} = \sqrt{\frac{3^2+5^2+7^2+7^2+8^2+8^2+9^2}{7}} = 6.98$$

분포의 중심위치나 중심화 경향을 나타내는 척도들은 분포의 일반적인 성격을 표현하는 반면, 분포의 상대적 위치를 나타내는 척도들은 어떤 측정치의 다른 데이터들과의 관계를 나타내는 것이다. 여기서는 중위수, 최빈치, 사분위수, 백분위수, Z값 등이 있다.

(나) 중위수($\tilde{x}$: median : Me) : 중앙치

중위수는 자료를 크기 순으로 나열하였을 때 중앙에 위치한 값(50%)으로서, 자료의 수가 홀수 개일 때에는 중앙에 위치한 자료를 말한다. 분포의 모양이 대칭일 경우에는 중위수와 산술평균은 일치하며, 비대칭일 경우에는 중위수가 산술평균이나 최빈치보다 데이터의 대표성을 높일 수 있다.

중위수는 산술평균과 달리 동일 집단 내에 이상치(outlier)라고 할 수 있는 자료가 있어도 평균치에 비하여 이 자료의 영향도는 크지 않는 이점이 있다.

중위수

데이터를 크기 순서로 나열하였을 때 중앙에 위치한 값

n이 홀수인 경우 : $\tilde{x} = \frac{x_{n+1}}{2}$

n이 짝수인 경우 : $\tilde{x} = \frac{x_{n-1} + x_{n+1}}{2}$

여기서 n은 자료의 수

예제 16 다음 데이터들에 대한 중위수를 구하라

유형	데이터
홀수	5.2 5.3 5.5 5.4 5.1
짝수	5.2 5.3 5.5 5.4 5.1 5.9

[풀이] 자료를 크기 순으로 배열하여, 자료의 수가 홀수일 때는 중앙에 위치한 5.3이 중위수가 된다. 반면, 자료의 수가 짝수일 때는 중앙에 위치한 두 개의 자료를 더해서 2를 나누면 중위수가 된다. 즉, 6개의 자료인 중위수는 5.35가 된다.

이것을 수식으로 표현하면, $\tilde{x} = \frac{5.3+5.4}{2} = 5.35$가 된다.

유형	데이터	크기순 나열	중위수
홀수	5.2 5.3 5.5 5.4 5.1	5.1 5.2 5.3 5.4 5.5	5.3
짝수	5.2 5.3 5.5 5.4 5.1 5.9	5.1 5.2 5.3 5.4 5.5 5.9	5.35

(다) 최빈치(mode) :최빈수

최빈치는 관찰된 자료 중에서 가장 자주 나타나는 값을 말하며 가장 쉽게 파악할 수 있는 대표값이다. 또한 중위수와 같이 데이터에 극단적인 이상치가 있더라도 영향을 받지 않는다. 도수 분포표에서는 분포모양의 꼭대기 부분으로 나타내는 급의 값이 최빈치로 표현되며 좌우 대칭인 분포에서는 일반적으로 대표성을 나타낸다. 최빈치는 경우에 따라 하나도 없거나 둘 이상 존재할 수 도 있다. 최빈치는 기성복의 치수를 결정하는 데 적절하다.

최빈치

관찰된 자료 중에서 빈도수가 가장 많은 값

$$M_o = M_L + \left(\frac{f_2}{f_1 + f_2}\right)h$$

단, M_L은 최빈치가 속한 계급의 하한
f_1는 최빈치가 속한 이전 계급의 도수
f_2는 최빈치가 속한 다음 계급의 도수
h는 계급의 간격

예제 17 다음 데이터들에 대한 최빈치를 구하라

유형	데이터	최빈치(답)
1	3, 4, 5, 5, 6, 6, 6, 7, 7, 8, 8, 9, 10	6
2	3, 4, 5, 5, 6, 6, 6, 7, 7, 7, 8, 8, 9, 10	6, 7
3	3, 3, 4, 4, 5, 5, 6, 6, 7, 7, 8, 8, 9, 9	없음

예제 18 다음 자료는 A반 학생들에 대한 몸무게를 도수분포표를 만든 것이다. 최빈치를 구하라.

계 급	빈도수
50 이상 - 55 미만	2
55 이상 - 60 미만	5
60 이상 - 65 미만	10
65 이상 - 70 미만	16
70 이상 - 75 미만	15
75 이상 - 80 미만	7
85 이상 - 90 미만	2
계	57

[풀이] $M_o = 65 + \left(\dfrac{15}{10+15}\right) \times 5 = 68$

(라) 사분위수(quartile) : Q_i

n개의 데이터를 크기순으로 나열하였을 대 전체 측정치를 4등분하는 위치에 있는 데이터를 사분위수(quartile)라고 한다. 즉 n개의 데이터가 $n \times \dfrac{1}{4}$, $n \times \dfrac{2}{4}$, $n \times \dfrac{3}{4}$인 지점에 위치한 측정값이다. 이것을 다음과 같이 표현할 수 있을 것이다.

$n \times \dfrac{1}{4}$를 위치한 수치를 제1사분위수라고 하며 기호로는 Q_1,

$n \times \dfrac{2}{4}$를 위치한 수치를 제2사분위수라고 하며 기호로는 Q_2,

$n \times \dfrac{3}{4}$를 위치한 수치를 제3사분위수라고 하며 기호로는 Q_3로 표시한다.

사분위수

$$Q_{th} = \frac{\text{분위수?}}{4} \times n$$

(마) 백분위수(percentile) : P_i

n개의 데이터를 크기순으로 나열하여 백등분하였을 때 각 등분점에 위치한 데이터를 말한다. 백분위수는 제P백분위수(P^{th} percentiles)로 표시를 하는데 이것은 데이터 중 P%는 어떤 수 X의 아래에 위치하고 $(100-P)$%는 그 위에 있는 수를 말한다. 전체 측정치를 백등분하는 백분위수 관점에서 보면 제1사분위수는 제25분위수, 제2사분위수는 제50분위수(제50백분위수) 혹은 중위수라고 하며 제3사분위수는 제75분위수에 해당된다.

백분위수

$$P_{th} = \frac{\text{백분위수?}}{100} \times n$$

예제 19 다음 자료는 A은행의 고객 45명을 대상으로 대기시간(분)을 측정하였다.

2.1	2.5	3.4	3.5	3.5	3.7	3.8	4.0	4.3	4.3	4.5	4.5	4.6	4.7	4.8
4.9	4.9	5.0	5.0	5.2	5.3	5.3	5.4	5.4	5.5	5.5	5.6	5.6	5.7	5.7
5.7	5.8	5.9	5.9	6.1	6.1	6.2	6.2	6.3	6.4	6.5	6.7	6.8	6.9	7.0

① 제1사분위수를 구하라.

② 제2사분위수를 구하라.

③ 제3사분위수를 구하라.

④ 40번째 백분위수를 구하라.

⑤ 9번째 백분위수를 구하라.

⑥ 한 고객의 대기시간이 5분일 때, 이것은 몇 번째 백분위수에 해당되는가?

[풀이] ① $Q_{th} = \frac{\text{분위수?}}{4} \times n = \frac{1}{4} \times 45 = 11.25$이므로 12번째 데이터인 4.5이다.

Q_1=4.5

② $Q_{th} = \frac{\text{분위수?}}{4} \times n = \frac{2}{4} \times 45 = 22.5$이므로 23번째 데이터인 5.4이다.

Q_2=5.4

③ $Q_{th} = \frac{\text{분위수?}}{4} \times n = \frac{3}{4} \times 45 = 33.75$이므로 34번째 데이터인 5.9이다.

Q_3=5.9

④ $P_{th} = \frac{\text{백분위수?}}{100} \times n = \frac{40}{100} \times 45 = 18,$

$P_{40} = \frac{\text{18번째} + \text{19번째 자료}}{2} = \frac{5.0 + 5.0}{2} = 5.0$

⑤ $P_{th} = \frac{\text{백분위수?}}{100} \times n = \frac{9}{100} \times 45 = 4.05$, 5번째 데이터인 3.5이다. 즉

P_9=3.5

⑥ 대기시간 5분은 18번째 데이터이므로 $P = \frac{18}{45} \times 100 = 40$, 즉 40백분위수

이다.

(바) Z값(Z-score)

Z값은 상대적 위치의 척도로서 최근 학력평가 등에서 활용을 많이 하고 있다. Z값은 특정 데이터가 평균으로부터 좌우 몇 배의 표준편차만큼 떨어져 있는가를 나타내는 상대적 위치를 나타내는 수치이다. Z값이 크면 클수록 특정 데이터가 평균으로부터 멀리 위치하고 있음을 나타낸다. 양수의 Z값은 특정 데이터가 Z값의 표준편차배 만큼 평균보다 크다는 것을 의미하며, 음수의 Z값은 특정 데이터가 평균보다 작다는 것을 나타낸다. 통상 Z값이 $\pm 3\sigma$를 벗어나면 특정 데이터는 이상치라고 판단한다.

Z값은 측정단위가 서로 다른 경우 데이터간의 비교를 할 때 효율적으로 활용할 수 있다. 예를 들면 근무년수에 비해 받은 연봉, 기계가동시간에 대한 생산금액 등이다.

Z 값

- 어떤 변수 X에 대한 모집단의 Z값 $Z = \dfrac{X-\mu}{\sigma}$
- 어떤 측정치 x에 대한 표본의 Z값 $Z = \dfrac{x-\bar{x}}{s}$

예제 20 다음은 G전자회사의 라인별 연간 생산금액을 조사하였다. 이 회사의 연간 인당 평균 생산금액은 200백만원이며 표준편차는 15백만원으로 나타났다. 이들 직원들의 주당 작업시간 55시간이며 표준편차는 2.5시간으로 나타났다. 이들 생산라인 중에서 A라인은 주당 50시간 작업하였으며 평균 생산금액은 230백만원으로 나타났다. A라인에 대한 Z값을 구하고 생산성을 평가하라.

[풀이] 근무시간 $Z = \dfrac{50-55}{2.5} = -2$, 생산금액 $Z = \dfrac{230-200}{15} = 2$

A생산라인은 근무시간은 다른 생산라인에 비해 -2σ배 만큼에 작은 반면, 생산금액이 $+2\sigma$배만큼 오히려 많은 생산금액을 가져왔으므로 다른 생산라인에 비하여 생산성이 높다고 평가할 수 있다.

(사) T값(T-value)

Z값은 평균을 0으로 하고 표준편차를 1로 하기 때문에 음의 값을 갖는다. 이러한 현상을 보완하기 위하여 평균이 50, 표준편차가 10이 되도록 Z를 변환시킨 값을 T값이라고 한다. 즉, Z값의 0은 T값에서는 50이 되고 Z값의 1은 50에서 10을 더한 60이 된다.

T값

- $T = 50 + 10Z$

예제 21 C학생은 1학기에 수강한 경영학원론 평가결과 92점을 받았고 경영통계학은 85점을 받았다. 다음 데이터를 비교할 때 C학생은 경영학원론과 경영통계학 중에서 어느 과목을 더 잘한다고 볼 수 있는가?

경영학원론		경영통계학	
평균점수	75점	평균점수	60점
표준편차	15점	표준편차	10점
C학생 점수	92점	C학생 점수	85점

[풀이] 경영학원론의 $Z=\frac{92-75}{15}=1.133$, $T=50+(10\times 1.133)=61.33$이며

경영통계학은 $Z=\frac{85-60}{10}=2.5$, $T=50+(10\times 2.5)=75.0$임.

C학생은 경영통계학의 Z와 T 값이 경영학 원론의Z와 T값 보다 크므로 경영통계학을 더 잘한다고 할 수 있다.

■ 대표값의 비교

(가) 산술평균($\bar{x}$), 기하평균(G), 조화평균(H)의 관계

① 측정값이 서로 다른 경우 : $\bar{x}>G>H$

② 측정값이 서로 같은 경우 : $\bar{x}=G=H$

(나) 산술평균($\bar{x}$), 중위수(M_e), 최빈치(M_o)의 관계

① 좌우 대칭인 분포의 경우 : $\bar{x}=M_e=M_o$

$\bar{x}=M_e=M_o$

② 오른쪽 꼬리 분포(skewed right)의 경우 : $M_o < M_e < \overline{x}$

③ 왼쪽꼬리 분포(skewed left)의 경우 : $\overline{x} < M_e < M_o$

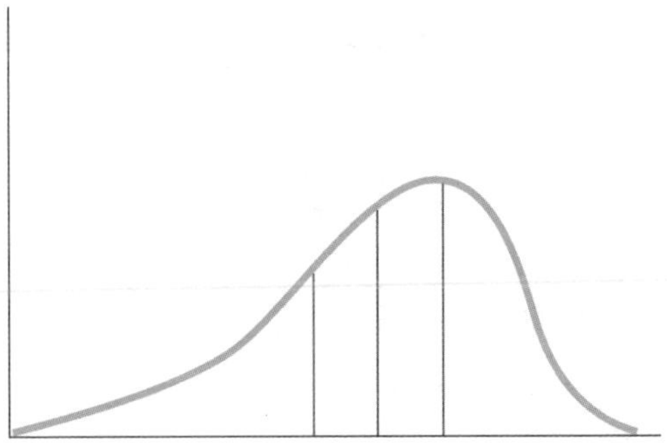

(2) 분포의 산포도

산포도는 데이터의 흩어짐을 수량적으로 나타내는 것으로써, 분포 폭의 정도를 말한다. 즉, 산포의 정도는 평균값을 중심으로 어떻게 분포되어 있는가를 나타내는 측도이다. 여기에는 절대적 산포도를 나타내는 편차, 편차제곱의 합(변동), 분산, 표준편차, 평균편차, 범위, 사분편차 등과 상대적 산포도를 나타내는 변동계수, 사분위편차계수, 평균편차계수 등이 있다.

(가) 편차

먼저, 편차제곱의 합을 설명하기 전에 "편차"란 무엇인지 그 개념을 정확히 알아야 한다. "편차"란 각각의 측정치 x_i와 평균치x부터의 차이$(x_i - \overline{x})$를 말한다. [그림 2-11]과 같이 편차는 평균치(x)를 중심으로 (+)편차와 (−)편차의 양쪽으로 산포되기 때문에 결국 편차들의 합은 0이 된다. 즉 $\sum(x_i - \overline{x}) = 0$이 되므로 산포의 측도로 직접 사용하지 않는다.

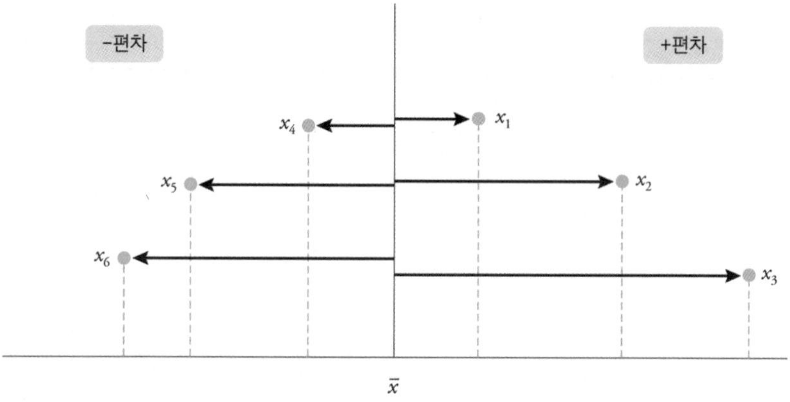

[그림 2-11] 편차

(나) 편차제곱의 합(변동) : S

앞서 설명한 바와 같이 "편차"란 각각의 측정치 x_i와 평균치$\overline{x}$와의 차이$(x_i - \overline{x})$를 말한다. 결국 편차들의 합은 0이 된다. 즉 $\sum(x_i - \overline{x}) = 0$이 되므로 이를 제곱하여 전환한 형태가 편차 제곱의 합 혹은 변동(S)이 된다.

편차제곱의 합(변동)의 식을 유도하면

$$
\begin{aligned}
\sum(x_i - \overline{x})^2 &= \sum(x_i^2 - 2x_i \cdot \overline{x} + \overline{x^2}) \\
&= \sum x_i^2 - 2\overline{x} \cdot \sum x_i + n\overline{x^2} \\
&= \sum x_i^2 - 2\left(\frac{\sum x_i}{n}\right)\sum x_i + n\left(\frac{\sum x_i}{n}\right)^2
\end{aligned}
$$

$$S=\sum x_i^2-\frac{(\sum x_i)^2}{n}$$

단, 여기서 $\overline{x}=\frac{\sum x_i}{n}, \sum x_i = nx$ 이다.

변동의 공식 일부의 $\frac{(\sum x_i)^2}{n}$은 수정항(correction form)이라 하며 CF 혹은 CT로 나타낸다.

변동

$$S=\sum x_i^2-\frac{(\sum x_i)^2}{n}$$

(다) 분산(s^2)

편차제곱의 합(변동)을 데이터의 수만큼 나눈 것을 분산이라고 하며, 이것은 편차합이 0이 되는 것을 방지하기 위한 방법으로 편차합에 제곱한 값의 평균을 이용하여 산포도를 측정할 수 있다. 이 편차 제곱합을 평균한 것이 분산이며 데이터의 산포도를 나타내는 통계량이다. 특히, 편차제곱의 합(변동)을 자유도(ν)로 나눈 것을 표본분산 또는 불편분산(unbiased variance)이라 한다.

분산

$$s^2 = V=\frac{S}{\nu}=\frac{S}{n-1}$$

이 분산 s^2는 모집단의 분산 σ^2을 추정하는 데 사용한다.(불편추정량)

자유도(degree of freedom)

본 교재에서는 자유도 $n-1$을 ν(nu)라고 부르며, 다양한 공식에 적용한다. 자유도란 $x_i-\overline{x}$(편차)들의 독립적인 개수를 의미한다. 즉, n개의 표본의 수가 있을 때 편차의 합 $\sum(x_i-\overline{x})$은 항상 0이 되어서 이를 제외한 나머지 편차개수 $n-1$개 자료를 자유롭게 독립적인 변화를 할 수 있다.

모집단에 대한 모수에 대한 추정을 할 경우 변동을 n(표본 수)으로 나누는 것보다 $n-1$(자유도)로 나누면 일반적으로 더 정확한 추정이 가능하다. 왜냐하면, 이 표본분산은 모수 σ^2의 불편추정량(unbiased estimation)이기 때문이다.

(라) 표준편차(s)

분산을 양의 제곱근으로 씌운 것을 표준편차 혹은 불편분산 제곱근라고 하는데, 이것은 데이터 1개당 산포의 평균치를 나타내는 통계량이다. 분산을 통하여 표준편차를 구하는 것은 사용한 데이터와 동일한 단위로 변환시키며 오차도 작아져서 보다 정확한 산포도를 구한다. 이 표준편차는 모집단의 표준편차 σ을 추정하는 데 사용한다.

표준편차

$$s=\sqrt{V}=\sqrt{\frac{S}{\nu}}=\sqrt{\frac{S}{n-1}}$$

(마) 평균의 표준오차(SE)

표본평균의 표준오차(standard error of mean)는 표준편차를 표본크기의 제곱근으로 나눈 값으로 표준편차의 평균을 의미한다. 표준오차는 표본평균이 모집단의 평균을 추정할 때 $\sigma_{\overline{x}}$가 표준오차를 측정한다. 평균의 표준오차는 표본크기n이 커질수록 작아지며, 모집단의 크기N과 표본크기n이 같으면 평균의 표준오차는 0이 된다.

평균의 표준오차

$$SE=\frac{s}{\sqrt{n}}$$

(바) 범위(R : range)

일련의 데이터 중에서 최대치와 최소치와의 차이를 말한다. 이것은 산포를 나타내는 척도로서 제일 간단하게 사용하나 이상치에 영향을 많이 받으므로 불안정한 산포도이다.

범위

$$R = x_{\max} - x_{\min}$$

(사) 평균절대편차(MAD : mean absolute deviation)

평균(절대)편차는 각각의 데이터와 평균과의 차에 대한 절대값에 대한 평균을 말한다.

평균절대편차

$$MAD = \frac{\sum_{i=1}^{n} | x_i - \bar{x} |}{n}$$

예제 22 다음 데이터는 표본으로 추출된 10명의 직원들에 대한 IQ 테스트 결과이다. 산술평균, 변동, 분산, 표준편차, 평균의 표준오차, 범위, 평균절대편차를 계산하라.

120, 135, 155, 110, 131, 122, 129, 104, 116, 114

[풀이] ① 산술평균 $\bar{x} = \frac{1236}{10} = 123.6$

② 변동 $S = 154,704 - \frac{1236^2}{10} = 1,934.4$

③ 분산 $s^2 = V = \frac{S}{\nu} = \frac{1,934.4}{9} = 214.933$

④ 표준편차 $s = \sqrt{V} = \sqrt{\frac{S}{\nu}} = \sqrt{\frac{1,934.4}{9}} = 14.66$

⑤ 평균의 표준오차 $SE = \frac{s}{\sqrt{n}} = \frac{14.66}{\sqrt{10}} = 4.636$

⑥ 범위 $R = x_{\max} - x_{\min} = 155 - 104 = 51$

⑦ $MAD=$

$$\frac{|3.6+11.4+31.4+13.6+7.4+1.6+5.4+19.6+7.6+9.6|}{10}=11.06$$

(아) 사분위수 범위(IQR : interquartile range)

사분위수 범위의 기본 개념은 전체 자료를 크기 순으로 나열하여 4등분한 후 자료의 중앙에 위치한 50%부분에 대해서 범위를 구하는 것이다. 이 위치를 Q_2라고 하며 이를 중심으로 다시 두 부분의 자료에서 각각 중앙값을 구하면 Q_1, Q_3으로 분할하면 자료 전체를 4등분하는 사분위수(Q_1, Q_2, Q_3)를 구한다. 여기서 사분위수범위 $IQR=Q_3-Q_1$가 된다.

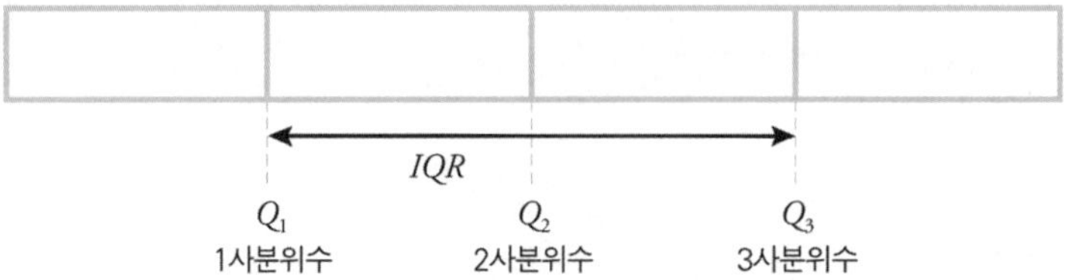

[그림 2-12] **사분위수 범위**

(자) 사분편차(QD : quartile deviation)

사분편차 혹은 사분위수 편차는 자료를 크기 순으로 나열하였을 때 전체자료 중 25%(1/4)지점의 관찰치와 75%(3/4)지점의 관찰치 범위의 절반에 해당하는 값이다.

사분위편차는 중위수를 분포의 중심 위치 값으로 사용할 때 산포 측도로 사용되며 자료의 수가 많아야 의미가 있다.

사분편차

$$QD=\frac{Q_3-Q_1}{2}$$

단, Q_1 = 1/4지점 관찰치 Q_3 = 3/4지점 관찰치

예제 23 다음 15명 종업원들의 월 급여자료이다. 사분위수 범위와 사분편차를 구하라.

120	160	110	100	120	140	150	129	135	121	156	165	170	130	140

[풀이] 자료를 크기 순으로 정리하면 다음과 같다.

100 110 120 120 121 129 130 135 140 140 150 156 160 165 170

Q_1의 위치는 자료에서 1/4지점이므로 $Q_1 = \frac{1}{4} \times 15 = 3.75$

Q_3의 위치는 자료에서 3/4지점이므로 $Q_3 = \frac{3}{4} \times 15 = 11.25$

Q_1의 위치가 3.75에 해당하는 관찰치는 네 번째 위치하는 관찰치가 120이 되며, Q_3의 위치가 11.25에 해당되는 관찰치는 열두번째 관찰치 156이 된다.

사분위수 범위 $IQR = 156 - 120 = 36$

사분편차 $QD = \frac{156 - 120}{2} = 18$

(차) 변동계수(coefficient of variation)(CV)

변동계수란 표준편차계수 혹은 변이계수라고도 한다. 변동계수는 표준편차를 평균치로 나눈 상대적 크기를 말하며, 이는 평균에 대한 표준편차의 비율(%)이다.

이는 산포를 상대적으로 나타내기 때문에 측정단위가 다른 두 집단의 데이터나 평균의 차이가 큰 두 로트의 경우 표준편차만 비교하는 것이 문제이다. 이런 경우에는 절대적 측정치보다 평균을 고려한 상대적 산포도를 비교하는 데 사용한다.

변동계수

$$CV = \frac{s}{\bar{x}} \times 100 = \frac{\text{표준편차}}{\text{평균}} \times 100$$

예제 24 다음 자료는 최근 2개월 동안 투자하고자 하는 두 개의 IT기업에 대한 주가의 변동을 조사하였다. 어느 회사에 투자하는 것이 안전한지를 두 기업체의 산포도를 비교, 분석하라.

A회사	5.6	5.5	5.8	5.0	4.8	5.1	4.9	5.3	4.7
B회사	66.2	75.7	70.0	68.3	72.9	78.1	67.5	70.5	78.4

[풀이] A회사는 평균 5.189, 표준편차 0.382이며, B회사는 평균 71.956, 표준편차 4.561이 된다.

A회사의 변동계수 $CV = \dfrac{0.382}{5.189} \times 100 = 7.362\%$

B회사의 변동계수 $CV = \dfrac{4.561}{71.956} \times 100 = 6.339\%$

따라서, 표준편차만을 고려하면 A회사가 덜 위험하지만, 변동계수를 고려하면 B회사가 더 안전하다고 볼 수 있다.

(카) 상대분산(relative variance) $(CV)^2$ **: 변동계수의 제곱**

상대분산

$$(CV)^2 = \left(\frac{s}{\bar{x}}\right)^2 \times 100 = \left(\frac{\text{표준편차}}{\text{평균}}\right)^2 \times 100$$

(타) 사분위편차계수(coefficient of quartile variation): CQV

사분편차를 중위수로 나눈 것을 사분위편차계수라고 한다.

사분위편차계수

$$CQV = \left[\left\{\frac{Q_3 - Q_1}{2}\right\} \div M_e\right] \times 100$$

(3) 비대칭도(skewness)

(가) 적률(moment)

분포의 모양에는 비대칭도(skewness), 첨도(kurtosis) 등이 척도로서 사용되고 있다. 이 개념을 이해하기 위해서는 물리학에서 사용하는 적률(moment)의 개념이 필요하다. 이것은 평균이나 분산 등의 분포의 통계량 등을 일관된 공식으로 설명할 수 있는 것이다.

다음은 임의의 원 데이터인 $x_1, x_2, x_3, \ldots, x_n$에 대하여 다음 식은

$$\frac{(x_1-a)^k+(x_2-a)^k+\ldots+(x_n-a)^k}{n}=\frac{\sum_{i=1}^{n}(x_i-a)^k}{n}$$

a를 중심으로 각 데이터의 편차들의 k제곱을 산술평균한 것 - 이것을 a에 관한 k차 적률(the k-th moment about a)이라고 한다.

a가 0이고 k가 1인 경우가 산술평균(원점에 관한 1차 적률)이 되며, a가 $\overline{x}$이고 k가 2인 경우가 분산(평균에 관한 2차 적률)이 되는 것이다.

이처럼 a에 관한 k차 적률에 a와 k의 적당한 값을 대응시키면 평균이나 분산 또는 여러 가지 통계량을 관련지울 수 있다.

특히 a가 0인 경우에는 원점적률, a가 평균인 경우에는 중심적률이라고 부르면

$$m_k=E(X^k)=\frac{\sum_{i=1}^{n}x_i^k}{n}$$ ----------- k차 원점적률(k-th origin moment)

$$\mu_k=\frac{\sum_{i=1}^{n}(x_i-\mu)^k}{n}$$ ------------ k차 중심적률(k-th central moment)

적률의 성질

① m_k에서 $k=0$이면 $m_0=1$이므로 원점에 관한 0차 적률은 1이다.

② m_k에서 $k=1$이면 $m_1=\overline{x}$이므로 원점에 관한 1차 적률은 산술평균이다.

1차 원점적률은 산술평균이다. ---- $m_1=E(X)=\frac{\sum_{i=1}^{n}x_i}{n}=\mu$

③ μ_k에서 $k=1$이면 $\mu_1=0$이므로 평균에 관한 1차 적률은 0이다.

1차 중심적률은 0이다. ----- $\mu_1=\dfrac{\sum_{i=1}^{n}(x_i-\mu)}{n}=0$

④ μ_k에서 $k=2$이면 $\mu_2=s^2$이므로 평균에 관한 2차 적률은 분산이다.

2차 중심적률은 분산이다. ----- $\mu_2=\dfrac{\sum_{i=1}^{n}(x_i-\mu)^2}{n}=\sigma^2$

⑤ 대칭분포인 경우 홀수차 중심적률은 0이다.
⑥ 평균에 관한 3차 적률은 비대칭도를 구하는 데 이용된다.
⑦ 평균에 관한 4차 적률은 첨도를 구하는 데 이용된다.

따라서 1차 원점적률 $m_1=E(X)=\mu$로 기대치와 같고, 2차 평균적률 μ_2는 $\mu_2=E(X-\mu)^2=Var(X)=\sigma^2$로 분산이 된다.

예제 25 다음 자료를 이용하여 산술평균에 관한 1차 적률과 2차 적률을 구하라.

3	4	6	7	3	5	6	7	8	9

[풀이] 산술평균은 $\bar{x}=\dfrac{1}{n}\sum_{i=1}^{n}x_i=\dfrac{3+4+6+7+3+5+6+7+8+9}{10}=5.8$

산술평균에 대한 1차 적률은 다음과 같다. $\mu_1=\dfrac{1}{n}\sum_{i=1}^{n}(x_i-\bar{x})=0$

산술평균에 대한 2차 적률은 다음과 같다. $\mu_2=\dfrac{1}{n}\sum_{i=1}^{n}(x_i-\bar{x})^2=3.76$

(나) 비대칭도

비대칭도란 분포의 비대칭 정도를 나타내는 의미로서 왜곡도라고 한다. 비대칭도는 다음과 같이 정의하고 있고, 왜도라고도 부르며 S_k으로 정의한다.

즉, 평균에 대한 3차 적률 μ_3와 표준편차 s의 3승과의 비 $\dfrac{\mu_3}{s^3}$을 나타낸다. 이것을 적률의 비대칭도라고 한다.

적률의 비대칭도

$$S_k = \frac{\mu_3}{s^3} = \frac{(x_i - \bar{x})^3}{s^3}$$

비대칭도의 성질

① $S_k = 0$이면 각 측정치들이 평균을 중심으로 좌우대칭(정규분포, t분포)

② $S_k > 0$이면 각 측정치들이 평균보다 좌측에 더 많다(오른쪽 꼬리분포)

③ $S_k < 0$이면 각 측정치들이 평균보다 우측에 더 많다(왼쪽 꼬리분포)

④ $|S_k|$ 값이 클수록 비대칭도가 심하다.

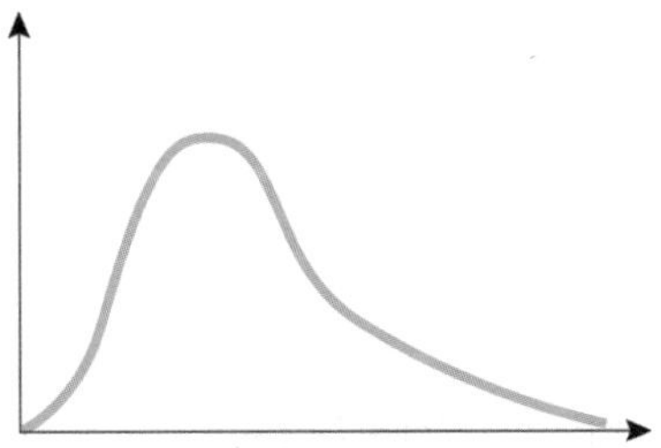

[그림 2-13] $S_k > 0$

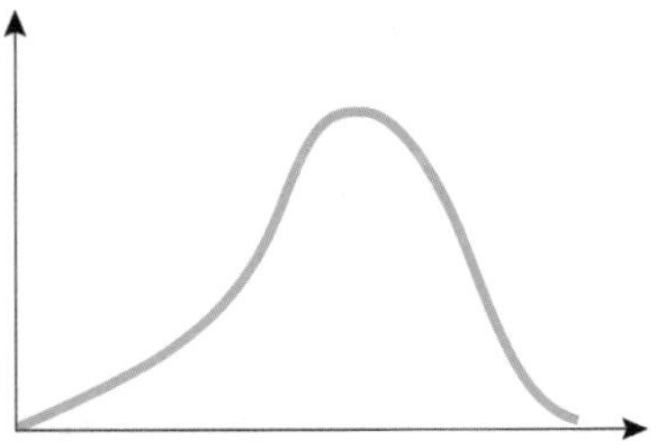

[그림 2-14] $S_k < 0$

비대칭도 계산방법

① 피어슨 계수 $S_k = \frac{\bar{x} - M_o}{s} = \frac{3(\bar{x} - Me)}{s}$ 단, $\bar{x}$= 평균, M_o = 최빈치, Me = 중위수

② 사분위계수 $S_k = \frac{(Q_3 + Q_1 - 2Q_2)}{(Q_3 - Q_1)}$

③ 적률계수 $S_k = \frac{(\text{평균에 관한 3차적률})}{(\text{표준편차})^3} = \frac{\mu_3}{s^3} = \frac{(x_i - \bar{x})^3}{s^3}$

예제 26 다음 자료에 대하여 왜곡도를 구하라

11	6	12	6	8	9	4

[풀이] 산술평균은 $\overline{x}=\frac{1}{n}\sum_{i=1}^{n}x_i=\frac{11+6+12+6+8+9+4}{7}=8.0$

- 산술평균에 대한 1차 적률은 다음과 같다.

$$\mu_1=\frac{1}{n}\sum_{i=1}^{n}(x_i-\overline{x})=0$$

- 산술평균에 대한 2차 적률은 다음과 같다.

$$\mu_2=\frac{1}{n}\sum_{i=1}^{n}(x_i-\overline{x})^2=\frac{1}{7}(121+36+144+36+64+81+16)-64=7.14$$

$$\mu_3=\frac{1}{n}\sum_{i=1}^{n}(x_i-\overline{x})^3=\frac{1}{7}(27-8+64-8+1-64)=1.71$$

따라서, 왜곡도 $S_k=\frac{\mu_3}{s^3}=\frac{1.71}{(\sqrt{7.14})^3}=0.0896$

예제 27 산술평균이 100.5, 최빈치가 99.2, 표준편차 18.80일 때 왜곡도는?

[풀이] $S_k=\frac{\overline{x}-M_o}{s}=\frac{100.5-99.2}{18.80}=0.069$

(4) 첨도(kurtosis)

정규분포의 형태와 비교하여 봉우리 모양이 얼마나 뾰족한가, 완만한가를 판단하는 정도를 나타내는 의미를 첨도라고 하며 다음과 같이 정의한다.

첨도 α_4가 클수록 분포가 뾰족하다는 것을 의미한다. 정규분포의 첨도 $\alpha_4=3$이 된다.

첨도

$$\alpha_4=\frac{\mu_4}{s^4}=\frac{(x_i-\overline{x})^4}{s^4}$$

첨도의 성질

① $\alpha_4 = 3$이면 표준정규분포(중첨)
② $\alpha_4 > 3$이면 표준정규분포보다 정점이 높고 뾰족한 모양(급첨)
③ $\alpha_4 < 3$이면 표준규분포보다 정점이 낮고 무딘 모양(완첨)

예제 28 다음 자료에 대하여 첨도를 구하라

11	6	12	6	8	9	4

[풀이] 산술평균은 $\bar{x} = \frac{1}{n}\sum_{i=1}^{n} x_i = \frac{11+6+12+6+8+9+4}{7} = 8.0$

- 산술평균에 대한 1차 적률은 다음과 같다.

$$\mu_1 = \frac{1}{n}\sum_{i=1}^{n}(x_i - \bar{x}) = 0$$

- 산술평균에 대한 2차 적률은 다음과 같다.

$$\mu_2 = \frac{1}{n}\sum_{i=1}^{n}(x_i - \bar{x})^2 = \frac{1}{7}(121+36+144+36+64+81+16) - 64 = 7.14$$

- 산술평균에 대한 4차 적률은 다음과 같다.

$$\mu_4 = \frac{1}{n}\sum_{i=1}^{n}(x_i - \bar{x})^4 = \frac{1}{7}(81+16+256+16+1+256) = 89.428$$

따라서, 첨도 $\alpha_4 = \frac{\mu_4}{s^4} = \frac{89.428}{(7.14)^2} = 1.754$

(5) 상자그림과 5점 요약 표시

(가) 상자그림(box plot)

상자그림은 분포의 대칭성, 자료의 중심위치, 산포의 정도, 분포의 꼬리부분 집중 정도 등을 파악하는 데 유용하다. 주어진 자료들의 특성을 잘 나타내기 위해서 중위수 및 사분위수 등을 이용하여 상자그림을 그린다. 상자그림의 위치에 따라 자료의 중심이 어디에 있는지를 한눈에 알아볼 수 있으며 중위수를 대표값으로 사용한다.

즉, 상자그림은 사분위수를 이용하여 작성하며, 제1사분위수 Q_1, 제3사분위수 Q_3사이의 중앙부분을 상자모양으로 나타내고 중위수(Me)의 위치에 내부 수직선을 긋는다. 또한 Q_1보다 작거나 Q_3보다 큰 수는 양팔로 생각하여 Q_3를 나타내는 선에서 $Q_3+1.5(Q_3-Q_1)$을 넘지 않는 우측 경계값까지 실선을 긋는다. 그리고 Q_1을 나타내는 선으로부터 $Q_1-1.5(Q_3-Q_1)$보다 작지 않는 좌측 경계값까지 실선을 긋는다. 여기서 각각의 우측, 좌측 경계값을 벗어나는 값을 이상점으로 판단하여 *로 표시하고 그 사이를 점선으로 연결한다.

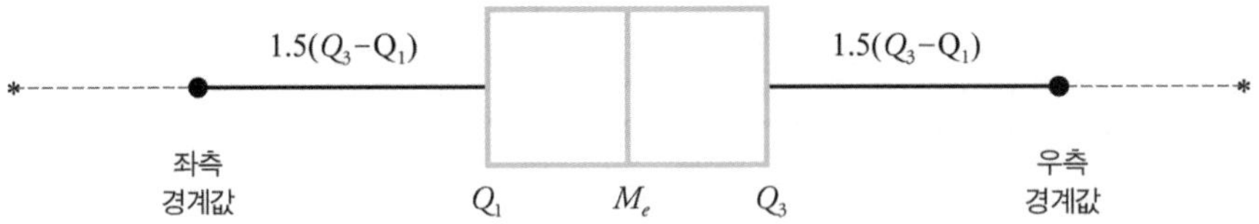

[그림 2-15] **상자그림**

예제 29 A회사의 신입직원들에 대한 임금 수령액을 조사한 결과이다. 상자그림을 그려라.

180	190	205	210	215	220	220	225	235	245	(단위: 만원)

[풀이]

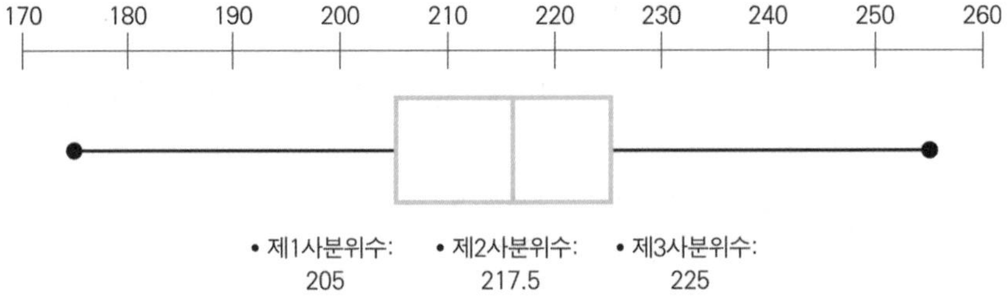

(나) 5점 요약표시(5-number summary)

주어진 자료를 중위수Me, 제1사분위수Q_1, 제3사분위수Q_3, 최소값Min, 최대값Max 등 5개의 통계량의 집합으로 표현하는 것이 5점 요약표시라고 한다. 즉 [Min, Q_1, Me, Q_3, Max]로 표현한다. 여기서 중위수는 자료의 중심위치를 나타내는 측도이며, 사분위수범위와 전체 자료의 범위는 자료의 산포의 정도를 말한다. 이때 중위수와 사분위수(Q_1, Q_3) 사이의 거리로 자료의 비대칭도(skewness)를 파악할 수 있다.

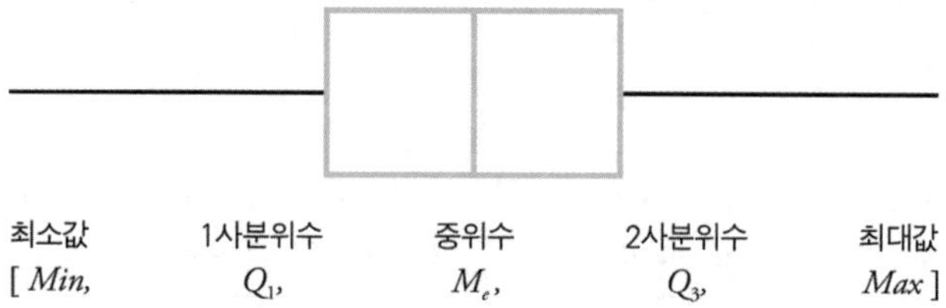

[그림 2-16] **5점 요약표시에 의한 상자그림**

Review Lecture

본 Review Lecture는 강의를 통하여 배운 내용을 교수님이 직접 학생들에게 질문형식을 통하여 강의 내용을 점검하고 마무리하는 코너입니다. ______ 같이 풀어 보실까요?

▌다음 내용을 읽고 ( ) 속에 알맞은 그래프의 명칭을 채워라.

01 주어진 질적 자료를 정리하는 것으로 각각의 범주에 속한 비율을 하나의 막대로 나타낸 것이다. 즉, 각 범주에 속한 비율을 막대의 길이로 상대석인 비율(도수)로 나타내므로 분포의 특성을 시각적으로 비교하는 데 사용한다. (   )

02 주로 질적 자료로써 각 자료의 항목이나 구간에 대한 비율(%)이나 도수를 가지고 먼저 원 모양(전체비율, 전체도수)을 그린 후, 해당 각 변수 항목의 비율에 비례하는 면적을 부채 모양으로 분할하여 그린 그래프이다. (   )

03 조건변화에 대한 추이를 쉽게 파악할 수 있는 그래프이다. 상태변화라는 것은 년도-매출액 추이, 년도별-암 환자수 추이, 시간대별-안전사고 건수 등과 같이 시간의 변화에 따라 변수의 추이를 파악할 수 있는 있으며 특히 이러한 그래프를 시계열그래프(time series plot)라고 한다. (   )

04 자료의 크기가 적으며, 쉽게 자료의 분포 모양을 파악하고자 할 때 작성할 수 있는 그래프이다. 이 그래프는 모든 자료를 포함할 수 있도록 수평선상에 점(•)을 표시하는 것이다. (   )

05 도수분포표를 작성한 후, 이를 가지고 자료가 어떠한 분포를 하고 있는가를 쉽게 나타낸 그림이다. 즉, 다루고자 하는 자료의 값을 가로축으로 잡고 자료가 있는 범위를 몇몇으로 구분, 그 각각에 들어갈 자료의 수를 세로축으로 하여 기둥모양처럼 그려 그래프로 만든 것이다. (   )

06 도수분포표에 의해 작성된 히스토그램에서 막대모양의 각 직사각형의 윗변 중앙을 차례로 점을 찍어서 실선으로 연결한 그래프이다. (   )

07 히스토그램과 달리 원 자료를 그대로 표현한다는 점에서 특이하며, 또한 자료의 수가 그렇게 많지 않고, 자료의 특성을 손쉽게 파악하고자 할 때, 즉 자료의 산포상태, 자료의 중심위치 정도를 파악하는 데 유용하다. 줄기그림(stem plot)이라고도 한다. (   )

08 전파탐지기의 형상처럼 원형내의 각 축의 점유 표시(일반적으로 100을 기준)로 항목별 전체 균형을 알 수 있도록 하는 것이다. (   )

▌다음 내용을 읽고 (   ) 속에 알맞은 용어를 채워라.

09 통계량의 특성

분포의 형태
• 분포의 중심위치의 정도 • 분포의 (   )의 정도 • 분포의 (   )의 정도 • 분포의 상단의 뾰족한 정도

10 분포의 위치를 나타내는 방법으로는 시료평균 외에, 데이터를 크기의 순으로 배열했을 때 가운데에 위치한 중앙치 또는 (   ), 히스토그램에서 도수가 그 주위의 급에 비하여 큰 계급치인 (   ) 등이 있다.

11 분포의 산포도는 데이터의 흩어짐을 수량적으로 나타내는 것으로써, 분포 폭의 정도를 말한다. 여기에는 절대적 산포도를 나타내는 편차제곱의 합(변동), (   ), 표준편차, 평균편차, 범위, 사분편차 등과 상대적 산포도를 나타내는 (   ), 사분위편차계수, 평균편차계수 등이 있다.

12 (   )란 $x_i - \overline{x}$(편차)들의 독립적인 개수를 의미한다. 즉, n개의 표본의 수가 있을 때 편차의 합 $\sum(x_i - \overline{x})$은 항상 0이 되어서 이를 제외한 나머지 편차개수 $n-1$개 자료를 자

유룹게 독립적인 변화를 할 수 있다.

13 (　　)란 분포의 비대칭 정도를 나타내는 의미로서 왜곡도라고 한다.

14 정규분포의 형태와 비교하여 봉우리 모양이 얼마나 뾰족한가, 완만한가를 판단하는 정도를 나타내는 의미를 (　　)라고 한다.

15 (　　)은 사분위수를 이용하여 작성하며, 제1사분위수 Q_1, 제3사분위수 Q_3사이의 중앙부분을 상자모양으로 나타내고 중위수(Me)의 위치에 내부 수직선을 긋는다.

16 주어진 자료를 중위수 Me, 제1사분위수 Q_1, 제3사분위수 Q_3, 최소값 Min, 최대값 Max 등 5개의 통계량의 집합으로 표현하는 것이 (　　　　)라고 한다.

연 / 습 / 문 / 제

01 다음 데이터는 A사의 마케팅부서에서 지난해 1년 동안의 영업수익성을 조사한 것이다. 30명을 대상으로 한 영업사원들의 영업평가지수를 히스토그램으로 나타내어라. 단 영업수익성은 100을 기준으로 한다.

95	99	111	103	98	92	101	107	115	101
110	104	113	102	122	114	120	110	110	98
108	89	95	97	105	125	103	104	107	105

① 구간의 수(H.A. Sturges방식)

② 범위

③ 구간의 폭

④ 제1구간의 하한경계치

⑤ 도수분포표 작성(아래 참조)

NO	구간의 경계치	중앙치	체 크	도수(f)	u	fu	fu^2
	계						

⑥ 히스토그램 작도

02 다음 자료는 C사의 품질특성 중 하나인 인장강도를 측정한 것이다. 다음 물음에 따라 기술통계량을 계산하라.

195	199	211	203	198	192	201	207	255	281
210	204	213	202	222	214	220	210	210	198
208	189	195	197	205	225	203	204	207	215
234	221	302	245	273	234	267	243	188	240
176	205	309	281	258	221	189	289	267	270

① 시료평균(산술평균)

② 편차제곱의 합(변동)

③ 분산

④ 표준편차

⑤ 평균의 표준오차

⑥ 범위

⑦ 변동계수(변이계수)

03 다음 자료의 중위수와 산술평균을 구하라.

10,	30,	80,	50,	40,	90,	73,	45,	60,	20

04 자본금 3000만원으로 가게를 시작하여 첫해는 자본금의 1.3배, 두 번째 해는 2배, 세 번째 해는 4배, 네 번째 해는 5배로 증가하였다. 연평균 자본금은 몇 배로 증가하였는가?

05 서울과 수원 두 지점을 행군하는데 갈 때에는 매시간 5km로 걷고 올 때에는 매시간 4km로 걸었다. 이 두 지점을 왕복 행군하는데 매시간 평균속도는 얼마인가?

06 다음 자료를 이용하여 비대칭도와 첨도를 구하라.

14	19	18	16	11	24	17	20	21	19

07 10명에 대한 혈압측정치이다. 사분위수범위와 사분편차를 구하라

124	119	128	146	119	124	117	120	141	110

08 산술평균이 67, 최빈치가 109, 표준편차 15일 때 왜도는 얼마인가?

09 다음 남자 직원과 여자 직원의 임금을 조사하였다. 두 집단의 산포도를 비교하기 위해서 각각의 변동계수를 계산하고 그 결과를 설명하라.(단위:만원)

집단	임금평균	표준편차
남자 직원	300	6
여자 직원	200	3

10 다음 도수분포표에서 산술평균은?

구간	중앙치	빈도수
0~10	5	6
10~20	15	8
20~30	25	14
30~40	35	9
40~50	45	5
계	-	42

11 다음 데이터에 대한 조화평균과 중위수를 구하라.

4, 3, 5, 6, 9, 2, 10

12 다음 데이터를 가지고 기하평균을 구하라.

4, 5, 6, 9, 10, 13, 16

13 다음 $n = 14$개의데이터를 가지고 줄기-잎그림으로 나타낸 것이다. 중위수를 구하라.

4	1
5	2 3
6	3 3 5
7	2 4 5 6 7
8	2 5
9	4

제3장

확률이론

1. 확률의 기본개념
2. 확률의 구분 및 성질
3. 확률의 법칙

1. 확률(Probability)의 기본개념

1.1 확률의 정의

확률은 우리 생활 주변에서 흔히 가능성, 가망성 및 확실성이라는 의미로 사용된다. 즉, 우연적으로 일어나는 일에 대하여 어느 정도의 기대를 걸 수 있는가를 수량적으로 나타내는 측도를 확률이라 하고, 결과가 우연에 의해 실험이나 관찰하는 행위를 시행(trial) 또는 확률실험이라고 한다. 여기서 말하는 실험은 시행이나 관찰을 하기 전에는 확실하게 예측할 수 없는 결과를 일으키는 행위나 과정을 말한다.

예를 들면

① 동전의 앞면, 뒷면에서 앞면이 나올 수 있는 확률은 얼마인가?

② 기상대에서 발표하는 오늘의 일기예보에서 비가 올 확률 얼마인가?

③ 주사위를 던져 눈금이 1이 나올 확률은 얼마인가?

등 많은 사례를 들 수 있다.

확률은 원래 우연의 게임에 주로 사용되지만 불확실한 상황의 의사결정에 사용되기도 한다. 이러한 불확실한 상황에서 객관적이고 합리적인 의사결정을 위해서는 확률의 기본적인 개념이 필요하다.

확률

우연적으로 일어나는 일에 대하여 어느 정도의 기대를 걸 수 있는가를 수량적으로 나타내는 측도

시행

결과가 우연에 의해 실험이나 관찰하는 행위(동전 던지기, 주사위 던지기 등)

1.2 사상과 표본공간

사상 또는 사건(event)이란 실험의 결과로 나타나는 모든 현상을 말한다. 예를 들면 동전을 1개 던져서 나올 수 있는 실험결과는 앞면, 뒷면 그리고 주사위의 경우는 1에서 6까지의 수이다. 이러한 기본 결과는 더 이상 단순하게 분해할 수 없다. 이와 같이 실험의 기본적인 결과를 그 시행의 단일사상 혹은 근원사상(elementary event)이라고 한다.

사상이란 하나 또는 둘 이상의 단일사상의 집합을 말하는데 사건이라고도 한다.

반면, 주사위의 홀수를 관찰하여 얻은 실험결과는 1, 3, 5 등으로 더욱 분해할 수 있기 때문에 이 같은 경우의 관찰 결과는 단일사상의 집합이므로 이를 복합사상이라고 한다.

사상

시행의 결과로 나타나는 모든 결과 현상

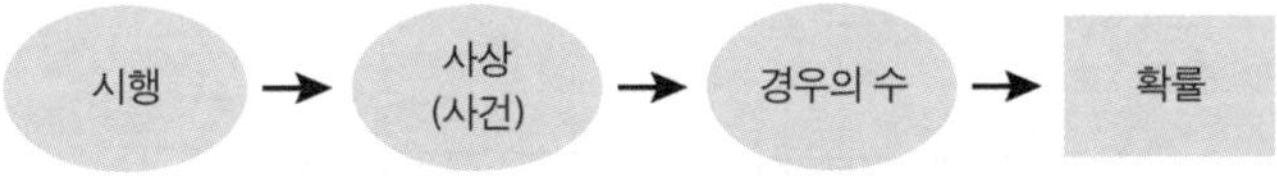

[그림 3-1] **사상과 확률관계**

[그림 3-1]에서 사상과 확률간의 관계를 표시하고 있다. 즉, 어떤 (행위)에 의하여 일어난 (결과)의 (가짓수)를 (확률)로 표시함을 의미한다.

예를 들면, 동전 1개를 던질 때 일어날 수 있는 경우의 수, 주사위 1개를 던질 때 홀수의 눈이 나오는 경우의 수 등을 통하여 확률을 계산함을 알 수 있다.

표본공간(sample space)이란 실험에서 발생 가능한 모든 단일사상의 집합을 뜻한다. 예를 들면 주사위를 던져 발생하는 단순사상은 1에서 6까지의 수이다. 이러한 사상을 모두 집합체로 모으면 표본공간이 된다. 따라서 표본공간의 부분집합을 사상(사건)이라고 부르는데 하나의 단일사상도 하나의 사상이 될 수 있다. 보통 단순사상을 e로, 표본공간을 S 또는 Ω(omega)로 나타낸다.

예를 들면, 동전던지기 1회 시행에서 동전의 앞면이 나오는 결과를 H, 뒷면이 나오는 결과를 T라고 하면 표본공간 $S = \{H, T\}$이다. 또한 주사위의 경우 표본공간

$S = \{1,2,3,4,5,6\}$이 된다.

표본공간

실험에서 발생 가능한 모든 단일사상의 집합

1.3 집합과 사상

표본공간 S의 부분집합에는 공집합(null set), 전체집합(total set) 및 부분집합(subset)이 사상에 속해 있으며 이들을 각각 공사상(null event), 전체사상(total event), 사상(event)이라고 부른다. 각각의 사상들에 대하여 다음과 같이 구분한다.

(1) 합사상

표본공간 내에 두 사상 A와 B가 있을 때, 적어도 어느 하나에 속하는 모든 결과를 포함하는 사건 즉, A 또는 B가 일어나는 사상을 A와 B의 합사상(union event)이라 하며 $A \cup B$로 표현한다.

(2) 곱사상

표본공간 내에 두 사상 A와 B가 있을 때, A 와 B가 동시에 일어나는 사상을 A와 B의 곱사상(intersection event)이라 하며 $A \cap B$로 나타낸다.

(3) 여사상

집합 A가 하나의 사상인 경우, 사상 A에 대하여 A가 일어나지 않는 사상을 A의 여사상(complement event)이라 하고 A^c 혹은 $\overline{A}$로 나타낸다.

(4) 공사상

표본공간 S 의 부분집합 중에서 발생하지 못하는 사상이 있을 수 있다. 예를 들면 동전의 경우 앞면, 뒷면이 아닌 측면의 경우를 고려하지 않는다. 이러한 경우의 사상을 공사상(empty event)이라고 하고 $\varnothing$ 로 표기한다.

(5) 배반사상

두 사상 A와 B의 곱사상이 공사상이 될 경우, $A \cap B = \varnothing$ 일 때 A와 B는 서로 배반사상(mutually exclusive event)이라고 한다.

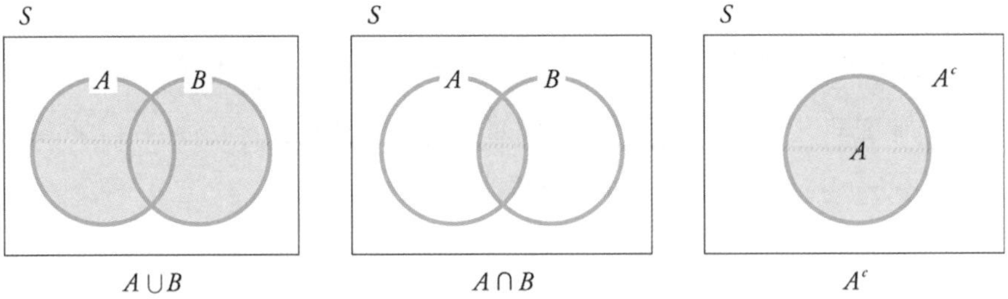

[그림 3-2] **사상의 종류**

2. 확률의 구분 및 성질

2.1 확률의 개념적 구분

(1) 고전적 확률개념

고전적 확률개념은 이론적 확률개념으로 실제로 실험을 행하지 않고 어떤 사건에 확률을 부여하는 방법이다. 표본공간 S의 각각의 근원사상들의 일어날 가능성이 모두 동일하며, 그 결과들이 상호 배반적일 때 사용하는 개념이다. 예를 들면, 주사위를 던지는 실험에서 주사위의 한 면이 나올 확률은 1/6, 동전을 던지는 실험에서 앞면이 나올 확률은 1/2이라고 할 때 실험결과의 발생가능성이 동일하며 그 결과들이 상호 배반적이라는 가정을 자연스럽게 정하고 있는 것이다.

사상 A의 확률을 $P(A)$로 표현할 때 고전적 확률의 개념은 다음 식으로 표현한다.

고전적 확률

$$P(A) = \frac{n(A)}{n(S)}$$

여기서 $n(S)$는 표본공간에 속하는 전체 원소의 개수
$n(A)$는 사상 A의 원소의 개수

이때 전체사상S와 공사상이 일어날 확률은 $P(S)=1$, $P(\varnothing)=0$임을 생각할 때 확률 $P(A)$는 다음 성질을 만족한다.

$$0 \leq P(A) \leq 1$$

예제 1 주사위 던지기 실험에서 짝수가 나올 확률을 구하라. 단 실험의 결과는 6가지이고 각 결과가 나올 가능성은 동일하며 중복되지 않는다.

[풀이] $S=\{1,2,3,4,5,6\}$ 짝수$=\{2,4,6\}$이므로, 짝수로 나올 확률을 $P(A)$라고 하면, $P(A)=\frac{3}{6}=\frac{1}{2}$이 된다.

예제 2 1회의 동전 던지기 실험에서 앞면이 나올 확률을 구하라. 단 실험의 결과는 2가지임.

[풀이] $S=\{$앞면, 뒷면$\}$ 앞면 나올 확률을 $P(A)$라고 하면, $P(A)=\frac{1}{2}$이 된다.

(2) 경험적 확률개념

경험적 확률개념은 어떤 이론적 법칙에 근거하는 것이 아니라 과거 실제로 경험한 관찰치를 확률실험에 근거로 한다. 즉, 장기적 상대빈도 확률개념을 통하여 동일한 실험을 장기간 많은 반복실험을 행할 때 관측되는 상대적 빈도로 확률을 파악하는 개념이다. 이 개념을 사상A가 일어나는 확률은 다음과 같다.

경험적 확률개념

$$P(A) = \lim_{n \to \infty} \frac{r(A)}{n}$$

여기서 n은 총실험횟수, $r(A)$는 사상A가 일어난 횟수

경험적 확률개념은 관찰횟수가 점점 증가할수록 추정치는 정확하게 접근을 할 것이다. 즉, 관찰횟수를 무한정 증가시키면 경험적 확률은 고전적 확률에 접근한다는 대수의 법칙(law of large numbers)을 따르게 될 것이다.

(3) 주관적 확률개념

앞서 설명한 고전적 확률개념이나 장기적 상대빈도 확률개념은 적용상 한정된다. 즉 실험을 할 수 없는 경우 또는 실험의 회수가 무한대이거나 반복실험이 불가능한 경우에는 적용하지 못한다. 이러한 경우에는 주관적 판단에 의해 판단할 수 없다. 1954년 Savage에 의해 시작된 주관적 확률개념은 오직 한번만 발생되는 사상에만 적용된다.

주관적 확률개념은 개개인의 주관적 요소(지식, 경험, 정보, 성격, 가치관 등)에 따라 그 확률이 달라지게 된다. 예를 들면, "투자에서 이익을 얻을 확률", "노조협상에서 타결할 확률" 등은 개개인의 여러 가지 상황적 근거, 전문적 지식 등을 가지고 평가하기 때문에 일관된 확률은 기대하기 어렵지만 무시하기는 쉽지 않을 것이다. 이 개념이 아직 통계적 이론적인 차원에서 미흡하지만 꾸준한 연구가 이루어져야 할 것이다.

2.2 확률의 공리 및 성질

표본공간이 S인 어떤 실험을 생각해보자. 그 표본공간에서 임의의 사상 A의 확률은 그 사상이 일어날 수 있는 가능성을 측정하는 숫자이며 $P(A)$로 나타낸다. 또한 표본공간 S는 많은 기본 결과 A_i으로 구성되어 있으며 이들의 일부가 사상 A를 구성한다고 하면 다음과 같은 확률의 세 가지 공리를 갖는다. 이 확률의 세 가지 공리는 콜모고로프(Kolmogorov)에 의해 이론적 개념을 정의하였다.

확률의 공리

[공리 1] 사상A가 표본공간의 어떤 사상이라면, 그것이 일어날 확률 $P(A)$는

$$0 \leq P(A) \leq 1$$

[공리 2] 표본공간 S에 대한 확률은

$$P(S) = 1$$

[공리 3] 서로 배반사상 $A_1, A_2, \ldots$ 에 대하여 $P(A_1 \cup A_2 \cup \ldots)$ 에 대하여 $P(A_1 \cup A_2 \cup \ldots) = P(A_1) + P(A_2) + \ldots$ 이다. 이것을 만족할 때, $P(A)$를 사건 A의 확률이라고 한다.

확률의 공리적 정의로부터 다음과 같은 성질들을 유도할 수 있다.

확률의 성질

1. $P(\varnothing) = 0$
2. $P(A^c) = P(\overline{A}) = 1 - P(A)$
3. 표본공간 S의 임의의 사상 A와 B에 대하여 합사상 $A \cup B$의 확률은,

$$P(A \cup B) = P(A) + P(B) - P(A \cap B)$$

4. 두개의 사상 A, B에 대하여 $A \subset B$이면 다음관계가 성립한다.

$$P(A) \le P(B)$$

예제 3 우리 회사 직원들의 혈액검사를 실시하여 본 결과, 전체 혈액형분포에서 A형은 25%, B형은 22%, AB형은 4%, O형은 49%로 나타났다. 어떤 직원이 혈액형검사 결과가 A형이나 B형일 확률은 얼마인가?

[풀이] 혈액형이 A, B, AB, O형일 사상을 각각 A_1, A_2, A_3, A_4 라고 하면, 표준공간은 다음과 같다.

$$S = \{A_1, A_2, A_3, A_4\}$$

사상 A_1, A_2 는 서로 배반사상이고, $P(A_1 \cup A_2)$의 값을 상기 확률의 성질에 의하여 구한다.

$$P(A_1 \cup A_2) = P(A_1) + P(A_2) = 0.25 + 0.22 = 0.47$$

3. 확률의 법칙

3.1 확률의 덧셈법칙

(1) 덧셈의 일반법칙 : 두 사상이 배반적이 아닌 경우

두 사상 A와 B가 서로 배반적이 아닌 경우, 사상 A또는 B가 발생할 확률은 사상 A가 발생할 확률과 사상B가 발생할 확률을 더한 다음, 사상A와 사상B가 동시에 발생할 확률을 빼면 된다. 이러한 법칙을 확률의 덧셈법칙(additional rule) 혹은 덧셈의 일반법칙(general rule of addition)이라고 한다.

덧셈법칙 : 배반적이 아닌 경우

$$P(A \cup B) = P(A) + P(B) - P(A \cap B)$$

예제 4 주사위 1개를 던지는 실험에서 사상을 다음과 같이 정의한다. 사상 A 또는 사상B가 일어날 확률을 계산하라.

사상A : 짝수가 나온다.

사상B : 2이하의 수가 나온다.

[풀이] $P(A) = P(2) + P(4) + P(6) = \frac{1}{6} + \frac{1}{6} + \frac{1}{6} = \frac{1}{2}$

$P(B) = P(1) + P(2) = \frac{1}{6} + \frac{1}{6} = \frac{1}{3}$

$P(A \cap B) = P(2) = \frac{1}{6}$

$P(A \cup B) = P(A) + P(B) - P(A \cap B) = \frac{1}{2} + \frac{1}{3} - \frac{1}{6} = \frac{2}{3}$

(2) 덧셈의 특별법칙 : 두 사상이 배반적인 경우

두 사상 A와 B가 동시에 발생할 수 없으면 두 사상은 상호 배반적인 사상이라고 한다. 이 경우 사상 A와 B는 공통되는 단일사상을 포함하지 않기 때문에 $P(A \cap B) = 0$

이 된다. 따라서 두 사상 A, B가 발생할 확률은 각각의 사상이 발생할 확률을 더하면 된다.

덧셈법칙 : 배반적인 경우

$$P(A \cup B) = P(A) + P(B)$$

예제 5 지난 일주간 K호텔에 투숙한 외국인 관광객수를 조사하였다. 그 결과 미국인 220명, 중국인 419명, 일본인 230명, 영국인 55명, 독일인 45명, 기타 120명이었다. 한 외국인 관광객을 무작위로 추출하였을 때 중국인 또는 일본인 관광객일 확률을 구하라.

[풀이] $$P(\text{중국인}) = \frac{419}{220+419+230+55+45+120} = \frac{419}{1089} = 0.385$$

$$P(\text{일본인}) = \frac{230}{220+419+230+55+45+120} = \frac{230}{1089} = 0.211$$

$$P(\text{중국인} \cup \text{일본인}) = P(\text{중국인}) + P(\text{일본인}) = 0.385 + 0.211 = 0.596$$

3.2 조건부 확률

조건부확률(conditional probability)이란 다른 어떤 사상이 발생하였다는 조건하에서 특정 사상이 발생할 확률을 말한다. 즉, 주어진 조건에 의해 발생한 부분집합을 A라 하고, 분석하고자 하는 사상을 B라고 할 때 $P(B/A)$ 또는 $P_A(B)$ 표현하며 다음과 같이 공식이 도출된다.

조건부 확률

$$P(B/A) = \frac{n(B \cap A)}{n(A)} = \frac{\frac{n(B \cap A)}{n(S)}}{\frac{n(A)}{n(S)}} = \frac{P(B \cap A)}{P(A)}$$

단 $P(A) \neq 0,\ n(A) \neq 0$

조건부 확률은 주어진 조건하에서 발생한 부분집합을 전체집합으로 간주한다는 점에 유의하여야 하며 조건부 확률의 중요성은 실험결과에 대해 부분적인 정보가 알려져 있는 경우에도 확률계산이 필요한 경우도 있으며, 만약 부분적인 정보가 없더라도 원하는 확률계산을 위한 수법으로서 조건부 확률을 사용할 수 있다는 점이다.

다음은 조건부확률의 대응되는 개념으로서, 무조건부 확률(unconditional probability)이 있다. 이것은 A와 B의 두 사상 어떤 제한이나 조건이 없이 발생되는 확률이다. 즉, 어떤 시행에서 발생할 수 있는 모든 사상들을 전체집합으로 하여 분석대상이 되는 사상이 차지하는 비율을 확률로 계산한다. 예를 들면, 동전의 앞면이 나올 확률과 뒷면이 나올 확률은 각각 0.5로서 아무리 많은 동전을 던진다고 해도 서로 간 영향을 받지 않는다. 무조건부 확률을 주변확률이라고도 한다.

예제 6 한 개의 주사위를 한 번 던질 때 각각의 눈금이 나올 확률은 $\frac{1}{6}$ 이다. 이때 그 결과 주사위의 숫자가 3과 같거나 또는 3보다 작은 조건 하에서 짝수를 얻을 수 있는 확률은 얼마인가?

[풀이] 짝수일 때의 사상을 A라고 하면 $A=\{2,4,6\}$이 되며, 3과 같거나 또는 3보다 작은 조건의 사상을 B라고 한다.

$$P(A)=P(1)+P(2)+P(3)=\frac{1}{6}+\frac{1}{6}+\frac{1}{6}=\frac{1}{2}$$

$$P(A\cap B)=P(2)=\frac{1}{6}$$

$$P(A/B)=\frac{P(A\cap B)}{P(B)}=\frac{P(2)}{P(1)+P(2)+P(3)}=\frac{1/6}{1/2}=\frac{1}{3}$$

예제 7 S전기회사에서 생산하고 있는 전기제품의 형태와 색깔을 다음 표와 같이 구분하였다. 이 중에서 한 전기제품을 임의로 추출하였을 때 다음과 같은 조건부확률과 무조건부 확률을 구하라.

분할표

형태 \ 색깔	C_1	C_2	C_3	합계
T_1	320	150	130	600
T_2	220	320	120	660
T_3	110	250	240	600
T_4	290	160	190	640
합계	940	880	680	2,500

※ 분할표 : 자료를 행과 열로 분류하여 작성한 통계표를 말함.

(1) T_2라는 형태에서 색깔은 C_1이 발생할 확률

(2) C_3라는 색깔에서 형태는 T_4가 발생할 확률

(3) 임의로 추출한 1개의 색깔이 C_2일 확률

[풀이] (1) $P(C_1/T_2) = \dfrac{n(C_1 \cap T_2)}{n(T_2)} = \dfrac{220}{660} = 0.333$

(2) $P(T_4/C_3) = \dfrac{n(T_4 \cap C_3)}{n(C_3)} = \dfrac{190}{680} = 0.279$

(3) $P(C_2) = \dfrac{n(C_2)}{n(S)} = \dfrac{880}{2500} = 0.352$

3.3 결합확률

결합확률(joint probability)이란 두 가지 이상의 특성을 동시에 갖는 사상에 관한 확률을 말한다. 즉, 사상A와 사상B가 있을 때 A와 B가 동시에 발생할 확률을 말하며 $P(A \cap B)$라고 표시한다. 두 가지 이상의 사상이 교사상이 발생할 확률이므로 동시확률이라고도 한다.

결합확률 개념식

$$결합확률 = \frac{\text{두 조건을 동시에 만족시키는 사상의 총수}}{\text{전체사상의 총수}}$$

결합확률 표시

상기한 조건부확률을 변형하여 결합확률로 표시하면 다음과 같다.

$$P(A \cap B) = P(A/B) \cdot P(B)$$

또는

$$P(A \cap B) = P(B/A) \cdot P(A)$$

예제 8 다음 자료는 지난 일주간 K호텔에 투숙한 외국인 관광객수를 조사하였다. 투숙한 외국인에 대한 국가별, 성별로 분류한 것이다.

분할표

성별 / 국가별	남자(M)	여자(F)	합 계
미국(T_1)	115	105	220
중국(T_2)	213	206	419
일본(T_3)	140	90	230
영국(T_4)	34	21	55
독일(T_5)	25	20	45
기타(T_6)	55	65	120
합 계	582	507	1,089

(1) 투숙객인 남자라는 사실을 알고 있을 때 한 남자손님이 미국인일 확률을 계산하라.

(2) 투숙객인 여자라는 사실을 알고 있을 때 한 여자손님이 일본인일 확률을 계산하라.

[풀이] $P(T_1 \cap M) = \dfrac{115}{1,089} = 0.106$ $\quad P(T_1 \cap F) = \dfrac{105}{1,089} = 0.096$

$P(T_2 \cap M) = \dfrac{213}{1,089} = 0.196$ $\quad P(T_2 \cap F) = \dfrac{206}{1,089} = 0.189$

$P(T_3 \cap M) = \dfrac{140}{1,089} = 0.129$ $\quad P(T_3 \cap F) = \dfrac{90}{1,089} = 0.082$

$P(T_4 \cap M) = \dfrac{34}{1,089} = 0.031$ $\quad P(T_4 \cap F) = \dfrac{21}{1,089} = 0.019$

$$P(T_5 \cap M) = \frac{25}{1,089} = 0.023 \qquad P(T_5 \cap F) = \frac{20}{1,089} = 0.018$$

$$P(T_6 \cap M) = \frac{55}{1,089} = 0.051 \qquad P(T_6 \cap F) = \frac{65}{1,089} = 0.060$$

상기 열두 개의 확률은 두 사상이 동시에 일어날 확률, 즉 교사상이 발생한 확률이므로 결합확률이라고 한다. 사상 T_1과 M, 사상 T_2와 M, 사상 T_3와 M, 사상 T_4와 M, 사상 T_5와 M, 사상 T_6와 M, 사상 T_1과 F, 사상 T_2와 F, 사상 T_3와 F, 사상 T_4와 F, 사상 T_5와 F, 사상 T_6와 F를 결합사상이라고 한다.

$$P(M) = \frac{582}{1,089} = 0.534 \qquad P(T_1) = \frac{220}{1,089} = 0.202$$

$$P(F) = \frac{507}{1,089} = 0.466 \qquad P(T_2) = \frac{419}{1,089} = 0.385$$

$$P(T_3) = \frac{230}{1,089} = 0.211$$

$$P(T_4) = \frac{55}{1,089} = 0.051$$

$$P(T_5) = \frac{45}{1,089} = 0.041$$

$$P(T_6) = \frac{120}{1,089} = 0.110$$

이들 여덟 개의 확률은 결합확률표 [표 3-1]의 하단 합계 행과 우측 합계 열에 표시된 위치하므로 주변확률(marginal probability)이라고 한다. 이 주변확률은 각각의 사상의 확률을 의미한다.

[표 3-1] **결합확률표**

국가별 \ 성별	남자(M)	여자(F)	합 계
미국(T_1)	0.106	0.096	0.202
중국(T_2)	0.196	0.189	0.385
일본(T_3)	0.129	0.082	0.211
영국(T_4)	0.031	0.019	0.051
독일(T_5)	0.023	0.018	0.041
기타(T_6)	0.051	0.060	0.110
합 계	0.534	0.466	1.000

(1) 투숙객인 남자라는 사실을 알고 있을 때 한 남자손님이 미국인일 확률은 다음과 같이 구한다.

$$P(T_1/M) = \frac{P(T_1 \cap M)}{P(M)} = \frac{0.106}{0.534} = 0.199$$

(2) 투숙객인 여자라는 사실을 알고 있을 때 한 여자손님이 일본인일 확률은 다음과 같이 구한다.

$$P(T_3/F) = \frac{P(T_3 \cap F)}{P(F)} = \frac{0.082}{0.466} = 0.176$$

3.4 확률의 곱셈법칙

(1) 곱셈법칙 : 두 사상이 종속적인 경우

확률의 곱셈법칙(multiplication rule)은 두 사상 A와 B의 교사상이 발생할 확률을 구하는 데 적용한다. 이 곱셈법칙은 조건부확률의 정의에 기초하고 있으며 두 사상이 종속적인 경우와 독립적인 경우로 분류하여 정리한다.

앞에서 이미 설명한 바와 같이 두 사상 A와 B가 종속적인 경우 주어진 A하에서 사상 B가 발생할 확률은 $P(B/A) = \dfrac{P(B \cap A)}{P(A)}$, 단 $P(A) \neq 0$ 이다. 이것을 곱셈의 일반법칙이라고도 한다.

곱셈법칙 : 종속적인 경우

$$P(A \cap B) = P(A) \cdot P(B/A)$$
$$P(A \cap B) = P(B) \cdot P(A/B)$$

예제 9 자루 속에 크기가 같은 10∅ 나사가 500개 들어 있다. 이 속에 불량품이 10개 포함되어 있다. 이 자루에서 나사를 1개씩 2개를 꺼낸다면 나사 2개가 모두 불량품일 확률을 구하라.

[풀이] 두 사상 A와 B를 정의하면,

A : 자루에서 꺼낸 첫 나사가 불량품이다.

B : 자루에서 꺼낸 두 번째 나사가 불량품이다.

그러면 $P(A) = \dfrac{10}{500}$ 이고 $P(B/A) = \dfrac{9}{499}$ 이다. 따라서 자루에서 2개의 불량품을 차례로 꺼낼 확률은 다음과 같다.

$$P(A \cap B) = P(A) \cdot P(B/A) = \frac{10}{500} \times \frac{9}{499} = 0.00036$$

(2) 곱셈법칙 : 두 사상이 독립적인 경우

두 사상 A와 B가 있을 때 두 사상간 상호 영향을 주지 않는다면 이 사상을 독립적인 관계를 갖는다. 즉 이 경우 사상 A가 발생할 확률이 사상B가 영향을 받지 않는다고 할 때 두 사상 A와 B를 독립사상이라 한다.

즉, $P(A/B) = P(A)$ 또는 $P(B/A) = P(B)$일 때 두 사상 A, B는 서로 독립이라고 한다.

한편, 두 사상A와 B가 동시에 발생하거나 연속적으로 발생하는 독립사상의 경우 결합확률은 각 사상이 발생할 주변확률의 곱으로 구한다. 이것을 곱셈의 특별법칙이라고도 한다.

곱셈법칙 : 독립적인 경우

$$P(A \cap B) = P(A) \cdot P(B)$$

예제 10 한 부부는 아기를 둘만 낳을 계획이다. 두 아이가 모두 아들일 확률은 얼마인가?

[풀이] 아들과 딸을 낳을 가능성은 서로 같으며, 서로 영향을 미치지 않으므로 두 사상은 독립적이다. 두 사상 A와 B를 정의하면,

A : 첫 번째 아들인 경우는 $\frac{1}{2}$

B : 두 번째 아들인 경우는 $\frac{1}{2}$

$$P(A \cap B) = P(A) \cdot P(B) = \frac{1}{2} \times \frac{1}{2} = \frac{1}{4}$$

두 사상 A와 B가 있을 때 두 사상간 상호 영향을 주지 않는 독립적인 조건하에서 사상 A와 사상B가 발생할 조건부확률은 다음과 같다.

조건부 확률 : 독립적인 경우

$$P(A/B) = P(A)$$

또는

$$P(B/A) = P(B)$$

예제 11 동전 한 개를 두 번 던지는 실험에서 첫 번째 동전에서 앞면이 나왔을 때 두 번째 동전을 던져 앞면이 나올 확률은 얼마인가?

[풀이] 첫 번째 동전을 던진 결과는 두 번째 동전 던지기의 결과에 아무런 영향을 미치지 않는 관계이므로 두 사상은 독립적이다.

첫 번째 동전을 던진 결과 앞면이 나올 사상 A라고 하며 두 번째 동전을 던진 결과 앞면이 나올 사상 B라고 한다.

$$P(A/B) = P(A) = 0.5$$

Review Lecture

본 Review Lecture는 강의를 통하여 배운 내용을 교수님이 직접 학생들에게 질문형식을 통하여 강의 내용을 점검하고 마무리하는 코너입니다. _______ 같이 풀어 보실까요?

01 다음 내용을 읽고 보기에서 적절한 용어를 선택하여 해당 번호를 기록하라.

(1) 우연적으로 일어나는 일에 대하여 어느 정도의 기대를 걸 수 있는가를 수량적으로 나타내는 측도 (　)

(2) 결과가 우연에 의해 실험이나 관찰하는 행위(동전 던지기, 주사위 던지기 등) (　)

(3) 시행의 결과로 나타나는 모든 결과 현상 (　)

(4) 실험에서 발생 가능한 모든 단일사상의 집합 (　)

(5) 표본공간 내에 두 사상 A와 B가 있을 때, 이것들이 동시에 일어나는 사상 (　)

(6) 표본공간 내에 두 사상 A와 B가 있을 때, 적어도 어느 하나에 속하는 모든 결과를 포함하는 사건 즉, A 또는 B가 일어나는 사상 (　)

(7) 집합 A가 하나의 사상인 경우, 사상 A에 대하여 A가 일어나지 않는 사상 (　)

(8) 표본공간 S 의 부분집합 중에서 발생하지 못하는 사상 (　)

(9) 두 사상 A와 B의 곱사상이 공사상이 될 경우, $A \cap B = \varnothing$ 일 때 A와 B는 서로 무슨 사상인가? (　)

(10) 다른 어떤 사상이 발생하였다는 조건하에서 특정 사상이 발생할 확률 (　)

(11) 두 가지 이상의 특성을 동시에 갖는 사상에 관한 확률 (　)

보기

① 시행	② 확률	③ 표본공간	④ 사상
⑤ 합사상	⑥ 여사상	⑦ 공사상	⑧ 배반사상
⑨ 곱사상	⑩ 결합확률	⑪ 조건부확률	

연 / 습 / 문 / 제

01 다음 사례들은 고전적 확률개념과 경험적 확률개념 중 어디에 속하는지 구분하라.

① 주사위를 1회 던졌을 때 짝수가 나올 확률?

② 내일 중부지방에 비가 올 확률?

③ 카드놀이에서 카드를 하나 뽑을 때 하트가 나올 확률?

④ 빨강구슬 10개와 파랑구슬 5개가 들어있는 주머니에서 구슬 1개를 뽑을 때 파랑구슬이 나올 확률?

⑤ T가 신제품이 유럽지역에서 판매에 성공할 확률?

⑥ 성인 남자가 10년간 흡연 시 폐암에 걸릴 확률?

02 A대학교 경영학과 2학년생 80명을 대상으로 조사한 MT장소는 산으로 가자는 학생이 45명이었고 바다로 가자는 학생이 35명 이었다. 동시에 산과 바다를 모두 원하는 학생은 15명이었다. 랜덤으로 한 학생을 취했을 때 산 또는 바다를 원하는 확률은 얼마인가?

03 52장의 트럼프 카드놀이에서 임의로 한 장을 뽑을 때 킹이나 퀸 카드가 나올 확률은 얼마인가?

04 어느 통계학 수강생 중에서 학생 15%가 A학점을 받았으며 이 중에서 여학생이 A학점을 받은 경우가 전체 수강생의 10%이다. 랜덤하게 뽑은 한 학생이 A학점을 받았을 때 그 학생이 여학생일 확률은?

05 다음은 어느 회사 직원들의 학력과 직군의 두변수로 구분한 결합확률표이다. 어느 직원이 연구직에 근무한다면 그 사람이 대졸 이상일 확률은 얼마인가?

구 분	고졸(B_1)	대졸 이상(B_2)	합계
연구직(A_1)	0.2	0.4	0.6
사무직(A_2)	0.3	0.1	0.4
합계	0.5	0.5	1.0

06 흡연과 암발생 관계를 밝히기 위한 실험에서 흡연하는 사상을 A라고 하고 암에 걸릴 사상을 B라고 한다. 그러면 자연적으로 $\overline{A}$는 금연하는 사상이고 $\overline{B}$는 암에 걸리지 않는 사상이다. 다음 표를 가지고 흡연을 한다는 상황에서 암에 걸릴 확률을 계산하라. 그리고 금연을 한다는 상황에서 암에 걸릴 확률을 계산하라.

구 분	흡연(A)	금연($\overline{A}$)	합계
암발병 있음(B)	0.2	0.1	0.3
암발병 없음($\overline{B}$)	0.2	0.5	0.7
합계	0.4	0.6	1.0

07 다음 확률을 구하라.

(1) $P(A\cap B)=0.4$, $P(B)=0.5$일 때 $P(A/B)$ 계산.

(2) $P(A/B)=0.5$, $P(B)=0.2$일 때 $P(A\cap B)$ 계산.

(3) $P(A\cap B)=0.6$, $P(A/B)=0.8$일 때 $P(B)$ 계산.

08 S전자회사의 생산직 종업원에 대한 고용형태를 조사한 결과 다음과 같은 자료를 얻었다.

구 분	정규직(A)	비정규직($\overline{A}$)	합계
남자(B)	55	25	80
여자($\overline{B}$)	200	220	420
합계	255	245	500

(1) 각 사상이 발생할 확률을 결합확률표를 작성하여 완성하라.

(2) 임의의 한 종업원을 추출하였을 때 남자종업원이 비정규직일 확률을 계산하라.

(3) 임의의 한 종업원을 추출하였을 때 여자종업원이 정규직일 확률을 계산하라.

09 어느 직장에서 20%가 여성이고 그중 25%가 결혼을 한 기혼자이다. 이 직장에서 무작위로 한 사람을 뽑았을 때 기혼자 여성일 확률을 계산하라.

10 두 명의 사격수가 동시에 목표지점에 사격을 하려고 한다. 통상적으로 두 사격수가 목표지점을 명중시킬 확률은 각각 0.8, 0.7이라고 할 때 두 명 모두가 목표지점에 명중시킬 확률은 얼마인가?

11 주사위 1개와 동전 1개를 던지는 실험을 실시하였다.

(1) 이 실험의 근원사상을 나열하라.

(2) 주사위의 홀수가 나올 확률은?

(3) 동전의 앞면이 나올 확률은?

(4) 동전의 뒷면과 주사위의 홀수가 나올 확률은?

제4장

확률변수와 확률함수

1. 확률변수
2. 확률분포
3. 확률함수
4. 기대값과 분산

주사위 두 개를 던질 때 나타나는 눈금의 합과 같이 실험의 결과가 수치로 나타날 때 가능한 모든 결과에 대응하는 확률은 확률변수를 사용하여 표현할 수 있다. 한편 실험의 결과는 주사위 던지기에서처럼 수치적 자료로 나타내지만 동전 던지기에서처럼 앞면과 뒷면 등 질적 자료로 나타나는 경우도 있다. 이런 때는 질적 자료를 수치적 자료로 바꾸어 주는 방법이 필요한데 이에 확률변수가 사용된다.

1. 확률변수(random variable)

확률변수란 다음과 같이 여러 가지 의미로 설명할 수 있다.

① 무작위 실험에 의하여 수치적 값이 결정되는 변수

② 실험, 관찰에서 일정한 확률을 가지고 발생하는 사건에 여러 가지 값을 부여하는 변수

③ 표본공간의 각 원소에 실수를 대응시켜 주는 함수

④ 확률변수 X, Y, Z 대문자로 표시 : 확률변수가 가지는 구체적인 값은 x, y, z로 표시

⑤ 어떤 확률값을 가질지는 실험을 하기 전에는 알 수 없기 때문에 X를 확률변수라고 한다.

확률변수

확률변수란 무작위 실험에 의하여 가능한 모든 결과로 결정되는 수치적 값이 결정되는 변수를 말한다.

다음은 확률변수 X는 표본공간에서 정의된 함수로서 확률변수와 관련된 확률모형을 도시하면 다음 [그림 4-1]과 같다.

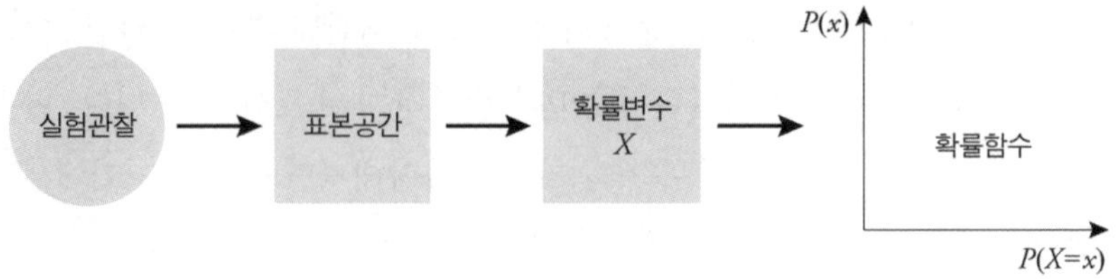

[그림 4-1] **확률모형**

예제 1 동전을 두 번 던져 앞면이 나오는 회수

표본공간 $S = \{0, 1, 2\}$ 앞면이 나올 회수를 X라는 변수로 표시하면 X는 0, 1, 2중 하나를 가질 수 있으며, 각각의 값에 대한 확률을 생각할 수 있다.

예제 2 두 개의 동전을 차례로 던지는 실험에서 $H=$앞면, $T=$뒷면이라고 하면, 표본공간 $S = \{(H,H),(H,T),(T,H),(T,T)\}$로 나타낸다. 이 실험에서 앞면의 개수에만 관심이 있다면 확률변수 X는 '앞면이 나타나는 수'로 정의하면, X의 값을 구하여라.

[풀이] H에는 1, T에는 0의 수치를 부여하면, $(H,H) = e_1$에는 $X=2$, $(H,T) = e_2$에는 $X=1$, $(T,H) = e_3$에는 $X=1$, $(T,T) = e_4$에는 $X=0$이 각각 대응될 것이다.

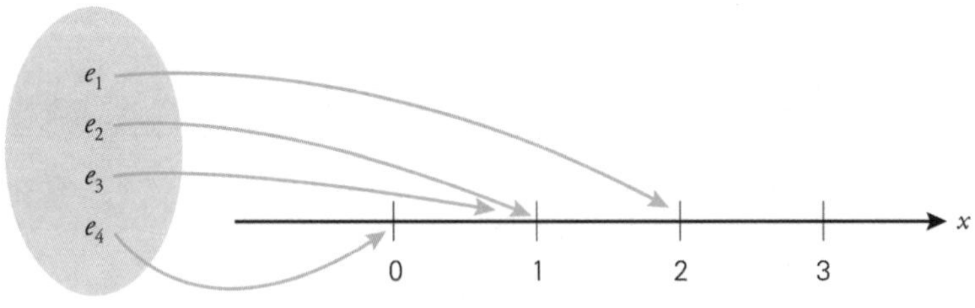

[그림 4-2] **표본공간에서 정의된 확률변수**

이의 확률로는 $P(X=2) = 1/4$, $P(X=1) = 1/2$, $P(X=0) = 1/4$

확률변수의 종류는 그 데이터의 속성에 따라 다음과 같이 이산확률변수와 연속확률변수로 구분한다.

1.1 이산확률변수(discrete random variable)

① 연속된 수치가 아닌 흩어져 있는 계수값의 변수.
② 확률변수가 가질 수 있는 값이 특정한 수치만으로 나타낼 수 있는 유한한 변수.
③ 실제로 셀수 있는 값.
ex) 불량수량, 결점수, 주사위의 눈, 불량율, 결근율 등

1.2 연속확률변수(continuous random variable)

① 연속적인 수치로서의 확률변수.
② 어떤 범위 내에서 연속적인 구간내의 어떤 값을 가질 수 있는 변수
ex) 몸무게, 신장, 온도, 생산속도, 소득, IQ

2. 확률분포(probability distribution)

확률분포란 실험의 가능한 모든 결과를 수치로 나타내고 각 결과에 대응하는 확률을 나열한 값을 말한다. 즉, 어떤 확률변수가 취할 수 있는 모든 값들과 이에 대응하는 확률을 나열한 것을 말한다. 확률분포는 표, 그래프 및 함수를 이용하여 표현될 수 있다

확률분포

확률분포란 어떤 확률변수가 취할 수 있는 모든 값들과 이에 대응하는 확률을 나열한 것을 말한다.

예를 들면, 동전 한 개를 두 번 던질 때 앞면을 H, 뒷면을 T 라고 하면 표본공간은

$S=\{TT, TH, HT, HH\}$ 이다. 만일 앞면이 나오는 회수를 보면 $TT=0$회, $HH=1$회, $HT=TH=2$회가 되고 이를 확률변수(X)의 값은 0, 1, 2가 되며 확률로는 각각 1/4, 1/2, 1/4가 된다. 따라서 확률분포표는 [표 4-1]과 같다.

[표 4-1] **확률분포표**

확률변수(X)	확률($P(X=x)$)
0	1/4
1	1/2
2	1/4

확률분포는 관심의 대상이 되는 변수가 이산확률변수이냐, 아니면 연속확률변수이냐에 따라 이산확률분포와 연속확률분포로 나뉜다.

2.1 이산(확률)분포(discrete probability distribution)

① 확률변수가 0, 1, 2, 3, 4, ...와 같이 유한적이며, 셀 수 있는 변수로 이루어진 분포.
② 인구, 주사위, 동전 던지기, 불량수 등의 데이터 분포
③ 베르누이분포, 이항분포, 포아송분포, 초기하분포, 다항분포, 기하분포 등

2.2 연속(확률)분포(continuous probability distribution)

① 연속확률변수에 의해 표시된 분포로 확률변수가 구간으로 표시될 때 이 값에서 실수값을 선택할 수 있는 무한수를 갖는 분포
② 자, 계측기, 저울 등의 계량기로 측정할 수 있는 데이터의 분포
③ 정규분포, 지수분포, t분포, F분포, χ^2(카이제곱)분포, 베타분포, 감마분포, 와이블분포, 균등분포 등

3. 확률함수(probability function)

확률함수란 확률변수가 어떤 특정한 실수값 x를 취할 확률을 x의 함수로 나타낸 것을 말한다. 확률함수는 이산확률변수의 경우 $P(X=x)$로 나타내고, 연속확률변수의 경우 $f(X)$로 표시한다. 이러한 확률함수를 표, 그래프로 나타낸 것을 확률분포표라고 한다.

확률변수가 실험의 결과치를 실수에 대응시키는 함수이지만 확률함수는 확률변수에 대해 정의된 실수를 0에서 1까지의 수치 또는 확률에 대응시키는 함수를 말한다.

확률함수

확률함수란 확률변수가 어떤 특정한 실수값 x를 취할 확률을 x의 함수로 나타낸 것을 말한다.

확률함수는 이산확률변수의 함수이면 확률질량함수(probability mass function : p.m.f)와 연속확률변수의 함수이면 확률밀도함수(probability density function : p.d.f)로 나눈다.

3.1 확률질량함수(probability mass function : p.m.f)

이산확률변수 X가 취할 수 있는 각 실수값 x에 확률을 대응되는 함수로서 단순히 확률함수(probability function)라고도 한다. 보통 $p(x)$로 표현하며 확률변수X의 각각의 값 x에 대한 확률을 나타내는 함수, 즉 $P(X=x)=p(x)$를 확률질량함수라고 한다.

이산확률변수와 관련된 모든 결과가 그래프 위에서 나타내는 그 값의 확률은 직선의 높이로 표현한다.

확률질량함수

확률질량함수란 이산확률변수 X가 취할 수 있는 각 실수값 x에 확률을 대응시키는 함수를 말한다.

예제 3 두 개의 동전을 던질 때의 확률변수 X의 확률함수를 구하고 그래프로 나타내어라.

X	$P(X=x_i)$
0	1/4
1	1/2
2	1/4

[풀이] ① $P(X=2)=1/4,\quad P(X=1)=1/2,\quad P(X=0)=1/4$

$$P(X=x)=\begin{cases}\dfrac{1}{4} & x=0,\,2\text{일 때}\\[2mm] \dfrac{1}{2} & x=1\text{일 때}\end{cases}$$

② 확률분포 $P(X=x_i)$

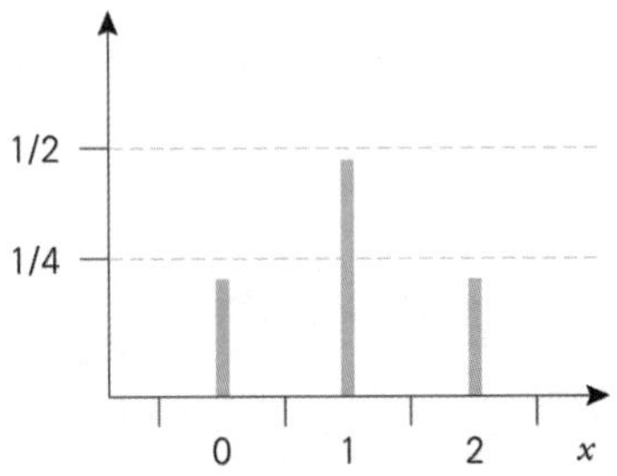

확률질량함수의 성질

① $0\leq P(x_i)\leq 1$ (모든 실수값 x에 대하여)

② $P(a\leq X\leq b)=\sum P(x_i)$

③ $\displaystyle\sum_{\text{모든}x} P(X=x)=1$

예제 4 다음 함수는 확률질량함수인가?

$$P(X=x)=\frac{x}{10}\qquad (x=1,\,2,\,3,\,4\text{일 때})$$

[풀이] $P(X=1)=\dfrac{1}{10},\ P(X=2)=\dfrac{2}{10},\ P(X=3)=\dfrac{3}{10},\ P(X=4)=\dfrac{4}{10}$

네 개의 확률이 양수이고 그것들의 합이 1이므로 확률질량함수이다.

3.2 확률밀도함수(Probability density function : p.d.f)

확률밀도함수는 연속확률변수 X가 취할 수 있는 어떤 구간속의 실수값 x에 대하여 확률을 대응시키는 함수로서 확률변수의 값과 확률밀도 사이의 관계를 표현한 전체곡선으로 통상 $f(X)$로 표시한다.

확률밀도함수는 [그림 4-3]과 같이 연속확률변수가 어떤 구간 내에서 가능한 모든 값들을 취할 수 있을 때 분포의 모양은 부드러운 곡선이 된다. 따라서 연속확률분포에서의 확률은 확률밀도함수 $f(X)$와 X축 사이에 있는 구간의 면적을 구한다.

확률밀도함수

확률밀도함수란 연속확률변수 X가 취할 수 있는 어떤 구간내의 실수값 x에 대하여 확률을 대응시키는 함수를 말한다.

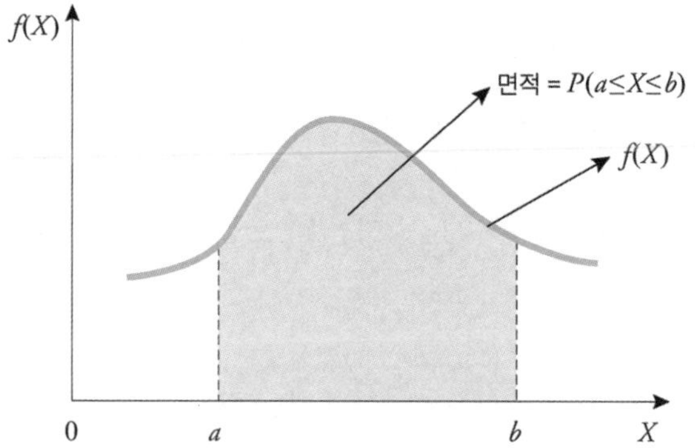

[그림 4-3] **확률밀도함수**

그림에서 X가 임의의 두 실수 a와 b사이의 구간에 속할 확률 $P(a \le X \le b)$는 줄친 부분의 면적과 같다. 이와 같이 연속확률분포에서의 확률은 확률밀도함수 $f(X)$와 X축 사이에 있는 어느 구간의 면적으로 구한다. 따라서 X가 임의의 두 실수 a와 b사이의 구간에 속할 확률은 확률밀도함수 $f(X)$를 적분하여 구한다.

$$P(a \leq X \leq b) = \int_a^b f(X)dx$$

확률밀도함수의 성질

① 모든 x 값에 대하여 $f(x) \geq 0$이다

② $P(a \leq X \leq b) = \int_a^b f(X)dx$

③ 확률밀도함수 아래의 전체면적은 1이다.

$$\int_{-\infty}^{\infty} f(X)dx = 1$$

3.3 누적분포함수(Cumulative distribution function)

확률변수 X의 누적분포함수는 일명 누적확률함수(Cumulative probability function)라고도 하며, $F(x)$로 나타낸다. x가 임의의 실수를 나타낼 때 다음과 같이 정의한다. 즉, 누적분포함수 $F(x)$는 확률변수 X가 x와 같거나 x보다 작은 값을 가질 확률이다.

$$F(x) = P(X \leq x), \qquad -\infty < x < +\infty$$

연속확률변수인 경우 [그림 4-5]와 같이 누적분포함수는 확률밀도함수를 적분하여 얻는다.

$$F(a) = \int_{-\infty}^{a} f(x)dx$$

누적분포함수 $F(x)$를 x에 관하여 다시 미분하면 확률밀도함수 $f(x)$를 얻는다.

$$\frac{dF(x)}{dx} = f(x), \qquad f(x) \geq 0$$

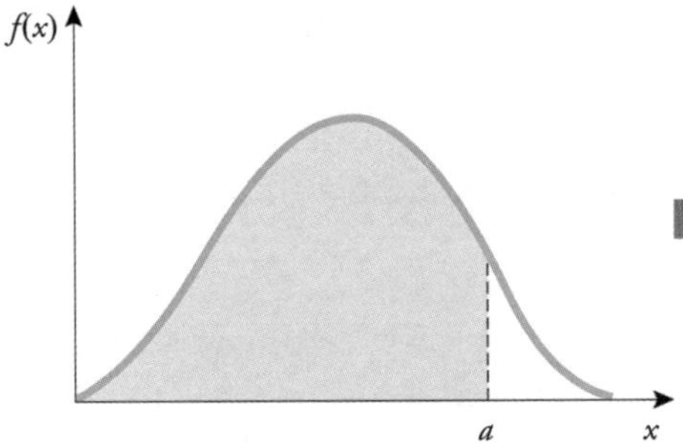

[그림 4-4] **확률밀도함수**

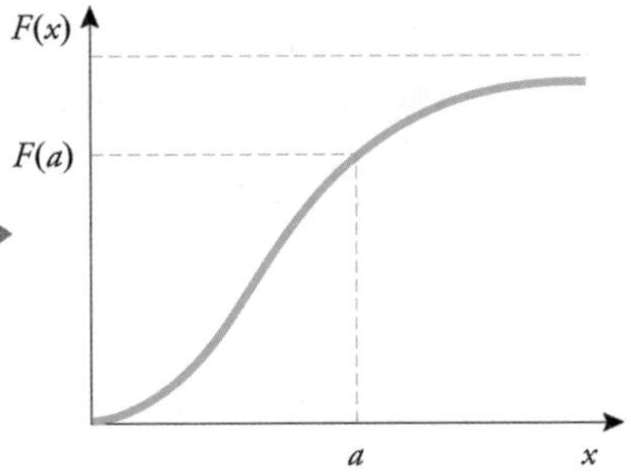

[그림 4-5] **누적분포함수**

이산확률변수인 경우 누적분포함수는 각 확률값x의 합으로 표시한다.

$$F(x) = \sum_{x_i < x} P(x_i)$$

누적분포함수의 성질

① $F(X)$는 비감소(단조증가)함수이다.

$$X_1 \ \langle \ X_2 \text{ 이면, } \quad F(X_1) \ \langle \ F(X_2)$$

② $F(+\infty) = 1, \quad F(-\infty) = 1,$

③ $P_r(a < X < b) = F(b) - F(a)$

④ $F(X) = P_r(X \leq x)$

= 연속분포의 경우 : $F(X) = \int_{-\infty}^{x} f(x)dt$

= 이산분포의 경우 : $F(X) = \sum_{X \leq x_i} P(X = x_i)$

단, 이산확률변수 X에 대하여 $P(X = x) = p(x)$로 표시

모든 x 값에 대하여 $f(x) \geq 0$이다

예제 5 이산분포의 경우를 예를 들면, 동전을 두 번 던져 앞면이 나올 횟수가 한 번이거나 작을 확률은 얼마인지를 알아보자.

$$F(1) = P(X \leqq 1) = P(0) + P(1) = 0.25 + 0.5 = 0.75$$

누적 이산 확률분포

x	$P(X = x_i)$	$F(X)$
0	0.25	0.25
1	0.50	0.75
2	0.25	1.00
계	1.00	

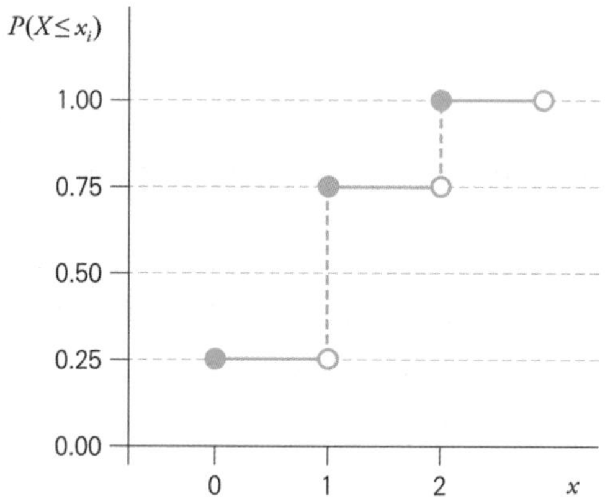

4. 기대값과 분산

4.1 기대값(expected value)

확률변수의 기대값이란 확률변수의 평균치를 말하며 확률분포의 중심위치를 나타낸다. 또한 기대값은 확률변수가 실수값에 대응하는 확률을 가중치로 하는 모든 값들의 가중평균이라고 할 수 있다. 일반적으로 기대값으로 표현한다.

기대값의 공식

① X가 이산확률변수인 경우 $E(X)=\mu=\sum_{i=1}^{k} x_i P(x_i)$ 단, $P(X=x_i)$

② X가 연속확률변수인 경우 $E(X)=\mu=\int_{-\infty}^{+\infty} x_i \cdot f(x)dx$ 단, $P(X=x_i)$

예제 6 동전을 두 번 던져 앞면이 나올 횟수에 대한 확률분포는 다음과 같다. 기대치는?

X	0	1	2
$P(X)$	0.25	0.50	0.25

[풀이] $E(X)=\sum_{i=1}^{3} x_i p(x_i)=0(0.25)+1(0.50)+2(0.25)=1$

예제 7 어느 공장에서 주간 제품생산량은 일정치 않고 매주 변동하는 확률변수인데 다음과 같은 확률분포를 따른다고 한다. 기대치는?

X	$P(X)$
145	0.1
165	0.2
180	0.3
195	0.4
계	1.0

[풀이] $E(X)=145(0.1)+165(0.2)+180(0.3)+195(0.4)=179.5$

기대값의 성질을 요약하면 다음과 같다.

기대값의 성질

① $E(a)=a$
② $E(aX)=aE(X)$
③ $E(X+b)=E(X)+b$
④ $E(aX+b)=aE(X)+b$
⑤ $E(a+bX)=a+bE(X)$

첫째 성질은 일정한 상수 a에 대한 기댓값은 상수a 그 자체가 된다.

둘째 성질은 확률변수 X에 일정한 상수 a를 곱한 확률변수 aX의 기대값은 확률변수X의 기대값에 상수 a를 곱한 것과 같다.

셋째 성질은 확률변수 X에 일정한 상수 b를 더한 확률변수의 기대값은 확률변수 X의 기대값에 상수 b를 더한 것과 같다. 또한 상수 b는 확률적으로 변하지 않는 일정수치이므로 상수의 기대값은 상수 그자체이다.

넷째 성질은 확률변수 X에 일정한 상수 a를 곱한 확률변수 aX와 상수b의 기댓값은 확률변수X의 기대값에 상수 a를 곱하여 상수 b 그 자체를 더한 것이다. 즉 상기 ②, ③ 식을 결합한 것과 같다.

다섯째 성질은 확률변수 X의 선형함수의 기대치가 된다.

예제 8 확률변수X 및 Y의 기대치가 각각 10 및 14일 때 $E(3X-5Y+3)$의 값은 얼마인가?

[풀이] $E(X)=10,\ E(Y)=14$

$$3E(X)-5E(Y)+3=3\times10-14\times5+3=-37$$

예제 9 주간 제품생산량X의 기대치는 135개 이었다. 제조원가가 Y라고 할 때 함수식로 표시하면 $Y=100+5X$이다. 제조원가 Y의 기대치는 얼마인가?

[풀이] $E(X)=135$

$$E(Y)=E(100+5X)=100+5\cdot E(X)=100+5\times135=775\text{원}$$

예제 10 다음과 같은 확률밀도함수의 기대값을 계산하라.

$$P(X=x)=\begin{cases}0.04x & 0\le x\le 3)\\ 0 & \text{다른 곳에서}\end{cases}$$

[풀이] $E(X)=\mu=\int_0^3 x\cdot(0.04x)dx=\int_0^3 0.04x^2dx$

$$=\left[(0.04)\frac{1}{3}x^3\right]_0^3=0.36$$

4.2 분산 및 표준편차

확률분포가 얼마나 퍼져 있는가를 측정하기 위하여 확률변수의 분산이 이용되며 확률변수 X의 분산은 $Var(X)$로 표시한다. 경우에 따라 $Var(X)$를 σ^2로 표시한다. 즉, 확률분포에서 분산은 편차제곱의 기대되는 값이다.

분산

① X가 이산확률변수인 경우 $Var(X) = \sigma^2 = E(X-\mu)^2 = \sum (x_i - \mu)^2 P(x_i)$

$$♣ E(X-\mu)^2 = E(X^2 - 2\mu X + \mu^2) = E(X^2) - 2\mu E(X) + \mu^2$$
$$= E(X^2) - \mu^2 = E(X^2) - [E(X)]^2$$
$$\text{그리고} \quad E(X^2) = \mu^2 + \sigma^2$$

② X가 연속확률변수인 경우 $Var(X) = \sigma^2 = \int_{-\infty}^{+\infty} (x_i - \mu)^2 \cdot f(x)dx$

표준편차

$\sqrt{Var(X)} = \sigma$ ▶▶ 확률변수의 산포경향을 측정

예제 11 주간 제품생산량의 예에서 제품생산량 X의 확률분포는 다음과 같다. 확률분포 X의 분산을 구하라

X	$P(X)$
50	0.1
55	0.3
60	0.4
65	0.2
계	1.0

[풀이] 분산 계산 전 X의 기대값을 구하면 $E(X) = 58.5$

$$Var(X) = (50-58.5)^2(0.1) + (55-58.5)^2(0.3)$$
$$+ (60-58.5)^2(0.4) + (65-58.5)^2(0.2) = 20.25$$

분산에 대한 몇 가지 성질을 살펴보면 다음과 같다.

분산의 성질

① $Var(a)=0$
② $Var(aX)=a^2 \cdot Var(X)$
③ $Var(X+b)=Var(X)$
④ $Var(aX+b)=a^2 \cdot Var(X)$

첫째 성질은 일정한 상수 a에 대한 분산은 0이 된다.

둘째 성질은 확률변수 X에 일정한 상수 a를 곱한 aX의 분산은 확률변수 X의 분산에 상수 a^2을 곱한 것과 같다.

셋째 성질은 확률변수 X에 일정한 상수 b를 더한 확률변수의 분산은 본래 확률변수의 분산과 같다. (상수 b는 불변이므로 분산 0임)

넷째 성질은 상기 ②와 ③식을 결합한 것이다.

예제 12 확률변수 X와 Y는 각각 독립적이다. $Var(5X+3Y)$을 구하라.

[풀이] $Var(5X+3Y)=5^2 Var(X)+3^2 Var(Y)=25 Var(X)+9 Var(Y)$

예제 13 확률변수 X의 평균이 25, 표준편차가 4라고 한다면 $E(2X^2+3X+4)$의 값은 얼마인가?

[풀이] $E(X)=E(2X^2+3X+4)=2E(X^2)+3E(X)+4$

$$=2(\mu^2+\sigma^2)+3\mu+4=2(25^2+4^2)+3(25)+4=1361$$

Review Lecture

본 Review Lecture는 강의를 통하여 배운 내용을 교수님이 직접 학생들에게 질문형식을 통하여 강의 내용을 점검하고 마무리하는 코너입니다. _______ 같이 풀어 보실까요?

01 다음 예를 통하여 이산확률변수와 연속확률변수를 구분하라.

(1) 혈당량에 대한 분석치 (   )

(2) 년간 A병원에서의 수술 건수 대비 완치율 (   )

(3) 경강선의 성분분석 결과 탄소의 함량율 (   )

(4) 1일 평균 응급환자 수 (   )

(5) 년간 B회사의 안전사고 발생건수 (   )

(6) 과일의 잔류농약 함량 (   )

02 다음 내용을 읽고 보기에서 적절한 용어를 선택하여 해당 번호를 기록하라.

(1) 무작위 실험에 의하여 가능한 모든 결과로 결정되는 수치적 값이 결정되는 변수.
(   )

(2) 실험의 가능한 모든 결과를 수치로 나타내고 각 결과에 대응하는 확률을 나열한 값을 말한다. 즉, 어떤 확률변수가 취할 수 있는 모든 값들과 이에 대응하는 확률을 나열한 것을 말한다. (   )

(3) 확률변수가 어떤 특정한 실수값 x를 취할 확률을 x의 함수로 나타낸 것을 말한다.
(   )

(4) 이산확률변수 X가 취할 수 있는 각 실수값 x에 확률을 대응시키는 함수를 말한다.
(   )

(5) 연속확률변수 X가 취할 수 있는 어떤 구간내의 실수값 x에 대하여 확률을 대응시키는 함수를 말한다. (   )

보기

① 확률밀도함수	② 확률변수	③ 확률질량함수
④ 확률함수	⑤ 확률분포	

연 / 습 / 문 / 제

01 W은행 지점의 대출 창구에서 대출하는 건수 X를 1개월 동안 관측한 자료를 얻어 일일평균 대출건수로 분석한 결과 다음과 같이 확률분포표를 작성하였다.

대출건수(X)	확률($P(X=x)$)
1	0.01
2	0.03
3	0.08
4	0.25
5	0.30
6	0.23
7	0.08
8	0.02

(1) 일일 대출건수가 3건 이하일 확률은?

(2) 일일 대출건수가 5건 이상일 확률은?

(3) 상기 자료는 이산확률변수인가 아니면 연속확률변수인가?

02 다음 함수식을 보고 물음에 답하라.

$$P(X=x)=\frac{x}{6} \qquad (x=1, 2, 3\text{일 때})$$

(1) 상기 식은 확률질량함수인가?

(2) 확률분포표를 작성하고 그림을 작도하라.

03 다음 함수식이 확률밀도함수인지를 구분하라.

(1) $f(X=x)=\frac{x}{6} \qquad (x=-1, 0, 1, 2\text{일 때})$

(2) $f(X=x)=\frac{x^2+1}{10} \qquad (x=-1, 0, 1, 2\text{일 때})$

(3) $f(X=x)=\frac{x}{6} \qquad (x=1, 2, 3\text{일 때})$

04 주사위를 1개 던질 때 나타나는 눈금의 수를 확률변수 X라고 한다.

(1) X의 확률분포표를 작성하고 그림을 작도하라.

(2) X의 누적확률분포를 작성하고 그림을 작도하라.

(3) $F(2)$를 구하라.

05 다음은 150대의 가공기계를 가지고 있는 H정공사가 지난 1/4분기동안 하루에 고장난 기계댓수를 조사한 결과 다음과 같은 확률분포표를 작성하였다. 기계고장댓수 X의 확률분포이다. X의 기대치와 분산을 계산하라.

고장기계댓수(X)	발생확률($P(X=x)$)
0	0.01
1	0.07
2	0.16
3	0.34
4	0.27
5	0.10
6	0.05

(1) 확률변수 X의 기대치, 분산, 표준편차를 계산하라.

(2) $P(2 \leq X \leq 4)$의 확률을 계산하라.

(3) $F(4)$를 구하라.

06 A자동차회사 중동지점의 일일 자동차 판매수량을 분석한 확률분포표가 다음과 같다. 일일 판매수량의 기대값을 구하라.

확률변수(X)	확률($P(X=x)$)
0	0.1
1	0.2
2	0.4
3	0.2
4	0.1

07 확률변수 X 및 Y의 기대치가 각각 5 및 3이며 일 때 $E(2X-3Y+6)$의 값을 구하라.

08 확률변수 X의 기대치가 5, 표준편차가 3일 때 기대치와 분산을 구하라.

(1) $2X-6$ (2) $5X$ (3) $4X+4$

제5장

이산확률분포

이산확률분포는 확률변수가 0, 1, 2, 3, 4, ...와 같이 유한적이며, 셀 수 있는 변수로 이루어진 분포로서, 예를 들면 인구, 주사위, 동전 던지기, 불량수, 응급환자 수 , 사고건수 등의 계수치 데이터 분포를 말한다.

이산확률분포는 베르누이분포, 이항분포, 포아송분포, 초기하분포 등이 있다.

1. 베르누이 분포

베르누이 시행(Bernoulli trial)이란 스위스의 수학자인 베르누이(Bernoulli : 1654 ~1705)에 의해 제안된 것으로, 어떤 실험이 두 가지 결과만을 기대하는 시행을 말한다. 즉 모집단에서 표본을 무작위로 추출할 때 확률변수의 결과는 두 개의 사상으로 한정하여 나누는 경우가 있을 것이다. 예를 들면, 어떤 의약개발이나 수술 등에서 성공이냐?, 실패냐? 혹은 병원에서 신생아가 남자냐?, 여자냐?, 어떤 제품에 대한 검사에서 양호냐? 불량이냐? 혹은 합격이냐? 불합격이냐?, 동전을 던졌을 때 앞면이냐? 뒷면이냐? 그리고 스포츠 경기에서의 승리냐? 패배냐? 하는 등과 같이 두 가지의 결과로 나타나는 실험결과를 말한다. 따라서 상기 예를 든 두 가지의 결과 중에서 흔히 성공(success : S)이라고 한다면 또 다른 것은 실패(failure : F)라고 한다면 이것을 Bernoulli trial이라고 한다.

Bernoulli 시행은 다음과 같이 세 가지 조건을 만족시켜야 한다.

베르누이 시행의 조건

① 확률변수 X의 값은 0 또는 1이다. 흔히 $x=1$의 사상을 성공(S), $x=0$을 실패(F)라고 한다.
② 각 시행에서 성공의 결과가 나타날 확률 $P(x=1)$은 일정하다. 그리고 성공할 확률과 실패할 확률을 합하면 1이다.
③ 여러 번에 걸친 베르누이시행은 각각 독립적이다.

베르누이 시행은 임의의 확률변수 X는 0, 1만을 취하여 $X=1$은 성공이라면 $X=0$는 실패로 나타내며 이를 베르누이 확률변수의 확률분포는 다음과 같다.

X	$P(X=x_i)$
0	$1-p$
1	p

성공의 확률을 $P(x=1)=p$라고 한다면 실패의 확률은 $P(x=0)=1-p$이다. 이때 확률분포함수(p.m.f)는 다음 식과 같이 됨을 알 수 있다.

베르누이 확률변수의 확률함수

$$p(x)=p^x(1-p)^{1-x}, \qquad x=0,1$$

확률변수 X가 베르누이 분포를 따를 때 그 기대값과 분산은 다음과 같다.

베르누이 확률변수의 기대값, 분산

$$E(X)=p$$
$$Var(X)=p(1-p)$$

[참고]

$\mu=\sum x\cdot \ p(x)=p$

$\sigma^2=\sum(x-\mu)^2\cdot \ p(x) \ =(0-p)^2\cdot \ (1-p)+(1-p)^2\cdot \ p=p(1-p)$

$\sigma=\sqrt{p(1-p)}$

예제 1 동전을 한번 던질 때 앞면이 나오면 성공이고, 뒷면이 나오면 실패라 하자. 이 실험의 평균, 분산, 표준편차를 구하라.

[풀이] 성공률 $p=\frac{1}{2}$, 실패률 $1-p=\frac{1}{2}$ 이므로

평균$\mu=\frac{1}{2}$, 분산$\sigma^2=\frac{1}{2}\times\frac{1}{2}=\frac{1}{4}$, 표준편차 $\sigma=\sqrt{\frac{1}{4}}=0.5$

2. 이항분포

두 번 이상 던지는 실험에서 1이 나와서 성공할 수 있는 확률 등에 관심을 가지는 경우, 성공의 횟수 또는 실패의 횟수를 이항확률변수라고 한다. 이항확률변수의 확률분포를 이항확률분포(binomial probability distribution) 혹은 이항분포라고 한다.

이항분포의 확률변수 X는 n개의 독립적인 베르누이 확률변수의 합이므로 $X = X_1 + X_2 + \dots + X_n$ 이 된다.

따라서 n번의 베르누이 시행이 독립적으로 시행될 때 각각의 시행이 성공할 확률을 p라고 할 때 성공회수 X가 따르는 분포를 이항확률분포라고 하며 이항분포의 확률변수 X에 대한 이항확률함수는 다음과 같다.

이항확률함수

$$p(x) = \binom{n}{x} p^x (1-p)^{n-x}, \qquad x = 0,1,2,\dots,n$$

단, $\binom{n}{x} = {}_nC_x$ n : 시행회수, x : 성공회수 p : 성공비율 $1-p$: 실패비율

참고로, 확률변수 X가 이항분포를 따를 때 $X \sim B(n,p)$라고 표시할 수도 있다.

이항분포를 따르는 확률변수 X의 기대값과 분산은 다음과 같이 개수(np)의 분포와 비율(p)의 분포로 구분하여 보면 다음과 같다.

(1) 개수(np)의 분포

$$E(np) = np$$

$$Var(np) = np(1-p)$$

$$D(np) = \sqrt{np(1-p)}$$

(2) 비율(p)의 분포

$$E(p) = p$$

$$Var(p) = p(1-p)/n$$

$$D(p) = \sqrt{p(1-p)/n}$$

이항분포의 성질

① $p=0.5$일 때 기대값 np에 대하여 좌우대칭
② $np \geq 5$이고 $n(1-p) \geq 5$일 때 정규분포에 근사
③ $p \leq 0.1$이고 $np=0.1 \sim 10$일 때 포아송 분포에 근사 ($n \geq 50$)
④ 실험은 n번의 반복시행으로 이루어져 분포가 이산적이다.
⑤ 각 시행의 결과는 두 가지로만 분류된다.
⑥ 한 가지 결과가 나타날 확률은 p로 표시되며 매시행마다 같다.
⑦ 반복되는 시행은 독립적이다.
⑧ 불량률관리도의 기초이다.

예제 2 P아파트 지역의 가구당 2대 이상 승용차 보유율은 25%라고 한다. 5가구를 임의로 선택하여 조사하였을 때 2대 이상 보유 가구 수 X의 이항분포를 작성하고 이를 그래프로 그려라.

[풀이]

X	$P(X=x_i)$
0	$\binom{5}{0}0.25^0(1-0.25)^5=0.237$
1	$\binom{5}{1}0.25^1(1-0.25)^4=0.396$
2	$\binom{5}{2}0.25^2(1-0.25)^3=0.263$
3	$\binom{5}{3}0.25^3(1-0.25)^2=0.088$
4	$\binom{5}{4}0.25^4(1-0.25)^1=0.015$
5	$\binom{5}{5}0.25^5(1-0.25)^0=0.001$
	1.000

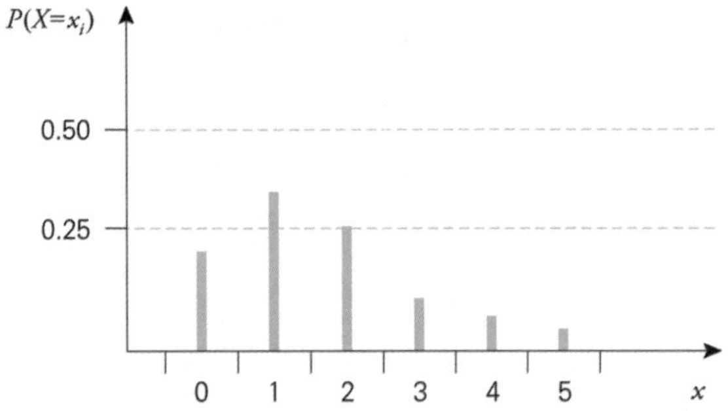

예제 3 불량률 $p = 0.05$인 모집단에서 $n = 4$의 시료를 샘플링할 때 불량품이 하나도 없을 확률은 얼마인가?

[풀이] $p(0) = 4C_0\, 0.05^0\, (1-0.05)^{4-0} = 0.8145$

예제 4 어떤 사격선수가 표적을 명중시킬 확률은 0.8이다. 5발을 쏜다고 할 때

① 한발도 명중시킬 수 없는 확률은 ?

② 적어도 한발을 명중시킬 확률은?

③ 네발이상 명중시킬 확률은?

[풀이] ① $p(X=0) = {}_5C_0\, 0.8^0\, (0.2)^5 = 0.00032$

② $p(X \geqq 1) = 1 - p(X=0) = 1 - 0.00032 = 0.99968$

③ $p(X \geqq 4) = p(X=4) + p(X=5)$

$= {}_5C_4\, 0.8^4\, (0.2)^1 + {}_5C_5\, 0.8^5\, (0.2)^0 = 0.7373$

예제 5 A제약회사에서 4가지의 신약개발을 추진 중이다. 신약개발에 대한 성공률은 50%로 보고 있다. 신약개발에 대한 이항분포를 작성하고, 기대치와 분산 및 표준편차를 구하라.

[풀이] 다음과 같이 이항확률함수에 의거 이항분포를 작성하면,

$P(X=0) = {}_4C_0\, 0.5^0\, (1-0.5)^4 = 0.0625$

$P(X=1) = {}_4C_1\, 0.5^1\, (1-0.5)^3 = 0.2500$

$P(X=2) = {}_4C_2\, 0.5^2\, (1-0.5)^2 = 0.3750$

$$P(X=3) = {}_4C_3\, 0.5^3\,(1-0.5)^1 = 0.2500$$
$$P(X=4) = {}_4C_4\, 0.5^4\,(1-0.5)^0 = 0.0625$$

따라서 기대치와 분산, 표준편차를 계산하면 다음과 같다.

○ 기대치 $E(np) = np = 4 \times 0.5 = 2$

○ 분산 $Var(np) = np(1-p) = 4 \times 0.5(1-0.5) = 1$

○ 표준편차 $D(np) = \sqrt{np(1-p)} = \sqrt{4 \times 0.5(1-0.5)} = 1$

3. 포아송분포

포아송분포는 프랑스의 수학자인 포아송(Poisson : 1781~1840)에 의해 발견된 분포로서, 단위시간이나 단위공간에서 무작위하게 일어나는 사건의 발생횟수에 적용되는 분포이다. 또한 포아송분포는 성공과 실패라는 두 상호배반적인 사상으로 구성되었다는 점에서 이항분포와 유사하나 연속적인 시간간격이나 면적 혹은 공간에서 발생하는 사상의 확률을 계산한다는 면에서는 이항분포와는 다르다.

포아송분포의 적용 사례를 보면 다음과 같다.

① 단위시간 내 발생한 사고건수

② 버스 도착율

③ 착륙하는 비행기 수

④ 안내실에 걸려오는 전화통화수

⑤ 하루 평균 응급환자 접수 건수

⑥ 단위면적당(m^2) 발생한 결점수

⑦ 자동차 한 대에서 발견된 흠집의 수

⑧ 용지 1면에서 발견한 오타건수(율) 등이 해당된다.

본래 이항분포에서 np를 일정하게 하고 $n = \infty$로 했을 때의 극한분포를 포아송분포라고 한다.

우선 포아송분포의 조건으로는 다음과 같이 열거해보면,

포아송 분포의 조건

① 한 단위시간이나 공간에서 일어나는 사건과 다른 단위시간이나 공간에서 발생한 사건과는 서로 독립이다.
② 극히, 작은 단위 시간 내에 둘 또는 그 이상의 사건이 일어날 가능성은 아주 적으므로 0으로 간주한다.
③ 단위 시간이나 공간에서 사건의 발생횟수는 일정하며 이는 시간이나 공간에 따라 변하지 않으나 단위시간이나 공간의 길이에 비례한다.

포아송 분포의 확률함수 $p(x)$는 다음과 같다.

포아송분포 확률함수

$$p(x) = \frac{e^{-m} \cdot m^x}{x!}, \qquad x = 0,1,2,...,n$$

단, $e = 2.71828$ (자연로그의 밑수)
$m =$ 평균발생횟수 $(0 < m < \infty)$
$x = 0,1,2,...$

포아송 분포를 따르는 확률변수 X의 기대값과 분산은 다음과 같다.

포아송 분포의 기대값, 분산

$$E(X) = m$$

$$Var(X) = \sigma^2(X) = m$$

포아송 분포의 성질

① 이항분포에서 $p \leqq 0.1$이면 x분포는 근사적으로 포아송 분포로 취급한다.
② $m \geqq 5$일 때 정규분포에 근사한다.
③ 포아송 분포는 평균치와 분산 모두 $m = np$이다.
④ 분포가 이산적이다.

예제 6 단위 면적당 모평균 결점수가 $m = 3$인 모집단에서 단위 면적을 랜덤 샘플링했을 때 이 샘플에 결점이 3개 있을 확률을 구하시오.

[풀이] $m = 3,\ x = 3$

$$p(3) = \frac{e^{-3} \cdot 3^3}{3\,!} = \frac{e^{-3} \times 27}{3 \times 2 \times 1} = 0.2240$$

예제 7 종업원이 125명인 회사가 있다. 평균적으로 종업원의 결근율은 전체 종업원의 2%가량 된다고 할 때 임의의 종업원 중 5명 이상이 결근할 확률을 구하라?

[풀이] $m = 125 \times 0.02 = 2.5,\ x \geqq 5$

$$p(x \geqq 5) = 1 - p(x \leqq 4)$$

$$= 1 - [\frac{e^{-2.5} \cdot 2.5^0}{0\,!} + \frac{e^{-2.5} \cdot 2.5^1}{1\,!} + \frac{e^{-2.5} \cdot 2.5^2}{2\,!} + \frac{e^{-2.5} \cdot 2.5^3}{3\,!} + \frac{e^{-2.5} \cdot 2.5^4}{4\,!}]$$

$$= 1 - (e^{-2.5} \times 10.856771) = 0.1088$$

예제 8 어느 회사의 고객상담실에 하루 동안 직접 고객이 방문하는 인원수가 평균 15명 정도이며, 포아송 분포를 따른다고 한다. 다음 물음에 답하라.

① 하루 동안 고객상담실에 손님이 5명 올 확률은?
② 하루 동안 고객상담실에 손님이 0명도 오지 않을 확률은?
③ 하루 동안 고객상담실에 손님이 13명 이상 올 확률은?

[풀이] $m = 15$

① $p(x = 5) = \dfrac{e^{-15}\,15^5}{5\,!} = 0.001936$

② $p(x = 0) = \dfrac{e^{-15}\,15^0}{0\,!} = 0.000000306$

③ $p(x \geq 13) = \frac{e^{-15} \cdot 15^{13}}{13!} + \frac{e^{-15} \cdot 15^{14}}{14!} + \frac{e^{-15} \cdot 15^{15}}{15!} = 0.3005$

4. 초기하분포(hyper-geometeric distribution)

초기하분포는 베르누이 분포, 이항분포에서와 같이 실험결과 둘 중 하나가 나타나는 경우에 이용된다. 하지만 초기하분포는 이항분포와 달리 유한모집단이며 비복원추출인 경우에 적용된다. 다시 설명하면, 이항분포는 매 시행마다 복원추출에 의해 이루어지므로 발생하는 확률이 일정하며, 이는 선행된 시행이 어떻든지 간에 후속시행에 전혀 영향을 주지 않는 독립적인 관계이다.

이에 반하여 초기하분포는 비복원 추출에 의해 이루어지므로 발생 확률(p)가 매 시행마다 일정하지 않다. 즉, 각 시행이 서로 독립적이지 않는 확률변수의 분포이다.

모집단의 크기가 N으로부터 표본의 크기 n개 랜덤하게 취할 때 표본 내 성공의 수 x(확률변수)의 초기하 분포의 확률함수는 다음과 같으며, [그림 5-1]에서와 같이 초기하분포를 쉽게 이해할 수 있도록 개념도를 제시하였다.

초기하분포 확률함수

$$p(X=x) = \frac{\binom{NP}{x}\binom{N-NP}{n-x}}{\binom{N}{n}}, \qquad x = 1,2,3,...,n$$

단, N : 모집단의 크기

P : 모집단의 비율

NP : 모집단 내 성공수량

$N-NP$:모집단 내 실패수량

n : 표본의 수

x : 표본 내 성공수량

$n-x$: 표본 내 실패수량

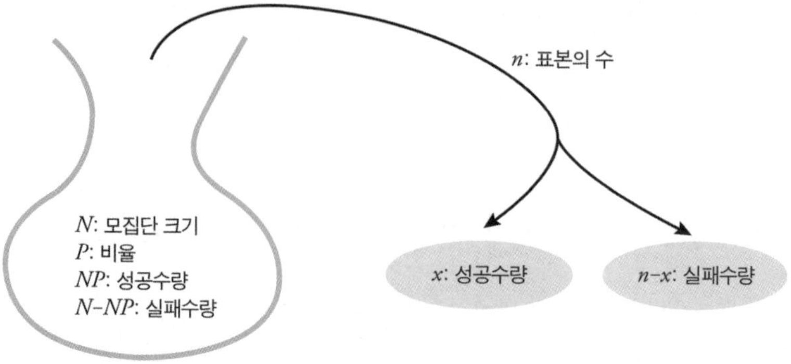

[그림 5-1] **초기하분포의 개념도**

다음은 초기하 분포의 기대값과 분산 그리고 성질을 요약 정리한다.

초기하 분포의 기대값, 분산

$E(X) = np$

$Var(X) = \frac{N-n}{N-1} np(1-p)$ 　　단, $\frac{N-n}{N-1}$는 유한수정계수임

초기하 분포의 성질

① lot의 크기 N이 무한대이면 이항분포와 같게 된다.
② 분포가 이산적이다.
③ 비복원 추출로 p가 일정하지 않다

예제 9 형광등 1,000개 중에서 통상 부적합품율이 5%이다. 여기서 랜덤샘플링을 실시하여 10개를 비복원 추출하였을 때 2개가 부적합품일 확률은?

[풀이] $p(x=2) = \frac{50C_2 \cdot 950C_8}{1000C_{10}} = 0.0743$

예제 10 K병원의 입원환자가 200명으로 집계되었으며 그 중 현재 흡연자 15%이고 비흡연자가 85%로 나타났다. 비복원추출로 5명을 임의로 뽑았을 때 적어도 한 명 이상 흡연자가 포함될 확률은?

[풀이] $p(x \geq 1) = 1 - p(x = 0)$

$$= 1 - \frac{30C_0 \cdot 170C_5}{200C_5} = 1 - 0.440 = 0.560$$

예제 11 $N = 50$, 불량개수 $NP = 10$, 그리고 $n = 5$일 때 $p(X = 0)$일 확률은?

[풀이] $p(x = 0) = \dfrac{10C_0 \cdot 40C_5}{50C_5} = 0.311$

예제 12 상기 예제에서 5개 중 포함될 불량수를 X라고 할 때, X의 기대치와 분산을 구하라?

[풀이] $N = 50$, $NP = 10$, $p = \dfrac{10}{50} = 0.20$, $n = 5$

$$E(X) = np = 5 \times 0.2 = 1$$

$$Var(X) = \frac{N-n}{N-1} np(1-p) = \frac{50-5}{50-1} 5(0.2)(0.8) = 0.735$$

$$D(X) = \sqrt{Var(X)} = \sqrt{0.735} = 0.86$$

∴ 5개 중에 포함될 불량평균수는 1개이며, 표준편차는 0.86개이다.

Review Lecture

본 Review Lecture는 강의를 통하여 배운 내용을 교수님이 직접 학생들에게 질문형식을 통하여 강의 내용을 점검하고 마무리하는 코너입니다. ______ 같이 풀어 보실까요?

01 다음은 베르누이 시행 조건에 관한 내용이다. ( ) 속에 적당한 용어를 채워라.

① 확률변수 X의 값은 0 또는 ( )이다. 흔히 $x=1$의 사상을 성공(S), $x=0$을 실패(F)라고 한다.

② 각 시행에서 성공의 결과가 나타날 확률 $P(x=1)$은 ( )하다. 그리고 성공할 확률과 실패할 확률을 합하면 ( )이다.

③ 여러 번에 걸친 베르누이시행은 각각 ( )적이다.

02 다음은 이항분포의 성질에 관한 내용이다. ( ) 속에 적당한 용어를 채워라.

① $p=0.5$일 때 기대값 np에 대하여 ( )

② $np \geq 5$이고 $n(1-p) \geq 5$일 때 ( )분포에 근사

③ $p \leqq 0.1$이고 $np=0.1 \sim 10$일 때 ( ) 분포에 근사 ($n \geqq 50$)

④ 실험은 n번의 반복시행으로 이루어져 분포가 ( )적이다.

03 다음은 포아송 분포의 조건에 관한 내용이다. ( ) 속에 적당한 용어를 채워라.

① 한 단위시간이나 공간에서 일어나는 사건과 다른 단위시간이나 공간에서 발생한 사건과는 서로 ( )이다.

② 극히, 작은 단위 시간 내에 둘 또는 그 이상의 사건이 일어날 가능성은 아주 적으므로 ( )으로 간주한다.

③ 단위 시간이나 공간에서 사건의 발생횟수는 일정하며 이는 시간이나 공간에 따라 변하지 않으나 단위시간이나 공간의 길이에 ( )한다.

04 다음은 포아송 분포의 성질에 관한 내용이다. ( ) 속에 적당한 용어를 채워라.

① 이항분포에서 $p \leqq 0.1$이면 x분포는 근사적으로 ( )분포로 취급한다.

② $m \geqq 5$일 때 ( )분포에 근사한다.

③ 포아송 분포는 평균치와 (　　) 모두 $m = np$이다.

④ 분포가 (　　)적이다.

05 다음은 초기하 분포의 성질에 관한 내용이다. (　) 속에 적당한 용어를 채워라.

① lot의 크기 N이 무한대이면 (　　)분포와 같게 된다.

② 분포가 (　　)적이다.

③ (　　) 추출로 p가 일정하지 않다

연 / 습 / 문 / 제

01 B형 전염병에 감염되었을 경우 회복될 수 있는 확률이 0.3라고 한다. 확률변수 X가 이항분포를 따른다고 할 때, 이 전염병에 22명의 환자가 감염되었다면

(1) 3명이 회복될 확률은 얼마인가?

(2) 적어도 20명이 회복될 확률을 얼마인가?

(3) 2명 이하 회복될 확률은 얼마인가?

(4) 확률변수 X의 평균과 분산을 구하라.

02 불량품이 5%인 공정에서 1개의 제품을 검사하여 불량품이면 $X=1$, 양품이면 $X=0$로 나타내면 확률변수 X가 베르누이 분포를 한다. 평균과 분산을 계산하라.

03 4지선다형 객관식 시험 20문제를 어느 수험생이 시험 본 결과, 아는 문제가 없어서 임의대로 답안을 작성하였다고 한다. 이 때 정답을 2개 이하 맞출 수 있는 확률은 얼마인가?

04 A공급자로부터 납품된 볼트를 수입검사를 하고 있다. 이 볼트의 통상 불량률은 1%이다. 1자루에 200개의 볼트가 들어있는 로트에서 20개를 무작위 비복원추출로 검사를 하였을 때 불량이 하나도 나오지 않을 확률을 구하라.

05 A고등학교의 학생 1,000명 중 12%가 흡연을 한다고 조사되었다. 이 중 10명을 임의로 뽑아 흡연여부를 확인하려고 할 때

① 뽑힌 학생 중 아무도 흡연하지 않을 확률을 구하라.

② 뽑힌 학생 10명이 흡연할 확률을 구하라.

06 확률변수 X가 이항확률변수이며 $n=7,\ p=0.4$일 때

① 이항분포표를 작성하라.

② X의 평균과 분산을 계산하라.

07 K보험회사의 생활설계사는 다음 달 보험계약 건수에 대한 확률을 다음과 같이 추측하여 계획을 수립하였다. 다음 데이터를 가지고 다음 달에 예상되는 보험계약 건수의 평균과 표준편차를 구하라.

보험계약 건수	0	1	2	3	4	5	6	7	8
확 률	0.05	0.09	0.18	0.23	0.20	0.13	0.09	0.02	0.01

08 보자기 속에 250개의 구슬이 있다. 이 중 빨강구슬이 50개 파랑구슬이 200개라고 할 때 임의로 구슬 5개를 비복원으로 꺼냈을 때 빨강구슬 2개가 나올 확률을 구하라.

09 어느 식당에 손님이 시간당 7명씩 온다. 1시간 동안 손님이 2명 이하 올 확률을 구하라.

10 S출판사의 페이지 당 오타수가 평균 1.5개라고 한다. 임의로 한 페이지를 선택했을 때 3개 이상 오타수가 발생할 확률을 계산하라.

11 G건설업체에서 1개월 동안 발생하는 안전사고 건수는 평균 2건이다. 사고건수가 2건 이하 발생된 확률을 구하라.

12 빨강, 주황, 노랑, 초록색의 4개의 전구에서 시료를 1개씩 5번을 랜덤샘플링을 취할 때 주황전구가 3번 나올 확률은?

13 모집단의 크기 $N=1,000$, 불량률 $P=0.03$인 공정으로부터 표본을 $n=30$를 임의로 뽑았다. 불량품이 두 개 들어 있을 확률을 다음 분포에 의해 각각 계산하라.

① 초기하분포

② 이항분포

③ 포아송분포

14 B공급자로부터 볼트가 1,000개 입고되어 수입검사를 하고자 한다. 통상 이 공급자의 불량률은 2%이다. 이 중에서 20개를 임의로 비복원 추출로 수입검사를 하였을 때 다음 물음에 답하라.

① 불량품이 하나도 나오지 않을 확률은?

② 불량품이 2개 이하 나올 확률은?

③ 불량품이 20개 다 나올 확률은?

④ 불량품이 적어도 3개 나올 확률은?

15 A회사직원은 하루 핸드폰으로 평균 7회의 문자서비스를 제공받는다고 할 때 임의의 날에 3회의 문자서비스를 받을 확률은?

제6장

연속확률분포

1. 정규분포
2. 이항분포의 정규근사

연속확률분포는 일정한 범위 내에서 어떠한 실수값을 취할 수 있는 연속확률변수로 이루는 분포를 말한다. 예를 들면, 무게, 길이, 인장강도, 경도 등의 계량치 데이터로 된 확률변수의 분포를 말한다.

연속확률분포의 종류는 정규분포, t분포, F분포, χ^2분포, 지수분포, 베타분포, 와이블분포, 감마분포 등이 있다. 이 장에서는 정규분포에 대해서만 설명한다.

1. 정규분포

1.1 정규분포의 기본 개념

연속확률분포 중에서 정규분포는 가장 널리 활용되고 그 개념이 중요하다. 이 분포는 Abraham de Moirre(1667~1745), Pierre Laplace(1749~1827), C.F Gauss(1777~1855) 등에 의해서 수학적인 성질들과 이론적인 규칙으로 정립되었으며, 이 분포를 일명 가우스 오차분포라고 한다.

Abraham De Moirre
(1667~1745)

Pierre Simon Laplace
(1749~1827)

Carl Friedrich Gauss
(1777~1855)

정규분포의 특징은 평균치(μ)에 대한 좌우대칭의 종모양의 분포이며, 평균치(μ)는 분포 곡선의 중심위치를 나타내고 표준편차(σ)는 곡선의 모양을 표시한다.

정규분포는 대표적인 연속확률분포 중의 하나이며 정규곡선 아래와 x축 사이의 전체 면적(확률)은 1이다.

확률변수 X의 기대값이 μ이고, 표준편차가 σ일 때 그 확률밀도함수(p.d.f) $f(x)$는 다음과 같이 표현한다.

정규분포 확률밀도함수

$$f(x) = \frac{1}{\sqrt{2\pi}\,\sigma} e^{-\frac{(x-\mu)^2}{2\sigma^2}}, \qquad -\infty < x < +\infty$$

단, μ : 평균치(모평균)

σ : 표준편차(모표준 편차)

e : 2.71828 자연대수 밑변

π : 3.14159 원주율

이 정규분포의 확률밀도함수는 확률변수 X가 정규분포 $X \sim N(\mu, \sigma^2)$에 따른다고 한다.

[그림 6-1]에서 정규분포의 확률밀도함수를 그림으로 표시하고 있다.

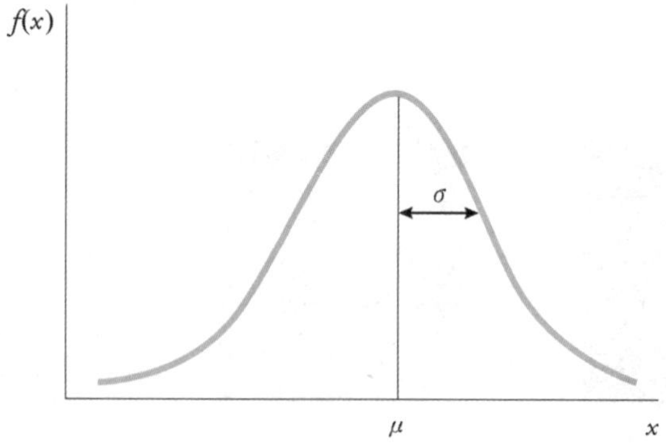

[그림 6-1] **정규확률밀도함수**

정규분포의 성질을 요약하면 다음과 같다.

정규분포의 성질

① 평균치(μ)에 대한 좌우 대칭의 종모양의 분포
② 평균치(μ)는 분포 곡선의 중심위치
③ 표준편차(σ)는 곡선의 모양
④ 정규곡선 아래와 x축 사이의 전체 면적은 1이다.
⑤ 정규확률변수가 $-\infty$에서 $+\infty$까지 사이의 어떤 값도 가질 수 있지만 확률의 대부분은 평균을 중심으로 하여 제한된 범위에 위치한다.

정규확률밀도함수의 기대값과 분산은 다음과 같다.

정규확률밀도함수의 기대값, 분산

$$E(X) = \mu$$
$$Var(X) = \sigma^2$$

따라서 정규분포의 모양은 평균과 표준편차에 따라 결정되며, 이것에 따라 [그림 6-2]와 같이 다양한 정규분포의 모양을 그릴 수 있다. 문제는 바로 여기에 있는 것이다.

이를 위하여 다양한 연속확률변수에 따라 일관된 기준에 의한 확률계산이 필요하며 아래에서 제시하는 표준정규분포로 전환하게 된다.

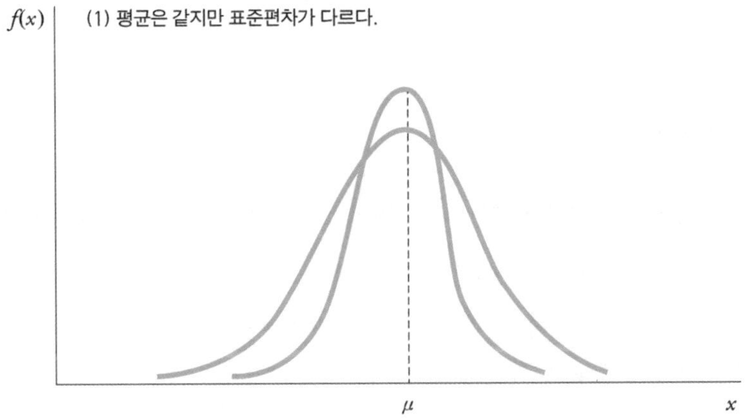

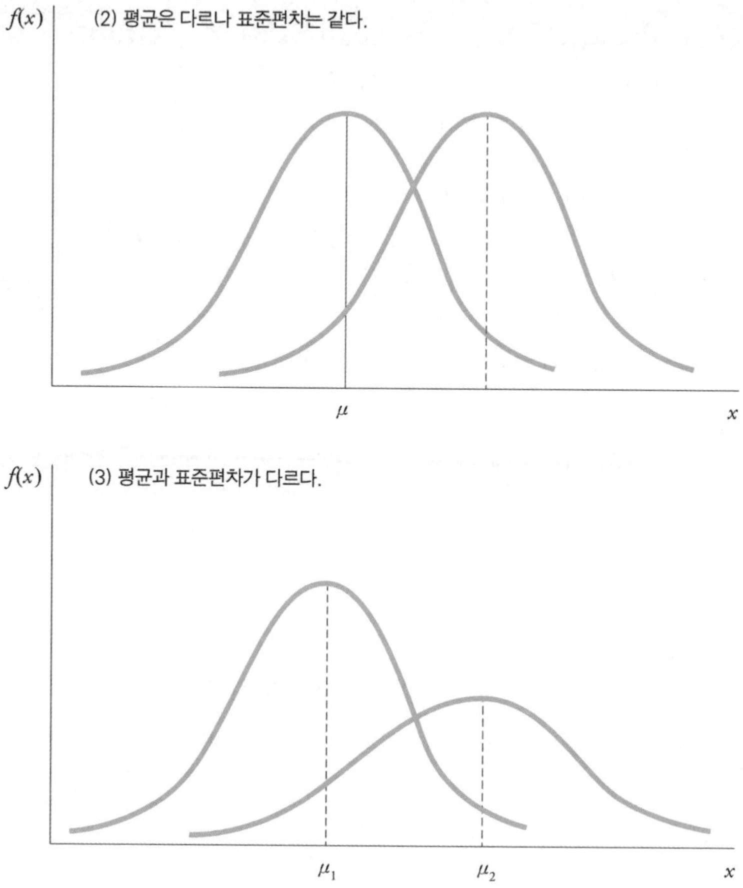

[그림 6-2] **평균과 표준편차의 차이에 따른 정규분포의 모양**

1.2 표준정규분포

정규분포는 μ와 σ에 따라 여러 가지 모양을 갖기 때문에 서로 다른 모양의 분포를 비교하거나 면적크기의 계산에 의한 확률을 알기 어렵기 때문에 정규분포를 표준화하는데 이는 확률변수를 표준화 표본확률변수(standardized sample random variable)이라고 한다. 즉, 확률변수에서 평균을 뺀 것을 표준편차로 나눈 것이다.

이것을 $Z = \dfrac{X-\mu}{\sigma}$ 로 표현하며 정규확률밀도함수 $f(x)$에 Z인 표준화 확률변수를 대입하여 분포변환하면 $\mu = 0,\ \sigma^2 = 1$ 의 표준정규분표 $N(0,\ 1^2)$에 따른다. 즉, 확률변수 X의 관찰치가 그 분포의 평균으로부터 몇 표준편차 거리만큼 떨어져 있는가를 Z로 나타낸다.

(1) 표준화확률변수 Z의 밀도함수는 다음과 같다.

표준정규분포 밀도함수

$$f(Z) = \frac{1}{\sqrt{2\pi}} e^{-\frac{1}{2}Z^2}, \qquad -\infty < x < \infty, \qquad Z = \frac{X-\mu}{\sigma}$$

☞ (proof) $E(Z) = E\left(\frac{X-\mu}{\sigma}\right) = \frac{1}{\sigma}[E(x) - \mu] = 0$

☞ (proof) $Var(Z) = Var\left(\frac{X-\mu}{\sigma}\right) = \frac{1}{\sigma^2} Var(X-\mu) = \frac{1}{\sigma^2} Var(X) = 1$

(2) 표본정규분포에서의 확률

표본정규분포의 p.d.f를 그래프로 그려보면 μ에 대하여 좌우대칭이고 산포의 정도는 σ에 의해 결정되며 분포의 면적은 다음 [그림 6-3]에서 나타낸다.

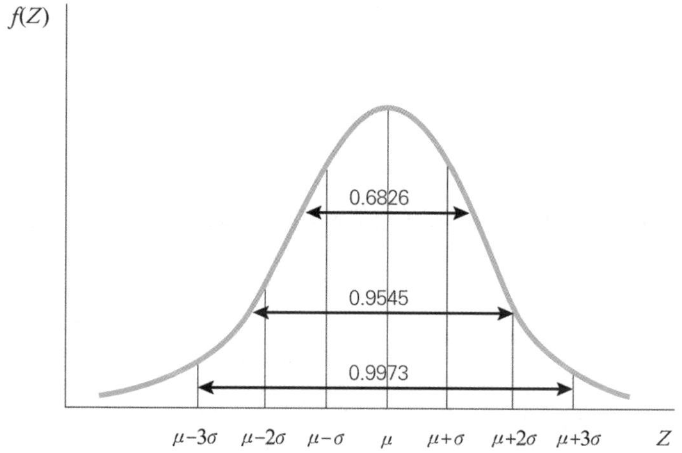

[그림 6-3] **정규분포의 확률밀도함수 그래프**

$$P[\mu-\sigma \leqq X \leqq \mu+\sigma] = 0.6826 \quad \text{혹은} \quad P\left(-1 \leqq \frac{X-\mu}{\sigma} \leqq 1\right) = 0.6826$$

$$P[\mu-2\sigma \leqq X \leqq \mu+2\sigma] = 0.9544 \quad \text{혹은} \quad P\left(-2 \leqq \frac{X-\mu}{\sigma} \leqq 2\right) = 0.9544$$

$$P[\mu-3\sigma \leqq X \leqq \mu+3\sigma] = 0.9974 \quad \text{혹은} \quad P\left(-3 \leqq \frac{X-\mu}{\sigma} \leqq 3\right) = 0.9974$$

예제 1 우리나라 대기업의 평균수명은 40년, 표준편차가 10년의 정규분포를 이룬다고 가정하자. 년 수를 나타내는 확률변수 X가 10년, 20년, 30년, 40년, 50년, 60년, 70년일 때 이를 표준화 표본확률변수 Z로 바꾸어라.

[풀이] $X=10 \qquad Z=\dfrac{X-\mu}{\sigma}=\dfrac{10-40}{10}=-3$

$X=20 \qquad Z=\dfrac{X-\mu}{\sigma}=\dfrac{20-40}{10}=-2$

$X=30 \qquad Z=\dfrac{X-\mu}{\sigma}=\dfrac{30-40}{10}=-1$

$X=40 \qquad Z=\dfrac{X-\mu}{\sigma}=\dfrac{40-40}{10}=0$

$X=50 \qquad Z=\dfrac{X-\mu}{\sigma}=\dfrac{50-40}{10}=+1$

$X=60 \qquad Z=\dfrac{X-\mu}{\sigma}=\dfrac{60-40}{10}=+2$

$X=70 \qquad Z=\dfrac{X-\mu}{\sigma}=\dfrac{70-40}{10}=+3$

상기 예제에서 확률변수 X에 따라 표준화 표본확률변수Z로 전환됨을 [그림 6-4]에서 나타낸다.

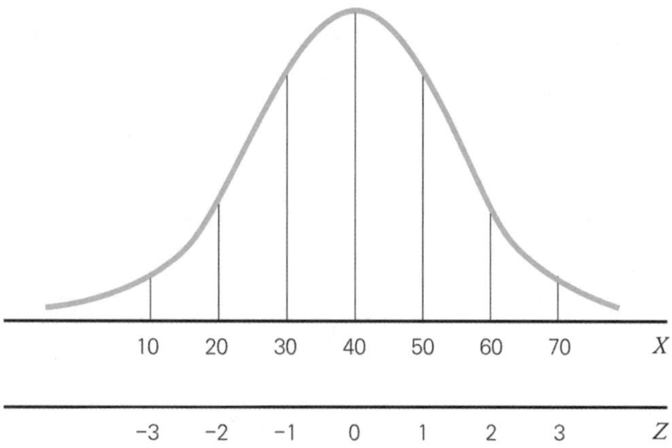

[그림 6-4] **확률변수 X와 표준화 표본확률변수 Z와의 관계**

예제 2 공정에서 생산되는 제품치수의 평균이 $\mu = 24$, $\sigma^2 = 1.0$이다. 제품치수가 22이하의 제품이 나올 확률은? (단위:cm)

[풀이] $P(X \leqq 22) = P\left(\frac{x-\mu}{\sigma} \leqq \frac{22-24}{1.0}\right) = P(Z \leqq -2) = 0.0228$

예제 3 어느 제약회사의 약품의 순도 기준은 95%이상이 되어야 한다. 공정평균 97%, 표준편차가 2.5%인 정규분포를 할 때 부적합품이 나올 확률은 얼마인가?

[풀이] $P(X < 95) = P(\frac{X-\mu}{\sigma} \leq \frac{95-97}{2.5}) = P(Z \leq -0.8) = 0.2119$

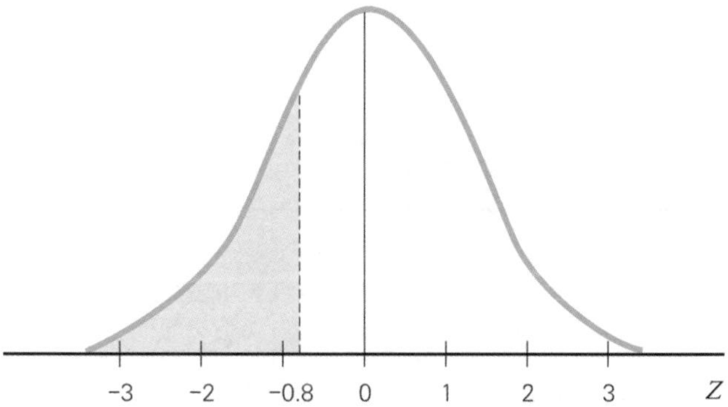

예제 4 확률변수 X가 $N(25,\ 5^2)$인 분포를 할 때 다음의 확률변수 조건에 대한 확률을 구하라.

① $X \le 20$ ② $10 \le X \le 25$ ③ $X \ge 25$

[풀이] ① $P(X \le 20) = P(\frac{x-\mu}{\sigma} \le \frac{20-25}{5}) = P(Z \le -1) = 0.1587$

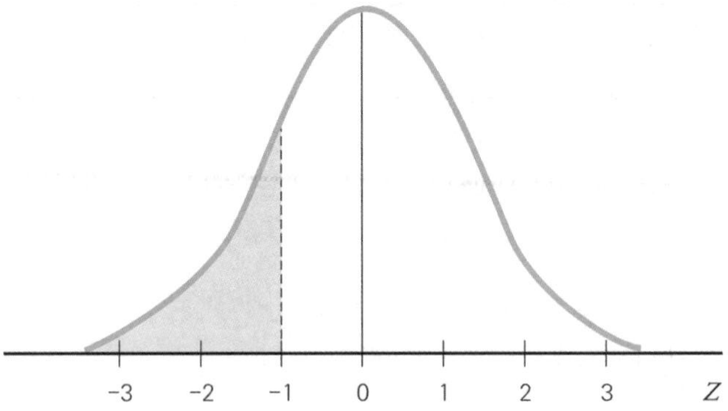

② $P(10 \le X \le 25) = P(\frac{10-25}{5} \le \frac{x-\mu}{\sigma} \le \frac{25-25}{5})$

$= P(-3 \le Z \le 0) = 0.4987$

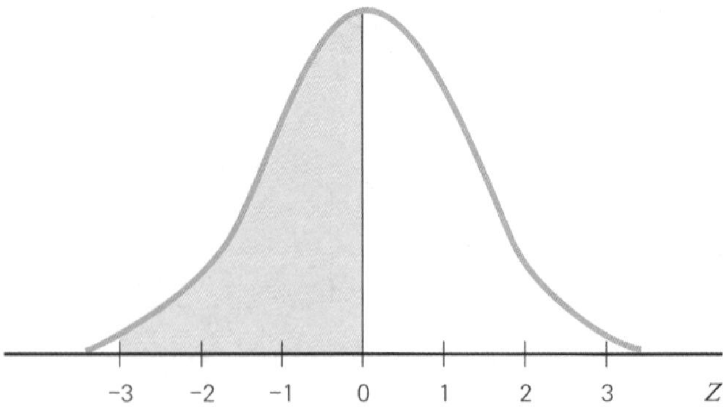

③ $P(X \geq 25) = P(\frac{x-\mu}{\sigma} \geq \frac{25-25}{5}) = P(Z \geq 0) = 0.500$

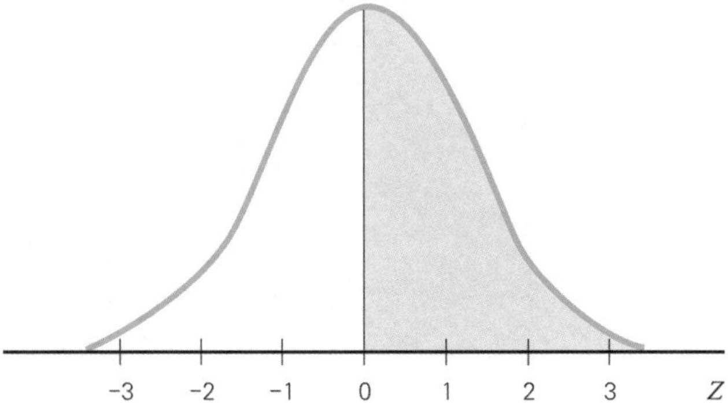

예제 5 건전지 제조회사에서 생산하는 건전지의 수명은 평균이 150시간, 표준편차가 20시간인 정규분포를 한다고 한다.

① 건전지의 수명이 100시간 이하일 확률은?

② 건전지의 수명이 160시간 이상일 확률은?

③ 건전지의 수명이 135시간 이상, 165시간 이하일 확률은?

[풀이] ① $P(X \leq 100) = P(\frac{x-\mu}{\sigma} \leq \frac{100-150}{20}) = P(Z \leq -2.5) = 0.0062$

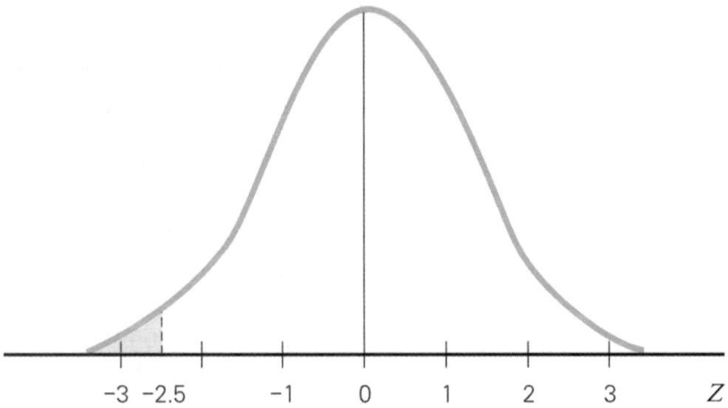

② $P(X \geq 160) = P(\frac{x-\mu}{\sigma} \geq \frac{160-150}{20}) = P(Z \geq 0.5) = 0.3085$

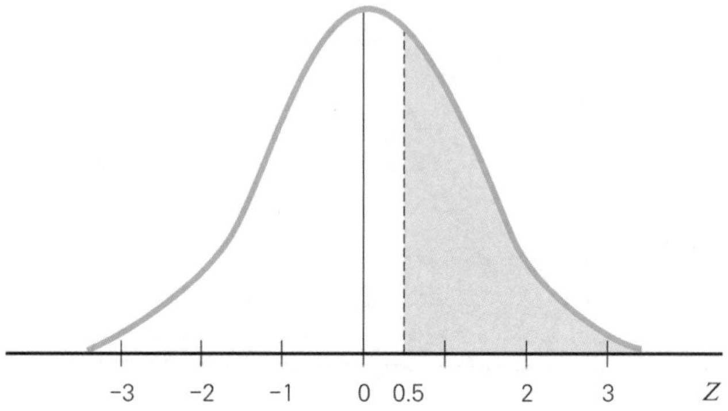

③ $P(135 \leq X \leq 165) = P(\frac{135-150}{20} \leq \frac{x-\mu}{\sigma} \leq \frac{165-150}{20})$

$= P(-0.75 \leq Z \leq 0.75) = 0.5468$

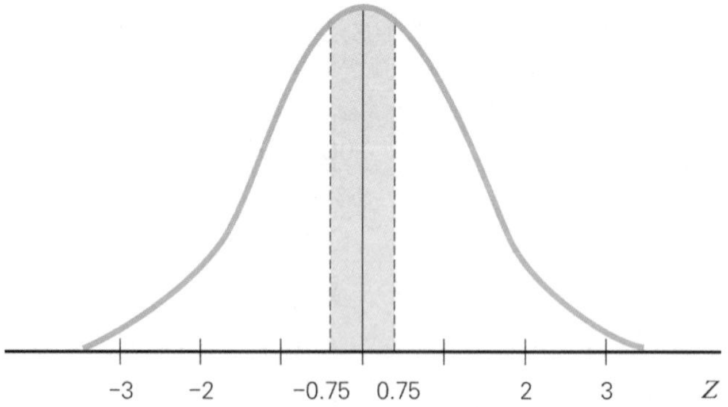

2. 이항분포의 정규근사법

이항확률함수 $p(x)=\binom{n}{x}p^x(1-p)^{n-x}$에서 $np \geq 5$이고 $n(1-p) \geq 5$일 때 정규분포에 근사에 한다고 한 바 있다. 즉 p와 q가 0 또는 1에 가깝지 않을 때, 여기에 수학적인 유도를 통하여 표본의 크기 n이 충분히 큰 경우 정규분포에 접근한다. 따라서 이항분포에서 어느 정도의 조건이 만족되면 이항분포의 확률계산은 정규분포에 의하여 근사적으로 구할 수 있다.

$np \geq 5$이고 $n(1-p) \geq 5$일 때 혹은 비록 n의 크기가 충분하지 않고 p, q의 값이 0.5에 가까운 값이면 이항분포는 정규분포에 근접한다. 따라서 X의 분포가 이항분포일 때 X의 평균은 np, 분산은 npq이므로 X는 정규분포 $N(np,\ npq)$에 근사한다.

따라서 표준화변수는

$$Z=\frac{X-np}{\sqrt{npq}}$$

는 표준정규분포 $N(0,\ 1)$에 근접한다.

이항분포의 정규근사법

$np \geq 5$이고 $n(1-p) \geq 5$일 때

$$E(X)=\mu=np$$
$$Var(X)=\sigma^2=npq$$
$$D(X)=\sigma=\sqrt{npq}$$

이항분포를 정규분포에 접근하여 확률은 계산하고자 할 때 연속성 수정(continuity correction)을 사용한다. 이것은 각기 분포의 확률변수 속성이 다르기 때문에 수정이 필요하다. 연속확률분포에서의 확률은 확률밀도함수 아래의 면적을 확률 값으로 구하기 때문에 어떤 특정 값의 확률은 0이 된다. 따라서 이산확률분포인 이항분포의 경우 연속확률분포를 적용하고자 할 때 다음과 같이 연속성 수정을 하여야 한다.

연속성 수정방법

통상적으로 확률변수 X에 ± 0.5를 다음의 조건에 따라 조정한다.

① 확률변수 X가 얼마 이상인 조건일 때 : $X-0.5$

② 확률변수 X가 얼마 이하인 조건일 때 : $X+0.5$

③ 확률변수 X가 얼마일 조건일 때 : $X\pm 0.5$

예제 6 동전의 앞면이 나올 확률이 $p=0.45$인 조건에서 동전던지기를 20회 하였으며 이항분포를 따른다고 한다.

① 동전던지기에서 앞면이 6회 나올 확률을 이항분포를 이용하여 구하라.

② 동전던지기에서 앞면이 6회 나올 확률을 정규근사에 의하여 구하라.

③ 동전던지기에서 앞면이 19회 이상 나올 확률을 정규근사에 의하여 구하라.

[풀이] ① $p(X=6)={}_{20}C_6\,0.45^6\,(1-0.45)^{20-6}=0.075$

② 연속성 수정방법에 의하여 $X\pm 0.5$를 조정하고, 또한 근사정규분포의 평균과 분산, 표준편차를 계산하면

$$E(X)=\mu=np=20\times 0.45=9$$

$$Var(X)=\sigma^2=npq=20\times 0.45\times 0.55=4.95$$

$$D(X)=\sigma=\sqrt{npq}=\sqrt{4.95}=2.22$$

이다. 따라서

$$P(5.5\le X\le 6.5)=P\left(\frac{5.5-9}{2.22}\le\frac{x-\mu}{\sigma}\le\frac{6.5-9}{2.22}\right)$$

$$=P(-1.58\le Z\le -1.12)=0.0743$$

따라서 이항분포에 의한 확률값(0.075)과 근사정규분포에 의한 확률값(0.0743)은 아주 근사한 결과치를 확인할 수 있다.

③ $P(X\ge 18.5)=P\left(\frac{x-\mu}{\sigma}\ge\frac{18.5-9}{2.22}\right)=P(Z\ge 4.9997)=0.00003$

Review Lecture

본 Review Lecture는 강의를 통하여 배운 내용을 교수님이 직접 학생들에게 질문형식을 통하여 강의 내용을 점검하고 마무리하는 코너입니다. ______ 같이 풀어 보실까요?

01 다음은 정규분포의 성질을 나열한 것이다. ( ) 속에 적당한 용어를 채워라.

① 평균치(μ)에 대한 좌우 대칭의 ( )모양의 분포

② 평균치(μ)는 분포 곡선의 ( )위치

③ 표준편차(σ)는 ( )의 모양

④ 정규곡선 아래와 x축 사이의 전체 면적은 ( )이다.

⑤ 정규확률변수가 $-\infty$에서 $+\infty$까지 사이의 어떤 값도 가질 수 있지만 확률의 대부분은 ( )을 중심으로 하여 제한된 범위에 위치한다.

02 정규 확률밀도함수의 기댓값과 분산을 표현하면 다음과 같다. ( ) 속에 기호를 표시하라.

$$E(X) = (\qquad)$$

$$Var(X) = (\qquad)$$

03 다음 표준정규분포에 대한 설명이다. ( ) 속에 적절한 기호와 용어를 채워라.

정규분포는 ( )와 σ에 따라 여러 가지 모양을 갖기 때문에 서로 다른 모양의 분포를 비교하거나 면적크기의 계산에 의한 ( )을 알기 어렵기 때문에 정규분포를 표준화하는데 이는 확률변수를 $Z = \dfrac{X-\mu}{\sigma}$로 변환하면 $\mu = (\quad)$, $\sigma^2 = (\quad)$의 표준정규분표 $N(0,1^2)$에 따른다.

04 이항확률함수 $p(x) = \binom{n}{x} p^x (1-p)^{n-x}$에서 $np \geq 5$이고 $n(1-p) \geq 5$일 때 ( )분포에 근사에 한다. 즉 p와 q가 0 또는 1에 가깝지 않을 때, 여기에 수학적인 유도를 통하여 표본의 크기 n이 충분히 큰 경우 정규분포에 접근한다.

05 이항분포가 $np \geq 5$이고 $n(1-p) \geq 5$일 때 정규근사 된다면 평균과 분산, 표준편차의 공식을 표현하라.

> $E(X) = \mu = (\qquad)$
> $Var(X) = \sigma^2 = (\qquad)$
> $D(X) = \sigma = \sqrt{npq}$

06 다음은 이항확률변수를 정규근사하기 위한 방법을 제시하고 있다. ( ) 속에 적절한 용어를 기록하라.

> 이항분포를 정규분포에 접근하여 확률은 계산하고자 할 때 (   ) 수정을 사용한다.
> 이것은 각기 분포의 확률변수 속성이 다르기 때문에 수정이 필요하다.
> 통상적으로 확률변수 X에 ± 0.5를 다음의 조건에 따라 조정한다.
> ① 확률변수 X가 얼마 이상인 조건일 때 : (   )
> ② 확률변수 X가 얼마 이하인 조건일 때 : (   )
> ③ 확률변수 X가 얼마일 조건일 때 : $X \pm 0.5$

연 / 습 / 문 / 제

01 확률변수 X가 평균 μ, 분산 σ^2인 정규분포를 이룰 때 다음 확률을 구하라.

① $P[\mu-\sigma \leqq X \leqq \mu+\sigma] = ($ $\qquad\qquad$ $)$

② $P[\mu-2\sigma \leqq X \leqq \mu+2\sigma] = ($ $\qquad\qquad$ $)$

③ $P[\mu-3\sigma \leqq X \leqq \mu+3\sigma] = ($ $\qquad\qquad$ $)$

02 평균 $\mu = 20$, 분산 $\sigma^2 = 16$인 정규분포를 이룰 때, 표준화 확률변수 Z를 구하라.

① $P(X \geq 20)$ $\qquad$ ② $P(15 \leq X \leq 20)$

03 다음 표준화변수 Z을 이용하여 표준정규분포를 작도(作圖)하고, 확률을 구하라.

① $P(-0.25 \leq Z \leq 0.75)$

② $P(Z \leq -0.75)$

③ $P(Z \geq 2.08)$

04 A농장에서 생산한 사과의 평균무게가 800g이고 표준편차는 120g인 정규분포를 이룬다. 사과의 무게에 대한 확률변수 X가 다음의 조건일 경우 확률을 구하라.

① 사과의 무게가 700g에서 900g사이에 포함될 확률

② 사과의 무게가 700g이하일 확률

③ 사과의 무게가 900g이상일 확률

05 S병원 병동에 저성장 아동들이 성장촉진제를 1년간 투여한 후 늘어나는 체중을 확률변수 X라고 한다. 평균 체중이 2.5kg이고 표준편차는 1.5kg인 정규분포를 이룬다면 체중이 1kg이하로 성장하는 경우의 확률을 구하라.

06 B대학 1,000명에 대하여 교양영어 시험결과 평균이 75점이고 표준편차가 15점인 정규분포를 한다. 90점 이상의 점수를 받은 사람은 몇 명인지를 계산하라.

07 가구제조회사에서 접착제를 바르고 건조하는데 걸리는 시간은 평균 8분이 걸리며 표준편차는 2분인 정규분포를 할 때 다음 조건에 대한 확률을 계산하라.

① $P(6 \leq X \leq 10)$

② $P(X \leq 7)$

③ $P(X \geq 10)$

08 어떤 제조회사에서 생산하는 약품의 함량규격은 90%이상이어야 한다. 이 약품의 공정 평균함량은 95%, 표준편차 2.5%인 정규분포를 따를 때, 불량약품이 나올 확률은 얼마인가?

09 $N(4cm,\ 0.25cm)$ 일 때, X가 $3.75cm \sim 4.5cm$ 내에 포함될 확률은 얼마인가?

10 영양제 제조공정에서 한 달간 영양제를 무작위로 1,000개를 채취하여 데이터를 분석하였더니 평균중량이 55g, 표준편차가 5g이었다. 중량이 40g이하 나올 확률을 계산하라.

11 전구를 생산하는 공정에서 백열전구의 수명을 조사한 결과 평균수명이 500시간, 표준편차가 30시간인 계략적인 정규분포를 이룬다고 한다. 이 공정에서 생산하는 백열전구의 수명이 455시간에서 545시간 사이에 포함될 확률을 계산하라.

12 S분유에서 생산하는 분유의 영양소의 구성 비율에서 단백질의 함유량의 규격이 80%이상이 되어야 한다. 이 분유 공정을 조사한 결과 평균단백질의 함유량이 88%, 표준편차가 5%인 정규분포를 이룬다. 정상적인 단백질 함유량이 생산될 확률은 얼마인가?

13 $X \sim N(50,\ 5^2)$ 일 때 $P(X \geq 62)$ 일 때 확률을 구하라.

14 동전을 200회 던졌을 때 앞면이 나올 수 있는 회수를 확률변수 X라고 하면 다음의 조건을 가지고 이항분포의 정규근사법으로 확률을 계산하라.

① $P(100 \leq X \leq 120)$

② $P(X \leq 80)$

③ $P(X \geq 120)$

15 경간핀의 나사산을 가공하는 공정에서 치수불량률이 $p = 0.35\%$ 이다. 이 공정으로부터 100개를 임의로 추출하여 검사할 결과 불량개수가 5개일 확률을 다음 조건에 따라 구하라.

① 이항분포를 이용하여 확률을 계산하라.

② 이항분포의 정규근사법을 이용하여 확률을 계산하라.

제7장

표본분포

1. 표본추출
2. 표본분포
3. 정규모집단에서 표본분포

모집단에 대한 여러 가지 정보나 특성을 파악하고자 할 때 모집단 전체를 여러 가지 제약조건(인력, 시간, 비용 등)으로 전수조사하지 않고 모집단에서 임의로 추출한 표본이나 시료를 통하여 정보를 얻는 경우가 대부분이다.

표본은 모집단의 일부분으로 무엇보다도 오차를 최소화하여야만 표본을 통하여 얻은 정보를 통하여 모집단에 대한 정확한 정보를 파악할 수 있는 것이다.

1. 표본추출

1.1 모집단과 표본

모집단(population)이란 조사나 연구의 대상이 되는 전체 집단, 혹은 내가 알고자 하는 집단을 말한다. 모집단에 대한 정보, 예를 들면 모평균, 모분산, 모표준편차, 모비율, 모결점수, 모상관계수 등에 대한 정보를 얻고자 함이다. 이러한 것들을 모수(parameter)라고 한다. 즉, 모수란 모집단에 대한 특성을 나타내는 상수(常數) 라고 한다.

모집단은 대상 집단의 수 N이 표시되어 있으면 유한모집단(finite population)이라고 하며 대상 집단의 수가 표시할 수 없는 경우 무한모집단(infinite population)이라고 한다.

모집단에서 일부 개체를 추출하는 방법을 표본추출 혹은 표본조사라고 한다. 이 때 추출하여 형성된 집단을 표본(sample)혹은 시료라고 한다. 표본에 대한 정보, 예를 들면 표본평균, 표본분산, 표본표준편차, 표본비율, 표본결점수, 표본상관계수 등에 대한 정보를 얻고자 함이다. 이러한 것들을 통계량(statistic)라고 한다. 즉, 통계량이란 표본에 대한 특성을 나타내는 변수(變數) 라고 한다.

[그림 7-1]에서 제시하는 바와 같이 모집단에서 표본을 취하는 목적은 단순히 표본의 정보로 끝나는 것이 아니라 궁극적으로 모집단에 대한 정보로 추측하여 모집단에 대하여 조처를 취하고자 함이다. 이러한 과정을 통계적 추측(statistical inference)을 한다는 것이다.

모집단과 표본

- 모집단 : 조사나 연구의 대상, 내가 알고자 하는 집단의 집합체
- 표본(시료) : 모집단으로부터 일부 무작위 추출을 하여 형성된 또 다른 집합체

모수와 통계량

- 모수 : 모집단의 특성을 나타내는 상수
- 통계량 : 표본(시료)의 특성을 표현한 변수

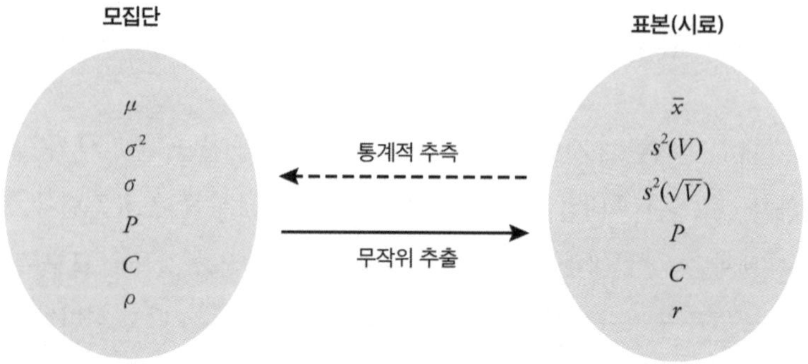

[그림 7-1] **모집단과 표본과의 개념도**

1.2 표본추출

모집단에 대한 정보나 현상을 얻고자 할 때는 모집단 전체에 대한 센서스(census) 또는 전수조사(enumeration)를 통하여 알고자 하는 정보나 지식을 매우 정확한 파악이 된다. 이와 같이 센서스나 전수조사는 구성된 집단을 전부 조사하는 방법이다. 이에 반하여 표본추출(sampling)은 모집단 전체에 대하여 그 일부분으로서의 표본(sample)을 선택하는 행위나 활동을 말한다. 이 표본추출 과정을 통해 조사대상을 선정하며, 표본의 특성이 전체대상의 특성을 대표할 수 있는지의 여부가 표본추출의 핵심사항이 된다.

표본을 조사하는 방법에는 유의추출법(purposive selection)과 무작위추출법(random sampling)두 가지가 있다. 유의추출법은 모집단으로부터 표본을 추출할 때 조사자의 지

식이나 경험을 토대로 하여 적당한 표본을 추출하는 방법을 말한다. 이러한 표본을 유의표본(purposive sample)이라 한다. 무작위추출법은 모집단의 모든 원소가 표본으로 추출될 수 있는 확률을 갖도록 하여 객관적으로 골고루 표본을 추출하는 방법을 말한다. 이러한 표본을 무작위표본(random sample) 또는 확률표본이라고 한다.

대표적인 무작위추출법인 단순무작위추출법, 층별추출법, 군집추출법, 계통추출법을 중심으로 설명한다.

(1) 단순무작위추출법

모집단의 크기 N에서 표본의 크기 n을 추출할 때 모집단의 대상 원소가 골고루 뽑혀지도록 추출하는 방법을 단순무작위추출법(simple random sampling)이라고 한다.

이 방법은 가장 기본적인 확률표본추출방법으로서, 모집단을 구성하는 각 개체에 대하여 동등한 선택의 기회를 부여하는 과정으로 구성된다. 즉, N개의 모집단으로부터 표본의 크기 n개를 추출한다고 할 때 n개의 가능한 각 표본이 똑같은 확률 $\frac{1}{N}$로 추출될 수 있도록 설계된 것이다. 이러한 무작위성을 확보하기 위하여 카드를 뽑거나 정십이면체를 이용한 난수주사위 그리고 난수표 등을 이용하여 표본을 추출한다.

단순무작위 추출법의 장점은 의식적인 조작이 전혀 없이 표본을 추출함으로써 어떤 모집단의 모든 요소가 동일하고, 요소의 추출이 계속되는 다른 요소의 추출 기회에 아무런 영향을 미치지 않는 독립적 관계이므로 추출된 표본이 모집단에 대해 우수한 대표성을 가진다. 또한 이 방법은 확률표본추출방법 중 적용하기가 용이하며 다른 확률표본추출방법과 결합하여 사용이 가능하다.

(2) 층별추출법

층별추출법(stratified random sampling)은 모집단을 같은 성질을 가진 것 끼리 몇 개의 층으로 분류한 다음 각 층에서 규칙에 따라 표본을 추출하는 방법이다. 층별추출법은 단순무작위추출법보다 앞선 추출방법이다. 모집단을 동질적인 층을 나눌 수 있을 때 추정량의 분산을 줄일 수 있다는 점이 있다. 특히 모집단의 구성비율을 고려하여 각 층에서 표본을 추출할 때 이를 비례층별추출법이라고 한다.

층별추출법이 효과적인 경우에는 층간분산이 크지만(이질적) 층내분산이 적은 경우(동질적)이다.

층별추출법은 모집단의 모수를 추정하는 데 있어서 일정한 정확성을 보다 적은 비용으로 확보할 수 있다는 데 그 의미가 있다. 이것은 동질적인 모집단일수록 이질적인 모집단보다 표본오차가 적다는 논리에 근거한다.

층별추출법의 장점은 모집단을 형성하는 모든 구성개체를 골고루 포함하므로 모집단의 대표성을 확보하며, 동일한 대상은 표본의 수가 줄더라도 대표성을 향상시킬 수 있다. 또한 단순무작위추출법이나 계통추출법보다 불필요한 자료의 분산을 축소하므로 시간, 노력, 비용 등을 절감할 수 있다. 그리고 모집단의 각 층별집단의 특수성을 알 수 있으며 비교도 가능하다.

(3) 군집추출법

군집추출법(cluster sampling)을 집락추출이라고 한다. 모집단을 군집(cluster)이라는 몇 개의 부분 집단으로 분류하고 그 군집 가운데 몇 개의 군집을 임의로 추출하여 추출된 군집을 전수조사하거나 그 군집에서만 표본을 추출하는 방법이다.

군집추출법은 각 군집이 모집단의 구성요소를 대표할 수 있는 이질적인 요소로 구성되며 군집과 군집들 간 차이가 미비한 경우에 적용된다. 이 군집추출법은 군집 내에는 이질적, 군집 간에는 동질적 특성을 보이므로 이 추출법이 효과적인 경우에는 층간분산이 작고 층내분산이 큰 경우이다.

예를 들면, 부품이 한 상자에 20개씩 포장된 상자가 1,000개가 있다면 이를 제품검사를 위하여 임의로 10상자를 추출하여 각 상자에 들어 있는 부품을 모두 검사하는 것이다.

군집추출법의 장점은 모집단 내 군집을 먼저 추출한 후 작아진 군집으로부터 개별적 표본을 추출하게 되므로 시간과 비용이 훨씬 적게 든다. 또한 선정된 군집은 다른 조사의 표본으로 사용될 수 있으며 각 군집의 성격은 물론 모집단의 성격을 파악할 수 있다.

(4) 계통추출법

계통추출법(systematic sampling)을 체계적 추출법이라고 한다. 이 방법은 표본을 시간적, 공간적으로 일정한 간격을 두고 계통적으로 일정한 순서에 따라 매 K번째 요소를 추출하는 방법으로 간단하고 용이하게 널리 활용된다. 또한 이 방법은 모집단 전체에서 골고루 표본이 추출되므로 모집단을 보다 잘 대표할 가능성이 있으며, 비전문가라도 쉽게 이해하여 적용이 가능하며 단순무작위추출법에 비해 시간이 덜 소요된다는 장점이 있다.

계통추출법은 모집단의 크기 N개이고 표본의 크기 n개를 추출한다고 할 때 표본추출간격(b)을 정하고 모집단을 순서대로 번호를 부여한 후 첫 간격에서 표본하나를 무작위로 추출한다.

$$b = \frac{N}{n}$$

예를 들면 $N = 1,000$개의 모집단의 크기에서 20개를 표본으로 추출한다고 하면, 모집단에서 표본추출간격이 $\frac{1,000}{20} = 50$개마다 표본을 추출하는 것이다. 처음 50개에서 무작위로 추출한 것이 25라고 하면 다음과 같이 추출된다.

25	75	125	175	225	275	325	375	425	475
525	575	625	675	725	775	825	875	925	975

2. 표본분포

모집단 분포로부터 각각 독립적으로 추출된n개의 관측 $X_1, X_2, \cdots, X_n$을 표본크기(sample size) n인 확률표본이라 한다. 표본분포는 확률표본 $X_1, X_2, \cdots, X_n$의 분포를 말한다. 즉, 표본분포란 모집단에서 추출한 같은 크기의 표본에서 얻은 표본통계량(표본평균, 표본분산, 표본비율 등)을 말한다. 통계량의 확률분포가 표본분포이다.

2.1 평균의 표본분포

평균의 표본분포란 모집단의 모평균 μ와 모표준편차 σ으로부터 시료의 크기n을 통일하게 추출하여 각각의 표본평균을 계산하였을 때 이 표본평균들의 확률분포를 말한다. 확률표본의 표본평균은 $\overline{X}=\dfrac{X_1+X_2+\ldots+X_n}{n}=\dfrac{1}{n}\sum_{i=1}^{n}X_i$

표본평균은 모집단에서 n개씩 k번을 뽑아서 각각 표본의 평균을 계산하였을 때 표본평균 $\overline{X_1}, \overline{X_2}, \ldots, \overline{X_k}$의 확률분포를 말한다.

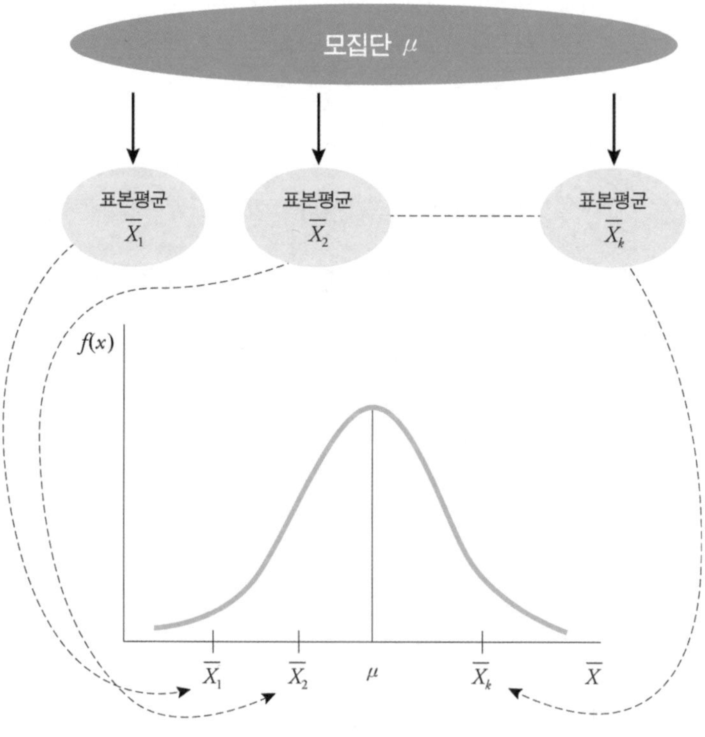

[그림 7-2] **표본평균의 분포**

평균의 표본분포

집단의 모평균 μ와 모표준편차 σ으로부터 시료의 크기 n을 동일하게 추출하여 각각의 표본평균을 계산하였을 때 이 표본평균들의 확률분포를 말한다.

다음의 예를 통하여 모집단의 분포와 표본평균의 분포를 비교해본다.

예제 1 S전자회사의 기술연구소의 디자이너가 4명이 근무하고 있다. 근무년수는 다음 표와 같으며 2명을 무작위로 복원추출하여 각 표본의 평균과 확률분포를 알아보자.

디자이너	근무년수 X	$P(X)$
1	3	1/4
2	5	1/4
3	7	1/4
4	9	1/4

[풀이] 이 모집단에 대한 확률분포의 평균과 분산, 표준편차를 구하면 다음과 같다.

$$\mu = E(X) = \sum X \ P(X) = 3\left(\frac{1}{4}\right) + 5\left(\frac{1}{4}\right) + 7\left(\frac{1}{4}\right) + 9\left(\frac{1}{4}\right) = 6$$

$$\sigma^2 = V(X) = \sum (X - \mu)^2 P(X)$$

$$= \{(3-6)^2 + (5-6)^2 + (7-6)^2 + (9-6)^2\}\frac{1}{4} = 5$$

$$\sigma = D(X) = \sqrt{5} = 2.236$$

이 모집단의 확률분포를 그림으로 나타내면 [그림 7-3]과 같이 표현된다.

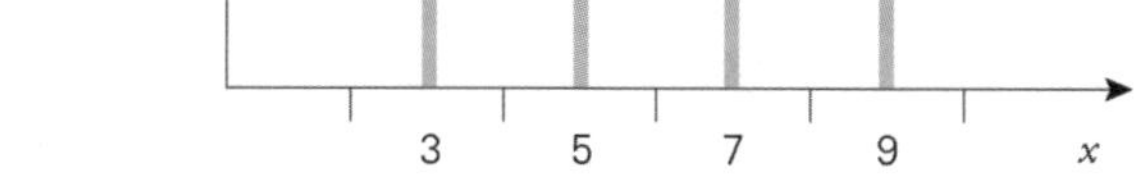

[그림 7-3] **모집단의 확률분포**

이제 모집단에서의 표본의 크기 $n = 2$인 표본을 복원추출하면 가능한 표본의 총수는 $4 \times 4 = 16$개가 된다.

[표 7-1]은 표본의 크기가 2일 때의 가능한 표본과 표본평균 그리고 확률을 나타내고 있다.

[표 7-1] **$n = 2$일 때 표본과 표본평균**

표본	$\overline{X}$	$P(\overline{X})$	표본	$\overline{X}$	$P(\overline{X})$
(3, 3)	3	1/16	(7, 3)	5	1/16
(3, 5)	4	1/16	(7, 5)	6	1/16
(3, 7)	5	1/16	(7, 7)	7	1/16
(3, 9)	6	1/16	(7, 9)	8	1/16
(5, 3)	4	1/16	(9, 3)	6	1/16
(5, 5)	5	1/16	(9, 5)	7	1/16
(5, 7)	6	1/16	(9, 7)	8	1/16
(5, 9)	7	1/16	(9, 9)	9	1/16

[표 7-2]는 $n = 2$일 때 표본들과 표본평균을 정리하여 이것에 대응하는 확률을 나타내고 있다. 이것이 평균의 표본평균이다. [그림 7-4]는 표본평균의 확률분포로 나타낸 것이다.

[표 7-2] **$n = 2$일 때 표본평균의 분포**

$\overline{X}$	$P(\overline{X})$
3	1/16
4	2/16
5	3/16
6	4/16
7	3/16
8	2/16
9	1/16

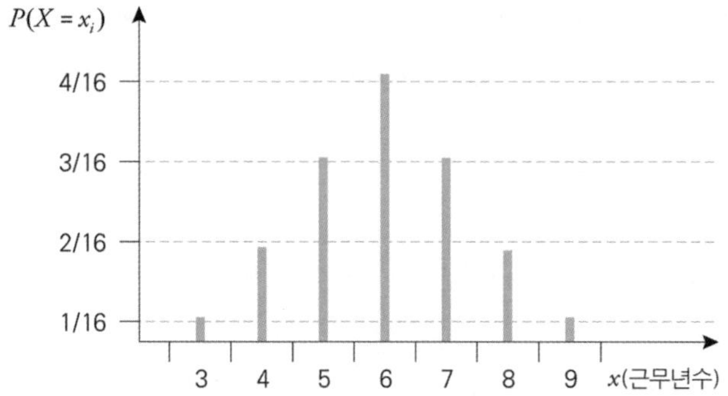

[그림 7-4] **표본평균의 확률분포**

2.2 표본분포의 기대치과 분산

결론적으로 보면, [그림 7-3]과 [그림 7-4]에 있는 확률분포를 각각 비교하여 보면 모집단의 분포는 균등분포를 보이고 있는 반면 표본분포는 종모양의 대칭으로 정규분포에 접근하고 있다. 특히 평균에 대해서는 모집단이나 표본의 평균이 같으며 분산의 경우 모집단의 분산을 표본의 크기(n)로 나눈 것과 같음을 알 수 있다

평균의 표본분포에서 기대치와 분산을 구하는 경우 표본평균 $\overline{X}$의 기대값 $E(\overline{X})$을 $\mu_{\overline{X}}$라고 하며, 분산 $V(\overline{X})$를 $\sigma^2_{\overline{X}}$라고 할 때 다음과 같은 관계가 성립된다.

평균의 표본분포의 기대치와 분산

$$E(\overline{X}) = \mu_{\overline{X}} = \mu$$

$$V(\overline{X}) = \sigma^2_{\overline{X}} = \frac{\sigma^2}{n}$$

$$V(\overline{X}) = \sigma^2_{\overline{X}} = \frac{\sigma^2}{n} \cdot \frac{N-n}{N-1} \quad \text{(유한모집단인 경우)}$$

$$D(\overline{X}) = \sigma_{\overline{X}} = \frac{\sigma}{\sqrt{n}} \quad \text{(표준오차)}$$

$$D(\overline{X}) = \sigma_{\overline{X}} = \frac{\sigma}{\sqrt{n}} \cdot \sqrt{\frac{N-n}{N-1}} \quad \text{(유한모집단인 경우)}$$

위 식에서 모집단이 유한모집단인 경우 표본분포의 분산 계산 시 $N-n/N-1$ 이라는 유한 수정계수(correction factor)를 곱하여 준다.

[증명] $\mu_{\overline{X}} = E(\overline{X}) = E\left\{\frac{1}{n}(X_1 + X_2 + ... + X_n)\right\} = \frac{1}{n}(n\mu) = \mu$

$$\sigma^2_{\overline{X}} = Var(\overline{X}) = Var\left\{\frac{1}{n}(X_1 + X_2 + ... + X_n)\right\} = \frac{1}{n^2} Var(X_1 + X_2 + ... + X_n)$$

$$= \frac{1}{n^2}\{Var(X_1) + Var(X_2) + ... + Var(X_n)\} = \frac{1}{n^2}(n\sigma^2) = \frac{\sigma^2}{n}$$

예제 2 어느 금융회사의 펀드투자상담사 400명을 대상으로 근무년수를 조사한 결과 평균 7년, 분산 12년으로 나타났다. 이들 중에서 표본의 크기를 $n=10$로 하여 무작위로 표본을 뽑았을 때 이 표본분포의 평균과 분산을 각각 계산하라.

[풀이] $\mu = 7,\ \sigma^2 = 12,\ n = 10$ 이다.

$\mu_{\overline{X}} = 7$(년), $\sigma^2_{\overline{X}} = \frac{12}{10} = 1.2$ (년) 이다.

위의 결과로부터 표본평균 $\overline{X}$의 평균은 모집단의 평균과 같으며 표본의 크기 n이 클수록 그 분산이 0에 가까워져서 결국 표본의 크기가 클수록 $\overline{X}$는 모집단의 평균인 μ 근처에 밀집되어 분포한다는 사실을 알 수 있다.

이제 모집단의 분포가 정규분표 $N(\mu,\ \sigma^2)$인 경우에는 정규분포의 성질에 의하여 $\overline{X}$도 평균이 μ이고, 분산이 $\frac{\sigma^2}{n}$인 정규분포를 한다.

모집단과 표본분포의 기대치와 분산

$X_1, X_2, \cdots, X_n$이 모집단 $N(\mu,\ \sigma^2)$으로부터 추출한 한 표본값을 나타내는 확률변수라 할 때, 이것들의 평균 $\overline{X} = \frac{1}{n}\sum_{i=1}^{n} X_i$는 평균이 μ, 분산이 $\frac{\sigma^2}{n}$인 정규분포 $N(\mu,\ \frac{\sigma^2}{n})$을 따른다.

또한, 모집단의 확률변수 $X \sim N(\mu,\ \sigma^2)$이면 표본평균의 분포의 확률변수 $\overline{X} \sim N(\mu,\ \frac{\sigma^2}{n})$이다. 표본평균이 정규분포이므로 표본평균을 표준화변수로 하면

$Z = \dfrac{\overline{X} - \mu}{\sigma / \sqrt{n}}$ 은 $N(0,\ 1)$인 표준정규분포에 따른다.

예제 3 $\overline{X}$를 $N(75,\ 100)$으로부터 추출된 표본의 크기 25인 확률표본의 평균이라고 할 때 $P(71 \le \overline{X} \le 79)$를 구하라.

[풀이]

$$P(71 \le \overline{X} \le 79) = P\left(\frac{71 - 75}{\frac{10}{\sqrt{25}}} \le \frac{\overline{X} - \mu}{\frac{\sigma}{\sqrt{n}}} \le \frac{79 - 75}{\frac{10}{\sqrt{25}}}\right)$$

$$= P(-2 \le Z \le 2) = 0.9544$$

모집단의 분포가 정규분포가 아닌 경우 평균의 표본분포 모양은 표본의 크기에 좌우가 된다. 즉 표본의 크기 n이 충분히 클 경우에 임의의 모집단으로부터의 표본평균의 분포는 정규분포에 근접한다는 것이다. 즉 [그림 7.5]에서와 같이 비록 모집단의 분포가 일양분포나 지수분포 등 같이 정규분포가 아니더라도 표본의 크기 n이 커질수록 정규분포에 접근하고 있음을 알 수 있다.

모집단의 정규분포일 때 표본의 크기 n이 커지면 관찰된 평균치들이 평균을 중심으로 몰려드는 것을 알 수가 있다. 즉, 표본분포의 분산이 줄어들고 있다. 한편 모집단이 비정규분포일 때는 표본의 크기 n이 작은 경우, 표본분포가 정규분포의 모습을 보이지 못하나 $n = 30$일 때부터는 정규분포에 접근하고 있음을 보이고 있다. 따라서 표본의 크기가 충분히 클 경우인 $n \geqq 30$인 경우에는 약간의 예외적인 경우를 제외하고는 모집단의 분포 특징에 관계없이 표본분포는 정규분포에 접근함을 알 수가 있다. 이것을 중심극한정리(central limit theorem)라고 한다.

중심극한정리

$X_1, X_2, \cdots, X_n$이 모집단 $N(\mu, \sigma^2)$으로부터 추출한 표본의 크기n인 확률표본에서 표본평균 $\overline{X}$는 표본의 크기 n이 크면 근사적으로 정규분포 $N(\mu, \frac{\sigma^2}{n})$을 따른다.

즉 n이 클 때$(n \geq 30)$ $Z=\frac{\overline{X}-\mu}{\sigma/\sqrt{n}}$는 근사적으로 표본정규분포 $N(0, 1)$을 따른다.

그러므로 이 정리에 의하면 연구조사에서 모집단의 분포가 완전히 정규분포가 아닐 때에는 정규분포의 가정을 만족시키기 위해서 표본의 크기가 적어도 30이상이 되도록 하여야 할 것이다. [그림 7-5]와 같이 일반적으로 표본의 크기 n이 30 이상이면 모집단의 분포모양과 상관없이 표본평균은 정규분포라고 가정해도 큰 이상은 없다.

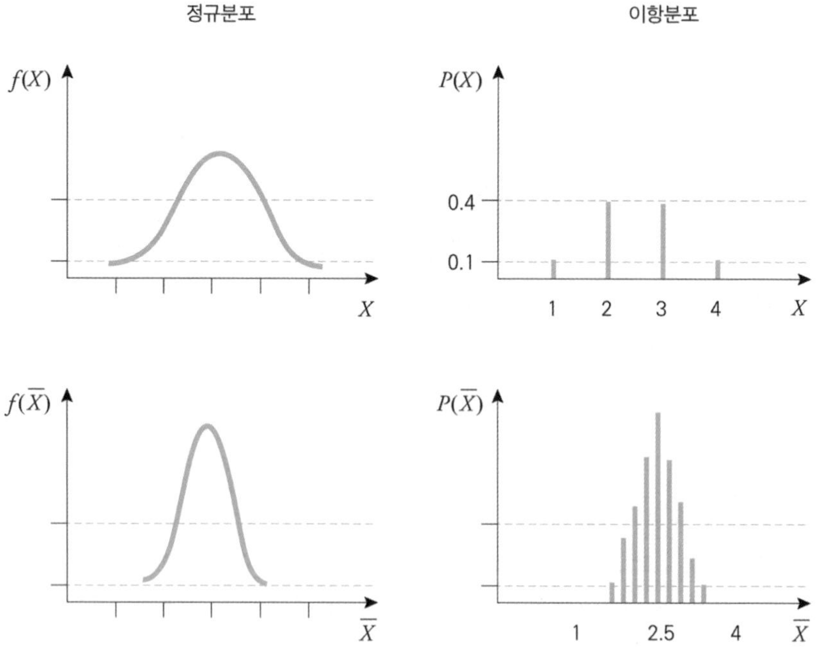

[그림 7-5] **표본크기 $n=30$일 때 표본분포의 모양**

예제 4 S편의점의 일일매출액은 평균 130만원, 표준편차가 9만원의 정규분포를 따른다고 한다. 최근 30일간의 일일매출액을 조사한 결과 평균매출액가 135만원으로 나타났다. 이 편의점의 일일매출액이 변하지 않았다면 표본평균 $\bar{x}$가 135만원 이상일 확률은 얼마인가?(단위: 만원)

또한 표본평균 $\bar{x}$가 130만원 이상 135만원 이하일 확률을 구하라.

[풀이] ① $P(\bar{x} \geq 135) = P\left(\dfrac{\bar{x}-\mu}{\dfrac{\sigma}{\sqrt{n}}} \geq \dfrac{135-130}{\dfrac{9}{\sqrt{30}}}\right)$

$$= P(Z \geq 3.04) = 0.0012$$

② $P(130 \leq \bar{x} \leq 135) = P\left(\dfrac{130-130}{\dfrac{9}{\sqrt{30}}} \leq \dfrac{\bar{x}-\mu}{\dfrac{\sigma}{\sqrt{n}}} \leq \dfrac{135-130}{\dfrac{9}{\sqrt{30}}}\right)$

$$= P(0 \leq Z \leq 3.04) = 0.4988$$

2.3 비율의 표본분포

표본평균이 표본분포를 이루는 것과 같이 어떤 특성을 띠는 것의 관측값을 1, 그 특성을 띠지 않는 것을 0으로 하고 그들을 합계하여 관측값의 개수로 나누어 표본비율이 되는데 이 표본비율도 표본분포를 이루고 $p = \dfrac{X}{n}$로 표시한다. 여기서 0과 1이란 크기를 갖는 변량의 평균값에 해당되므로 표본비율은 표본평균의 특별한 경우이다.

표본비율

모집단의 비율 P로부터 동일한 표본의 크기n을 추출하여 각각의 비율을 계산하였을 때 이 표본비율들의 확률분포를 말한다.

모집단의 비율이 P이고 $Q = 1 - P$라 할 때, n개의 표본 중 어떤 특성을 갖는 수를 X라 하면

$$E(X) = nP, \quad V(X) = nPQ$$

이다. 따라서 어떤 특성을 갖는 표본비율 $\frac{X}{n}$에 대해서는

$$E(\frac{X}{n}) = \frac{1}{n}E(X) = \frac{1}{n}np = p$$

$$V(\frac{X}{n}) = \frac{1}{n^2}V(X) = \frac{1}{n^2}npq = \frac{pq}{n}$$

표본의 크기 n이 충분히 클 때, 표본비율 $p = \frac{X}{n}$는 정규분포 $N(P, \ \frac{PQ}{n})$에 근사한다.

표본비율의 평균과 분산

표본비율 $p = \frac{X}{n}$의 평균을 $\mu_p = E\left(\frac{X}{n}\right)$, 분산을 $\sigma_p^2 = V\left(\frac{X}{n}\right)$라 하면

$$\mu_p = E\left(\frac{X}{n}\right) = p$$

$$\sigma_p^2 = V\left(\frac{X}{n}\right) = \frac{pq}{n}$$

$$\sigma_p^2 = V\left(\frac{X}{n}\right) = \frac{pq}{n} \cdot \frac{N-n}{N-1} \qquad \text{(유한모집단인 경우)}$$

단, p=표본비율, $q = 1 - p$

예제 5 최근 고용노동정책에 대하여 전국 노동자들의 60%가 찬성하고 있는 것으로 조사되었다. 180명을 임의로 추출하여 이에 대한 찬반 질문을 할 때 찬성비율이 0.5보다 작을 확률을 구하라.

[풀이] 표본의 크기 $n = 180$이고 $p = 0.6$이므로 정규분포에 근사한다.

분산은 $\sigma_p^2 = V\left(\frac{X}{n}\right) = \frac{pq}{n} = \frac{0.6 \times 0.4}{180} = 0.00133$이며

표준편차는 $\sigma_p = D\left(\frac{X}{n}\right) = \sqrt{\frac{pq}{n}} = \sqrt{0.00133} = 0.0365$이 된다.

$$P(X \leq 0.5) = P\left(\frac{X-p}{\sqrt{pq/n}} \leq \frac{0.5 - 0.6}{0.0365}\right) = P(Z \leq -2.74) = 0.0031$$

3. 정규모집단에서 표본분포

앞에서는 표본평균과 표본비율의 표본분포에 대하여 알아봤다. 다음은 통계적 추론에서 유용하게 활용할 수 있는 정규모집단의 몇 가지 중요한 통계량의 표본분포를 살펴본다.

3.1 카이제곱(χ^2) 분포

이 분포는 영국의 수리통계학자인 Karl Pearson 고안한 것으로 편차제곱의 합 또는 표본분산 s^2와 관계되는 분포로서 모분산 σ^2에 대한 추론, 적합도 검정, 독립성 검정 등에 많이 사용된다. 특히 χ^2분포는 단일 모집단의 σ^2 검정과 추론에 유용하게 쓰인다.

χ^2분포

표준확률변수 $Z_1, Z_2, \cdots, Z_n$이 서로 독립적이고 $N(0,1)$인 경우, 이들 제곱의 합, $\chi^2 = Z_1^2 + Z_2^2 + \cdots + Z_n^2$은 자유도 n인 χ^2분포가 된다. 따라서 정규분포의 표준화 값과 χ^2분포 값은 $Z^2(\frac{\alpha}{2}) = \chi^2(1, \alpha)$의 관계가 된다.

즉, 단일 정규분포 $N(\mu, \sigma^2)$으로부터의 확률표본을 확률변수 $X_1, X_2, \ldots, X_n$ 이라 할 때, 표준확률변수 $Z_i = \dfrac{X_i - \mu}{\sigma}$를 제곱의 합으로 하면 $Z_i^2 = \left(\dfrac{X_i - \mu}{\sigma}\right)^2$이 되며, 이 통계량인 Z_i^2은 자유도 n인 카이제곱분포(χ^2 또는 chi-square distribution)를 이룬다.

이러한 개념을 바탕으로 χ^2의 계산은 $N(\mu, \sigma^2)$인 정규모집단으로부터 크기 n인 $X_1, X_2, \cdots, X_n$ 표본을 반복적으로 취할 때, 각 표본에 대해 표본분산 s^2을 계산하였을 때 확률변수 χ^2은

$$\chi^2 = \frac{S}{\sigma^2} = \frac{(n-1)s^2}{\sigma^2}$$ 단, s^2은 표본분산, S은 변동(편차제곱의 합)

으로 자유도$(n-1)$의 카이제곱분포에 따른다.

카이제곱은 연속확률분로서 그 모양은 자유도$(n-1)$의 크기에 따라 달라진다. [그림 7-6]은 자유도에 따라 카이제곱분포의 모양이 정규분포에 근사함을 나타내고 있다.

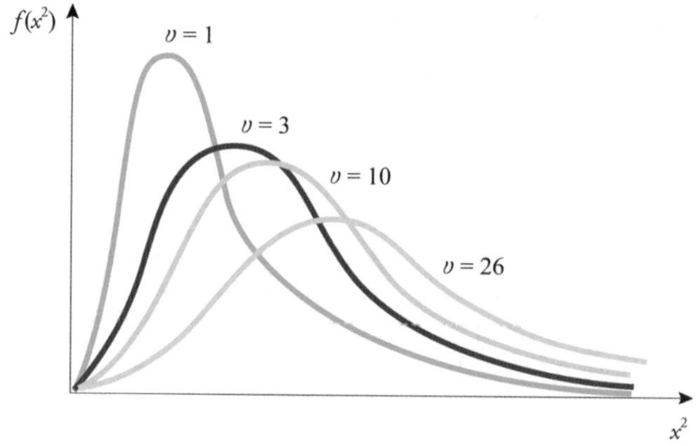

[그림 7-6] χ^2분포

χ^2분포의 특성을 나열하면 다음과 같다.

① χ^2분포의 모양은 다른 정규분포나 t분포처럼 좌우대칭이 아니며 오른쪽으로 긴 꼬리를 가지는 비대칭형분포이다.

② 일반적으로 자유도 ν, 위험률α의 χ^2의 값은 $\chi^2(\nu,\ \alpha)$라고 표기한다.

③ 확률변수 X가 자유도ϕ의 카이제곱분포를 따르면 평균과 분산은

$$E(X) = \nu,\quad V(X) = 2\nu \text{이다.}$$

④ χ^2분포는 연속확률분포이며 모수(parameter)는 자유도$(\nu = n-1)$이다. 이의 자유도에 따라 χ^2분포의 모양이 변하고 있음을 알 수 있고, 자유도가 커지면 점차 대칭모양을 이루어 정규분포에 접근한다.

⑤ 항상 양수 값만을 가진다.

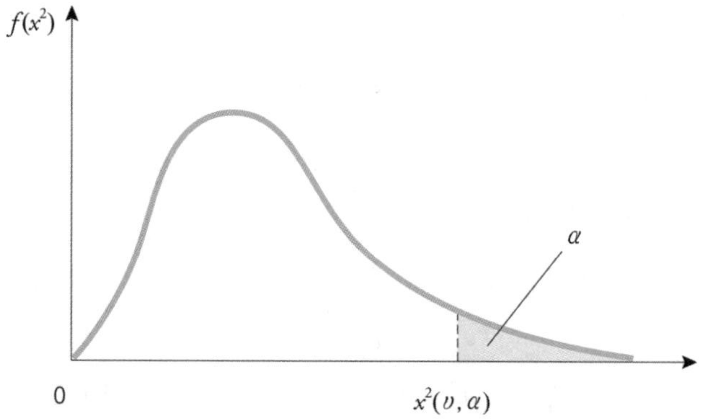

[그림 7-7] χ^2**분포의 확률**(1)

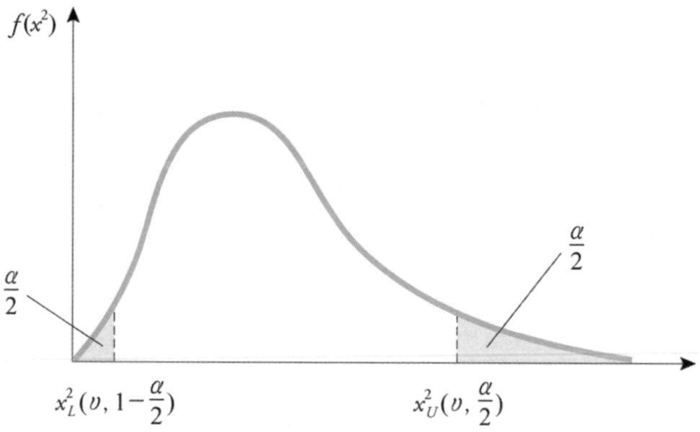

[그림 7-8] χ^2**분포의 확률**(2)

[그림 7-7]은 확률면적 α를 한쪽(상측)에 배치했을 때 $\chi^2(\nu,\ \alpha)$의 χ^2값으로 표시하며, [그림 7-8]은 확률면적 α를 양쪽(상, 하측)에 배치했을 경우, 상측에는 $\chi_U^2(\nu,\ \frac{\alpha}{2})$, 하측에는 $\chi_L^2(\nu,\ 1-\frac{\alpha}{2})$의 χ^2값으로 표시하고 있다.

예제 6 다음 문제에 대하여 χ^2값을 구하라.

① $\nu = 10,\quad \alpha = 0.05$

② $\chi^2(15,\ 0.01)$

③ $\chi^2(22,\ 0.95)$

[풀이] 부록의 χ^2분포표에서 찾으면 다음과 같이 구한다.

① $\chi^2 = 18.3070$

② $\chi^2 = 30.5779$

③ $\chi^2 = 12.3380$

예제 7 $n = 15$, χ^2분포에서 χ^2_U이상의 확률이 5%일 때 χ^2의 값을 구하라.

[풀이] 부록의 χ^2분포표에서 찾으면 다음과 같이 구한다.

$\chi^2(14,\ 0.05) = 23.6848$

예제 8 $n = 10$, χ^2분포에서 χ^2_L이하의 확률이 2.5%일 때 χ^2의 값을 구하라.

[풀이] 부록의 χ^2분포표에서 찾으면 다음과 같이 구한다.

$\chi^2(9,\ 0.975) = 2.7004 \qquad (1 - 0.025 = 0.975)$

3.2 t분포

t분포는 1908년 영국의 통계학자인 W.S. Gosset(1876~1937)가 고안한 분포로서, χ^2분포와 같이 자유도에 의해 결정되는 분포이다. 일명 'Student t분포'라고 부르기도 한다. 이때 그는 아일랜드(Ireland) 양조장에서 근무하였으며 연구 결과는 본명 대신 필명을 사용하도록 하였기 때문에 'Student'라는 용어로 그의 논문 " The Probable Error of Mean"을 발표하였다.

$X_1, X_2, \cdots, X_n$ 이 모집단 $N(\mu,\ \sigma^2)$ 으로부터 추출한 표본의 크기 n인 확률표본에서 표본평균 $\overline{X}$는 표본의 크기 n이 크면 근사적으로 정규분포 $N(\mu,\ \frac{\sigma^2}{n})$을 따른다.

즉 n이 클 때 $Z = \frac{\overline{X} - \mu}{\sigma / \sqrt{n}}$는 근사적으로 표본정규분포 $N(0,\ 1)$을 따른다. 그런데 모평균에 대한 통계적 추론에서 모표준편차(σ)를 알 수 없을 경우, σ대신에 표본표준편차 $s = \sqrt{\frac{\sum_{i=1}^{n}(X_i - \overline{X})^2}{n-1}} = \sqrt{\frac{S}{n-1}}$ 을 대신 사용하여 Student화된 확률변수 $\frac{\overline{X}-\mu}{s/\sqrt{n}}$ 는 자유도$(n-1)$의 t분포에 따른다.

t분포

$N(\mu, \sigma^2)$ 인 정규모집단으로부터 크기 n인 $X_1, X_2, \ldots, X_n$ 표본을 반복적으로 취할 때 그것의 표본평균이 $\overline{X}$이며, 표준편차가 s일 때 확률변수 t는

$$t = \frac{\overline{X}-\mu}{s/\sqrt{n}}$$

으로 자유도$(n-1)$의 t 분포에 따른다.

t분포의 특성을 살펴보면 다음과 같다.

① t분포의 모양은 [그림 7-9]과 같이 표준정규분포와 비슷하나 산포가 큰 것이 특징이며, 특히 자유도가 증가하면 t분포는 $N(0,\ 1)$분포에 수렴하며 $\nu = \infty$ 일 때 t분포는 $N(0,\ 1)$분포와 일치한다.

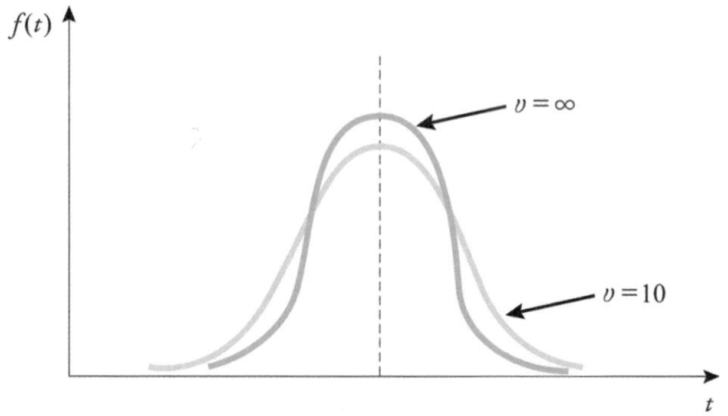

[그림 7-9] t분포

② $t=0$에 관하여 좌우대칭

③ t분포표는 한쪽 α값이 표시되어 있다(부록 4 참고).

④ 자유도 ν인 t분포를 하는 확률변수 t의 기대치는 $E(t)=0$, 분산은

$V(t)=\frac{\nu}{\nu-2}$, $\nu>2$ 이다.

⑤ 일반적으로 자유도 ν, 위험률α의 값을 $t(\nu, \alpha)$로 표시한다.

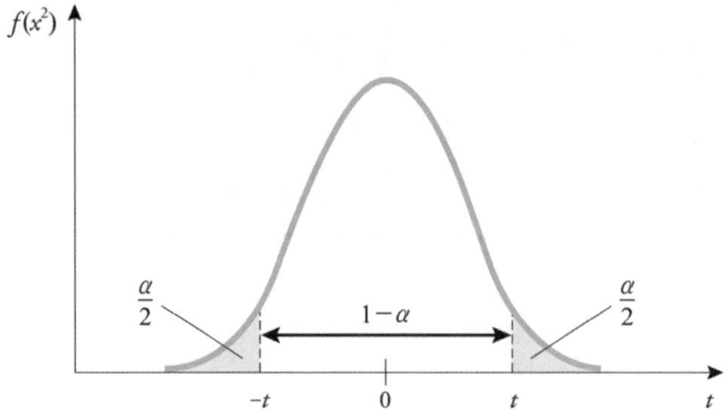

[그림 7-10] t분포표의 확률

예제 9 다음 문제에 대하여 한쪽 꼬리면적 t값을 구하라.

① $\nu=12, \quad \alpha=0.025$

② $t(18, 0.05)$

③ $t(22, 0.01)$

[풀이] 부록의 t분포표에서 찾으면 다음과 같이 구한다.

① $t=2.179$

② $t=1.734$

③ $t=2.508$

예제 10 자유도 20의 t분포에 있어서 한쪽 끝의 확률이 5%가 될 t값은?

[풀이] 부록의 t분포표에서 찾으면 다음과 같이 구한다.

$t(20, 0.05)=1.725$

3.3 F분포

F분포는 1925년 R. A. Fisher에 의해 발견된 분포로서, 두 모집단의 분산σ_1^2과 σ_2^2이 같은지 비교 검정하기 위해서는 두 모집단에서 표본을 추출하여 두 표본분산(불편분산) V_1과 V_2를 비교한다.

F분포는 두개의 χ^2변수의 비로 정의한다. 즉, 두 개의 정규모집단에서 얻어진 상호 독립적인 확률변수 χ_1^2, χ_2^2이 각각 자유도 $\nu_1 = n_1 - 1$, $\nu_2 = n_2 - 1$인 χ^2분포를 따를 경우, 각각의 자유도로 나눈 두 확률변수의 비는 $(n_1 - 1)$, $(n_2 - 1)$인 F분포를 따른다.

F 분포

V_1과 V_2를 각각 자유도ν_1과 ν_2인 χ^2분포를 따르는 서로 독립된 확률변수들이라고 할 때

$$F = \frac{V_1/\nu_1}{V_2/\nu_2}$$

의 분포를 자유도($\nu_1 = n_1 - 1$, $\nu_2 = n_2 - 1$)인 F분포라고 한다.

F분포는 다음과 같이 두개의 χ^2변수의 비율로 나타내며, 두 분포 간에는 표본분산과 밀접한 관련성이 있음을 알 수 있다. χ^2분포가 정규분포를 따른다면 하나의 모집단에 대한 분산을 추정하는 데 사용되는 반면 F분포는 두 모집단의 분산을 비교하는 데 사용된다.

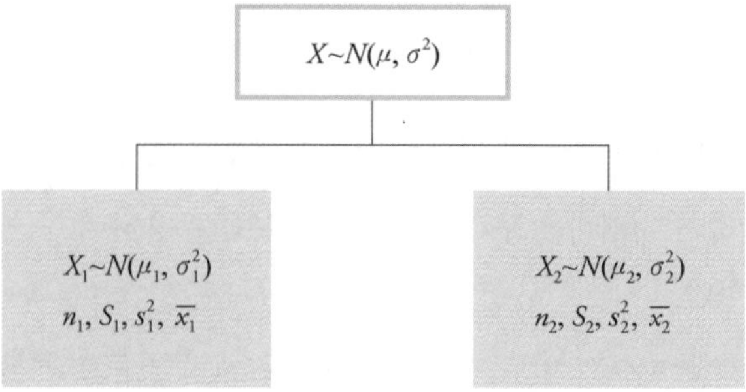

$$V_1 = \frac{S_1}{n_1 - 1} \qquad V_2 = \frac{S_2}{n_2 - 1}$$

자유도 $\nu_1 = n_1 - 1$, $\nu_2 = n_2 - 1$의 F분포를 한다.

$$F = \frac{V_1}{V_2} \geq 1$$

[그림 7-11] **F분포의 개념도**

χ^2분포와 F분포 간의 관계

$$\frac{(n_1-1)s_1^2}{\sigma_1^2} \sim \chi^2_{(n_1-1)} \qquad \frac{(n_2-1)s_2^2}{\sigma_2^2} \sim \chi^2_{(n_2-1)}$$

$$F_{n_1-1, n_2-1} \sim \frac{\dfrac{(n_1-1)s_1^2}{\sigma_1^2}}{n_1-1} \div \frac{\dfrac{(n_2-1)s_2^2}{\sigma_2^2}}{n_2-1} = \frac{\sigma_2^2 s_1^2}{\sigma_1^2 s_2^2} \sim F_{n-1, n-2}$$

F분포의 특성을 나열하면 다음과 같다.

① F분포는 그림과 같이 오른쪽으로 기운 모양을 하는데 이것은 ν_1, ν_2의 조합에 의해 그 모양이 달라진다.

② F의 계산은 F〉1과 같이, 즉 V_1, V_2중 큰 것을 분자에, 작은 것을 분모에 둔다.

③ 일반적으로 자유도 ν_1(분자), ν_2(분모), 확률 α의 F의 값을 $F(\nu_1, \nu_2; \alpha)$으로 쓴다.

④ 자유도의 위치를 바꾸면 다음과 같은 관계가 성립한다.

$$F(\nu_1, \nu_2; \alpha) = \frac{1}{F(\nu_2, \nu_1; 1-\alpha)}$$

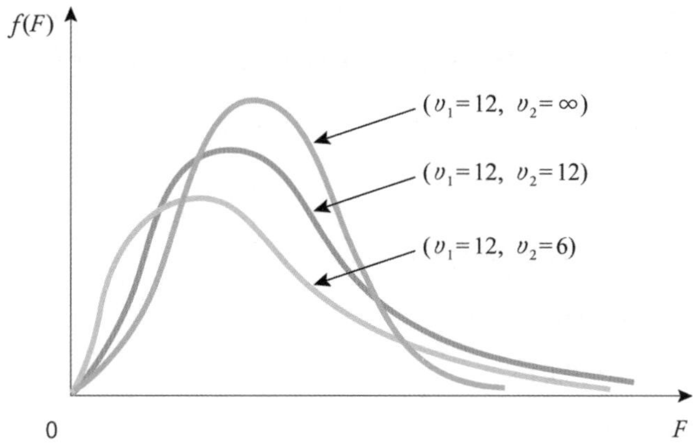

[그림 7-12] F분포

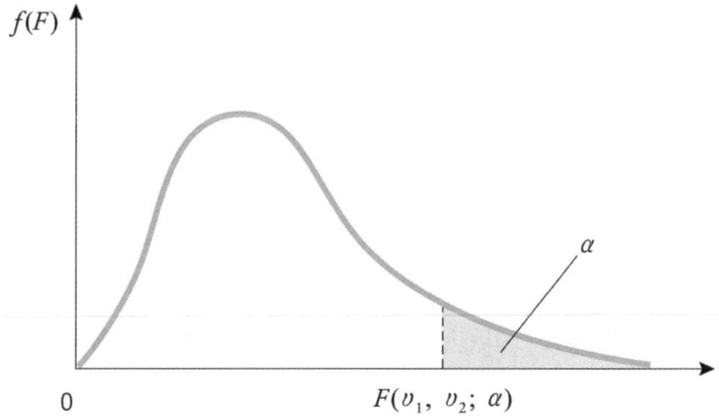

[그림 7-13] F분포표의 확률(1)

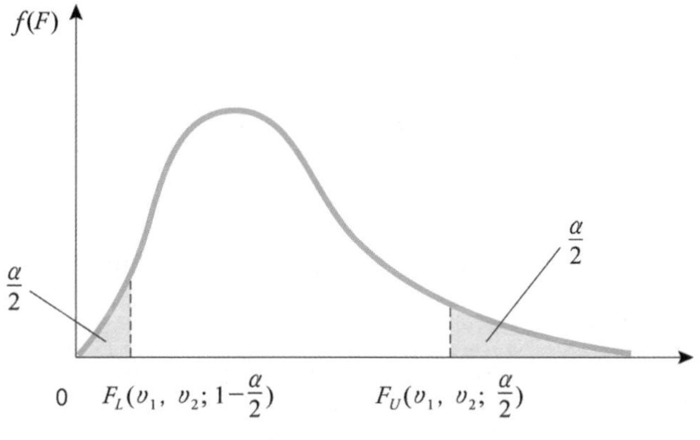

[그림 7-14] F분포표의 확률(2)

[그림 7-13]은 확률면적 α를 한쪽(상측)에 배치했을 때의 $F(\nu_1,\ \nu_2;\ \alpha)$ F값으로 표시하며, [그림 7-14]는 확률면적 α를 양쪽(상, 하측)에 배치했을 경우, 상측에는 $F_U(\nu_1,\ \nu_2;\ \frac{\alpha}{2})$, 하측에는 $F_L(\nu_1,\ \nu_2;\ 1-\frac{\alpha}{2})$로 표시하고 있다.

예제 12 F분포표에서 다음 값을 구하라.

① $F(10,\ 6;\ 0.05)$

② $F(12,\ 10;\ 0.01)$

③ $F(5,\ 12;\ 0.05)$

[풀이] 부록의 F분포표에서 찾으면 다음과 같이 구한다.

① 4.06

② 4.71

③ 3.11

예제 13 어떤 정규모집단으로부터 $n=12$의 시료를 랜덤으로 뽑아 불편분산을 계산하였더니 $V_2=3.46$이었다. 같은 모집단으로부터 또 $n=12$의 시료를 랜덤으로 뽑았을 때 불편분산 V_1의 값이 얼마 이상이 되는 확률이 5%인가? $F(12,\ 12:0.05)=2.69$

[풀이] $F=\dfrac{V_1}{V_2}$, $\quad 2.69=\dfrac{V_1}{3.46}$ $\qquad \therefore\ V_1=2.69\times 3.46=9.307$

예제 14 확률변수 X가 $n_1=8,\ n_2=10$ 인 F분포를 따른다고 할 때,

$$P(X\geq f)=0.05$$

가 성립하는 f값을 구하라.

[풀이] 부록의 F분포표에서 자유도 $\nu_1=7,\ \nu_2=9$, $\alpha=0.05$ 인 경우, $f=3.29$ 의 값을 구할 수 있다.

Review Lecture

본 Review Lecture는 강의를 통하여 배운 내용을 교수님이 직접 학생들에게 질문형식을 통하여 강의 내용을 점검하고 마무리하는 코너입니다. ______ 같이 풀어 보실까요?

01 다음 내용은 표본추출에 관련된 것이다. 해당되는 추출법을 보기에서 선택하여 ( ) 속에 넣어라.

① 군집추출법 ② 층별추출법 ③ 계통추출법 ④ 단순무작위추출법

(1) 모집단의 크기 N에서 표본의 크기 n을 추출할 때 모집단의 대상 원소가 골고루 뽑혀지도록 추출하는 방법. (   )

(2) 모집단을 같은 성질을 가진 것 끼리 몇 개의 층으로 분류한 다음 각 층에서 규칙에 따라 표본을 추출하는 방법. (   )

(3) 모집단을 군집(cluster)이라는 몇 개의 부분 집단으로 분류하고 그 군집 가운데 몇 개의 군집을 임의로 추출하여 추출된 군집을 전수조사하거나 그 군집에서만 표본을 추출하는 방법. (   )

(4) 체계적 추출법이라고 하며, 이 방법은 표본을 시간적, 공간적으로 일정한 간격을 두고 계통적으로 추출하는 방법으로 간단하고 용이하게 널리 활용된다. (   )

02 다음 내용은 무엇을 말하는지 ( ) 속에 적당한 용어를 채워라

모집단의 정규분포일 때 표본의 크기 n이 커지면 관찰된 평균치들이 평균을 중심으로 몰려드는 것을 알 수가 있다. 즉, 표본분포의 분산이 줄어들고 있다. 한편 모집단이 비정규분포일 때는 표본의 크기 n이 작은 경우, 표본분포가 정규분포의 모습을 보이지 못하나 $n=30$일 때부터는 정규분포에 접근하고 있음을 보이고 있다. 따라서 표본의 크기가 충분히 클 경우인 $n \geq 30$인 경우에는 약간의 예외적인 경우를 제외하고는 모집단의 분포 특징에 관계없이 시료분포는 정규분포에 접근함을 알 수가 있다.

이것을 (   )라고 한다.

연 / 습 / 문 / 제

01 A회사의 직장인 남자를 대상으로 측정한 평균 체중이 65kg, 표준편차가 6.4kg인 정규분포를 한다고 한다. 50명의 몸무게를 측정할 때 다음을 구하라.

(1) 50명의 몸무게가 70kg이상이 될 확률은?

(2) 50명의 몸무게가 60kg이상 70kg이하가 될 확률은?

(3) 50명의 몸무게가 60kg이하가 될 확률은?

02 A국기의 남자에 대한 평균수명은 근사적으로 평균이 72세이고 표준편차가 10세인 정규분포를 한다. 임의의 표본 20명을 대상으로 측정한 평균수명이 60세 이하가 될 확률을 구하라.

03 모집단의 분포가 다음과 같다.

2, 4, 6, 8, 10

(1) 모집단의 분포의 평균과 분산을 구하라.

(2) $n=3$을 임의로 복원추출하여 표본을 뽑았을 때 표본평균과 표준편차를 구하라.

04 확률변수 X는 평균 30, 표준편차 5의 정규분포에 근사한다. 표본의 크기 30의 표본평균 $\overline{X}$가 다음 조건을 가질 때 확률을 구하라.

① $P(\overline{X} \geq 30)$

② $P(28 \leq \overline{X} \leq 32)$

③ $P(\overline{X} \leq 30)$

05 평균이 30, 분산 16인 정규분포를 이룬다. 모집단으로부터 23개의 표본을 추출한 표본평균과 표준오차를 구하라.

06 A 초등학교 1학년생들의 지능지수(IQ)가 평균 120이고 분산이 100이라고 한다. 50명을 무작위로 추출하여 지능지수의 표본분포의 평균, 표준편차를 계산하라.

07 모집단의 평균이 3이고 표준편차가 5인 정규분포를 따른다. 임의로 표본을 80개 추출했을 때 평균이 3이상 5이하가 될 확률을 구하라.

08 O회사에서 제조하는 형광등의 평균수명이 1,000시간이라고 한다. 임의로 20개의 표본을 추출하여 수명을 조사한 결과 표준편차가 100시간이었다. 표본평균이 900시간이하일 확률은 얼마인가?

09 국민의 55%가 담배값 인상에 대하여 찬성을 한다고 알려져 있다. 임의로 200명을 조사한 결과 담배값 인상에 대하여 찬성하는 비율이 0.5보다 작을 확률은 구하라.

10 C부품의 공정불량률이 평균 15%라고 알려져 있다. 이 공정에서 생산한 200개의 부품 중 불량품이 25개 이하일 확률을 구하라.

11 χ^2분포표에서 다음 값을 구하라.

① $\chi^2(15,\ 0.05)$

② $\chi^2(20,\ 0.01)$

③ $\chi^2(15,\ 0.95)$

12 t분포표에서 다음 값을 구하라.

① $t(10,\ 0,05)$

② $t(8,\ 0,05)$

③ $t(18,\ 0.025)$

13 F분포표에서 다음 값을 구하라.

① $F(8,\ 15;\ 0.05)$

② $F(15,\ 5;\ 0.01)$

③ $F(10,\ 10;\ 0.025)$

제8장

추정

1. 추정의 개요
2. 점추정
3. 구간추정
4. 계량치의 구간추정
5. 계수치의 구간추정
6. 표본크기의 결정

제 7 장에서는 모집단의 평균이나 분산 등 모집단의 특성이 알려져 있을 때 표본분포와 표본비율의 확률분포에 대하여 학습하였다. 그러나 현실적으로는 모집단의 특성이 알려져 있는 경우가 많지 않으며 모집단으로부터 표본을 추출하여 모집단의 특성을 추론하는 경우가 많이 발생한다. 따라서 표본으로부터 얻은 정보를 이용하여 모집단의 추정하는 과정을 통계적 추론이라고 하며 이를 통계학에서는 추측통계학이라고 한다.

통계적 추론에서의 가장 기본적인 두 영역은 추정과 검정이다.

1. 추정의 개요

표본(시료)의 특성을 분석하여 얻은 정보를 통하여 모집단의 특성을 추측하는 것을 통계적 추정(statistical estimation) 또는 모수의 추정(estimation of population parameter)이라고 한다. 여기서 모수란 모집단의 특성을 나타내는 수치(평균, 분산, 비율 등)를 말한다.

표본으로부터 모집단의 모수를 추정하는 목적은 본래 전수확인이나 전수검사라는 것이 현실적으로 시간, 비용, 인력 등의 제한적 요소가 많기 때문에 샘플링이라는 절차를 통해 알고자 하는 모집단의 정보를 정확하게 예측하여 적절한 시정조치를 취하기 위함이다.

추정량과 추정치

모수의 추정량이란 표본의 정보를 획득하여 모집단의 모수를 추정하는 근사값을 제시하는 확률변수이며, 추정치란 추정량의 특정값을 말한다.

추정량과 추정치를 예를 들어 설명하면, Y지역의 아파트 거주자에 대한 가구당 차량소유대수를 알아보기 위하여 200명에 대한 표본을 추출하여 평균 차량소유대수를 구한 결과 1.8대라고 할 때 표본평균 $\overline{x}$는 모평균 μ의 추정량이 되고 모평균의 추정값은 1.8대가 된다.

모집단의 모수를 추정하는 방법에는 점추정(point estimation)과 구간추정(interval estimation)이 있다.

또한 어떤 구간을 설정하여 이 범위 내에 모수가 포함하고 있을 것이라고 추정하는 것을 구간추정(interval estimation)이라고 한다.

2. 점추정

2.1 점추정량의 조건

모집단의 모수를 추정하는 데 사용하는 점추정량은 여러 가지가 있다. 예를 들면 모평균을 추정하기 위해서는 표본평균 $\overline{x}$ 뿐만 아니라 중앙값(메디안), 최빈치 등을 사용할 수 있다. 따라서 일반적으로, 치우침이 없고 정밀도가 좋은 추정량이 되기 위해서는 다음 조건을 갖추어야 한다.

(1) 불편성(unbiasedness)

추정량($\hat{\theta}$)의 표본분포의 기대값이 추정하고자 하는 모집단 모수 θ와 같아질 때 추정량 ($\hat{\theta}$)는 모수의 불편추정량이라고 한다.

$$E(\hat{\theta}) = \theta$$

(2) 유효성(efficiency)

두 추정량이 모두 불편추정량인 상황에서 $\hat{\theta}_1$과 $\hat{\theta}_2$가 있을 때 각 분산을 비교하여 $\hat{\theta}_1$의 분산이 작으면 유효성을 갖는다고 하고 $\hat{\theta}_1$을 유효추정량(efficient estimator)이라고 한다.

$$E(\widehat{\theta_1}) = E(\widehat{\theta_2}) = \theta \text{ 이고 } \quad Var(\widehat{\theta_1}) < Var(\widehat{\theta_2})$$

(3) 일치성(consistency)

표본수가 증가할수록 표본에서 얻는 추정량 $\hat{\theta}$가 얼마든지 모수 θ에 가까운 추정량은 모집단 특성 θ에 대한 일치추정량(consistent estimator)이라고 한다.

(4) 충분성(sufficiency)

모집단의 모수 θ를 추정하기 위하여 동일 표본으로부터 얻은 다른 어떤 추정량보다 더 많은 정보를 제공하는 추정량을 충분충족량(sufficient estimator) 이라고 한다.

2.2 점추정량과 점추정치

표본의 데이터로부터 모수를 추정할 때 단일의 값이 되도록 추정하는 절차 또는 함수를 점추정량(point estimator)이라고 하며 그 추정량의 구체적인 값을 점추정치(point estimate)라고 부른다.

[표 8-1]에서 제시한 바와 같이 모수인 모분산(σ^2)을 추정하기 위해서 통계량 표본분산(s^2)을 사용할 때 s^2는 점추정량이며, s^2의 값은 점추정치이다.

[표 8-1] **점추정량과 점추정치의 예시**

모수	점추정량	점추정치
모평균(μ)	$\overline{x} = \dfrac{\sum x_i}{n}$	$\overline{x} = 160.2cm$
모분산(σ^2)	$s^2 = \dfrac{S}{n-1}$	$s^2 = 2.54$
모비율(P)	$p = \left(\dfrac{x_i}{n}\right)$	$\hat{p} = 0.75$

분포의 기대치를 이용하여 단 하나의 수치로 모수를 추정하는 것을 말하며 다음과 같은 통계량을 사용한다.

① 모평균 μ의 점추정

$$\overline{x} \rightarrow \mu \ \ (\text{또는 } \hat{\mu} = \overline{x} \text{ 로 표시})$$

② 모분산 σ^2의 점추정

$$s^2(V) \rightarrow \sigma^2 \ (\text{또는 } \widehat{\sigma^2} = s^2(V) \text{ 로 표시})$$

③ 모표준편차 σ의 점추정

$$\frac{\overline{R}}{d_2} \to \sigma$$

예제 1 어느 K업체 직원들의 평균신장을 파악하기 위하여 랜덤으로 직원 30명을 선정하여 키를 측정하였다. μ, σ^2 및 σ를 추정하라.

163	161	168	161	157	162	153	159	164	170
152	160	157	168	150	165	156	151	162	150
156	152	161	165	168	167	165	168	159	156

[풀이] $\hat{\mu} = \overline{x} = \dfrac{\sum x_i}{n} = 160.20$

$$S = \sum x_i^2 - \frac{(\sum x_i)^2}{n} = 770,962 - \frac{4,806^2}{30} = 1,040.8$$

$$\widehat{\sigma^2} = s^2 = \frac{S}{n-1} = \frac{1,040.8}{29} = 35.8896$$

$$\sigma = s = \sqrt{35.8896} = 5.99$$

3. 구간추정

3.1 구간추정의 개념

점추정은 하나의 모수 θ에 대한 한 개의 추정은 진실한 모수값에서 얼마나 떨어져 있는지에 관해서는 정보를 제공하고 있지 않기 때문에 모수가 포함하고 있을 것으로 추측되는 구간을 제공하는 것이 더 의미가 있을 것이다.

어떤 구간 내에 모수의 참값이 포함되는 것을 기대하는 추정치를 범위로 나타내는 것을 구간추정(interval estimation)이라고 한다. 즉, 표본으로부터 정보를 이용하여 모수의 참값이 속할 것으로 기대되는 범위를 구하는 것이다.

이 모수의 참값을 신뢰한계 사이에 포함될 가능성을 나타낼 확률로서 이를 신뢰율, 신뢰수준 및 신뢰도(confidence coefficient)이라고 하며 일반적으로 신뢰도는 90%, 95%, 99% 등이 있으며 대개 95% 신뢰도가 많이 사용된다. 즉 신뢰도 95%라고 하면 신뢰구간이 모수를 그 구간 안에 포함시킬 확률이 0.95라는 뜻이다.

위험률과 신뢰율

- 위험률, 유의수준(level of significance) = α
- 신뢰율, 신뢰수준, 신뢰도(confidence coefficient) = $1-\alpha$

각각의 신뢰수준 하에서 구한 구간 혹은 일정 확률의 범위 내에서 모수가 포함되리라고 기대되는 구간을 신뢰구간(confidence interval)이라고 한다.

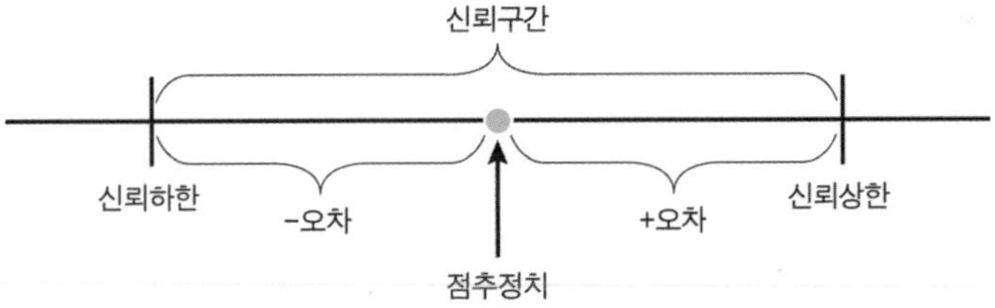

[그림 8-1] **신뢰구간의 개념도**

위험률 α는 신뢰도 $1-\alpha$와는 상반되는 개념으로 신뢰구간을 설정하는 데 영향을 미치며 동시에 모수와 통계량 간의 차이인 오차한계도 신뢰구간 형성에 밀접한 관계가 있다.

α의 값이 작을수록 신뢰수준은 높아지며 신뢰구간의 폭은 넓어진다. 또한 이 구간의 하한과 상한을 결정하는 것은 표본의 수에 따라 결정된다. 즉 샘플의 크기(n)이 클수록, 표준편차가 적을수록 신뢰구간의 폭이 좁아져서 추정의 정밀도가 좋아진다. 이 구간의 양쪽, 하한과 상한을 신뢰한계(confidence limit)라고 한다. 신뢰구간의 왼쪽을 신뢰하한(lower confidence limit)이라고 하며, 오른쪽을 신뢰상한(upper confidence limit)이라고 한다.

구간추정의 골격

• 구간추정 = 점추정 ± 위험률 × 표준편차
(허용오차)

3.2 구간추정의 일반적인 순서

[순서 1] 알고자하는 모집단이나 lot 로부터 랜덤하게 n개의 시료를 채취한다.
시료의 개수는 상황을 고려하되 가능한 30개 정도나 그 이상으로 데이터의 신뢰성 차원에서 권장한다.

[순서 2] 채취한 시료로부터 해당 모수의 통계량을 계산한다.
모평균을 알고자 할 때 $\overline{x}$, 모표준편차를 알고자 할 때 $\sqrt{V}$, 모상관계수를 알고자할 때 r 등을 계산한다.

[순서 3] 점추정량의 분포로부터 신뢰율을 나타내는 면적을 구한다.

[순서 4] 점추정량을 중심으로 ±허용오차(위험율, 표준편차)를 계산하여 구간을 설정한다.

3.3 구간추정의 구분

(1) 계량치의 추정
ⓐ 모평균의 추정 : σ를 알 때와 σ를 모를때
ⓑ 두 모평균의 차의 추정
◉ 모표준편차를 알 때
◉ 모표준편차를 모를때 { σ를 모르나 같다 / σ를 모르며 같지 않다 }
◉ 대응이 있는 평균치의 차의 추정
ⓒ 산포의 추정

◉ 모표준편차의 추정

◉ 모분산의 추정

◉ 모분산비의 추정

(2) 계수치의 추정

ⓐ 모비율(모부적합품률)의 추정

ⓑ 2조의 모비율(모부적합품률)의 차의 추정

ⓒ 부적합수(결점수)의 추정

◉ 모부적합수의 추정

◉ 단위당 부적합수의 추정

◉ 모부적합수의 차의 추정

4. 계량치의 구간추정

계량치의 추정에는 모평균, 모평균의 차, 모표준편차, 모분산 및 모분산의 차의 등이 있다.

4.1 모평균의 구간추정

모평균 μ의 추정에는 모표준편차 σ를 알고 있는 경우와 모르는 경우의 두 가지 방법이 있다.

모평균 μ의 신뢰구간의 한계는 $\bar{x} \pm Z(\frac{\alpha}{2})\sigma_{\bar{x}}$ 로 나타낼 수 있다. 여기서 모수가 신뢰구간의 상한과 하한을 벗어날 수 있는 제1종의 과오인 α를 결정해야 한다. [그림 8-1]과 같이 추정에서는 $\pm$를 통하여 상한과 하한으로 양분되기 때문에 일반적으로 α를 $\frac{\alpha}{2}$로 표시한다. 예를 들면 $\alpha = 5\%(0.05)$라고 하면 모수가 상한을 벗어날 확률은 0.025, 하한을 벗어날 확률은 마찬가지로 0.025가 된다.

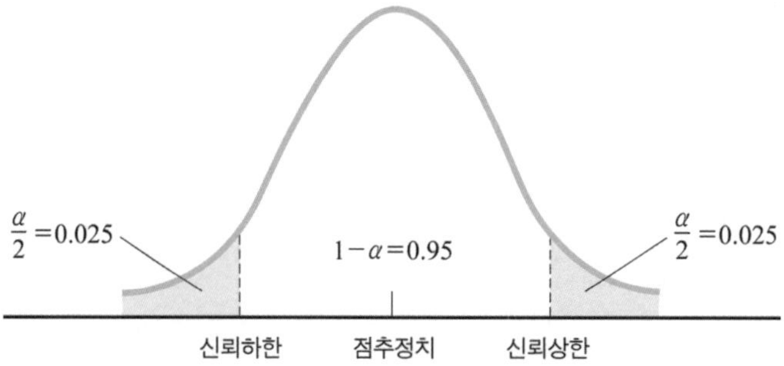

[그림 8-1] **95% 신뢰수준**

(1) 모표준편차(σ)를 알 때

모집단에서 확률변수 $X \sim N(\mu,\ \sigma^2)$인 정규분포에서 표본평균의 표본분포는 $\bar{x} \sim N(\mu,\ \frac{\sigma^2}{n})$인 정규분포에 따르며 표본통계량인 표준화 확률변수 $Z = \frac{\bar{x}-\mu}{\sigma/\sqrt{n}}$ $\sim N(0,\ 1)$인 표준정규분포에 따른다.

모평균의 신뢰율$(1-\alpha)$인 신뢰구간은 $1-\alpha = P\left[-Z(\frac{\alpha}{2}) \le Z \le Z(\frac{\alpha}{2})\right]$가 되며, 이 때 앞 식에 $Z = \frac{\bar{x}-\mu}{\sigma/\sqrt{n}}$를 대입하면 다음 식이 된다.

$$1-\alpha = P\left[-Z(\frac{\alpha}{2}) \le \frac{\bar{x}-\mu}{\sigma/\sqrt{n}} \le Z(\frac{\alpha}{2})\right]$$

위 식에서 μ에 대하여 정리하면 다음과 같이 신뢰구간을 구하는 식을 도출한다.

$$1-\alpha = P\left[\bar{x}-Z(\frac{\alpha}{2})\frac{\sigma}{\sqrt{n}} \le \mu \le \bar{x}+Z(\frac{\alpha}{2})\frac{\sigma}{\sqrt{n}}\right]$$

σ를 알 때 모평균에 대한 양쪽 구간추정

$$\hat{\mu} = \bar{x} \pm Z(\frac{\alpha}{2})\frac{\sigma}{\sqrt{n}}$$

참고로, 정규분포 하에서 신뢰구간을 설정할 때 $Z(\frac{\alpha}{2})$값은 위험률(α) 혹은 신뢰율($1-\alpha$) 에 따라 결정되며 부록에서 제시하는 표준정규분포표(3)을 참고하길 바라며, 흔히 이용하는 $Z(\frac{\alpha}{2})$값은 다음 [표 8-2]와 같다.

[표 8-2] **위험률(α)에 따른 $Z(\frac{\alpha}{2})$값**

위험률 α	신뢰율 $1-\alpha$	$\frac{\alpha}{2}$	$Z(\frac{\alpha}{2})$값
1% (0.01)	99% (0.99)	0.005	2.576
5% (0.05)	95% (0.95)	0.025	1.960
10% (0.10)	90% (0.90)	0.05	1.645

[추정의 절차]

[순서 1] 측정의 데이터로부터 시료의 평균 $\bar{x}$를 구한다.

[순서 2] 신뢰도($1-\alpha$)을 목적에 따라 정한다. 즉, 신뢰도 95%, 99%, 90% 중에서 선택한다.

[순서 3] 신뢰도에 대한 $Z(\frac{\alpha}{2})$의 값을 구한다.

[순서 4] $Z(\frac{\alpha}{2})\frac{\sigma}{\sqrt{n}}$의 값을 구한다.

[순서 5] 신뢰한계를 계산한다.

신뢰상한 $\bar{x} + Z(\frac{\alpha}{2})\frac{\sigma}{\sqrt{n}}$

신뢰하한 $\bar{x} - Z(\frac{\alpha}{2})\frac{\sigma}{\sqrt{n}}$

예제 2 어느 회사의 직원들의 건강검진 결과, 체중에 대한 산포 $\sigma = 7kg$ 로 알려져 있다. 그 중에서 랜덤하게 80명을 대상으로 체중을 측정한 결과 평균이 $62kg$이었다. 이 회사 직원들의 체중을 모평균 95% 신뢰구간으로 추정하라.

[풀이] $\mu = \overline{x} \pm Z(\frac{\alpha}{2})\frac{\sigma}{\sqrt{n}} = 62 \pm 1.96\frac{7}{\sqrt{80}} = 60.466 \sim 63.534$

예제 3 어떤 제약회사에서 약품을 제조하는데 그 순도(%)의 표준편차$\sigma = 0.5\%$ 임을 알고 있다. 이때 12개의 시료를 무작위로 추출하여 다음과 같은 데이터를 얻었다. 순도에 대한 모평균을 99% 구간 추정하라.

11.65	11.50	12.35	12.10	11.60	11.67	11.89	12.15	12.34	11.89	11.87	11.95

[풀이]

$$\mu = \overline{x} \pm Z(\frac{\alpha}{2})\frac{\sigma}{\sqrt{n}} = 11.913 \pm 2.576\frac{0.5}{\sqrt{12}} = 11.913 \pm 0.372 = 11.541 \sim 12.285$$

(2) 모표준편차(σ)를 모를 때

어떤 모집단에 대해 산포의 정보인 σ를 모르는 상태에서 표본의 크기 $n < 30$인 경우에 모평균을 추정하는 것으로, 표본통계량 $Z = \frac{\overline{X} - \mu}{\sigma / \sqrt{n}}$에서 모표준편차 σ를 모르기 때문에 표본표준편차 $s(\sqrt{V})$를 σ대신 사용하면 Z통계량에서 t통계량으로 전환하여 적용한다.

$$t = \frac{\overline{x} - \mu}{s / \sqrt{n}}$$

통계량 t는 자유도 $\nu = (n-1)$인 t분포를 한다. 즉, 모집단이 정규분포를 하고 있지만 모표준편차인 σ를 모르는 경우에는 통계량 t의 확률밀도함수를 적용하는 것이다.

모평균의 신뢰율$(1-\alpha)$인 신뢰구간은 $1-\alpha = P\left[-t(\nu,\ \frac{\alpha}{2}) \le t \le t(\nu,\ \frac{\alpha}{2})\right]$가 되며,

이 때 앞 식에 $t=\frac{\bar{x}-\mu}{s/\sqrt{n}}$ 를 대입하면 다음 식이 된다.

$$1-\alpha=P\left[-t(\nu,\ \frac{\alpha}{2})\le\frac{\bar{x}-\mu}{s/\sqrt{n}}\le t(\nu,\ \frac{\alpha}{2})\right]$$

위 식에서 μ에 대하여 정리하면 다음과 같이 신뢰구간을 구하는 식을 도출한다.

$$1-\alpha=P\left[\bar{x}-t(\nu,\ \frac{\alpha}{2})\frac{s}{\sqrt{n}}\le\mu\le\bar{x}+t(\nu,\ \frac{\alpha}{2})\frac{s}{\sqrt{n}}\right]$$

σ를 모를 때 모평균에 대한 양쪽 구간추정

$$\mu=\bar{x}\ \pm\ t(\nu,\ \frac{\alpha}{2})\frac{s}{\sqrt{n}}$$

예제 4 다음은 A회사의 직원 12명을 임의로 뽑아서 혈압(mmHg)을 측정한 데이터이다. 이 회사의 직원에 대한 평균혈압을 신뢰도 95%로 구간추정 하라.

122.6	121.5	137.3	132.1	121.6	141.6	136.9	122.5	132.4	141.9	138.8	135.5

[풀이] σ미지이므로 $\mu=\bar{x}\ \pm\ t(\nu,\ \frac{\alpha}{2})\frac{s}{\sqrt{n}}$ 공식을 적용한다.

$\alpha=0.05$, $n=12$이며

$\bar{x}=\sum x/n=1{,}584.7/12=132.058$

$S=209{,}970.75-\frac{(1584.7)^2}{12}=697.909$

$s^2=V=\frac{697.909}{12-1}=63.446$ 이므로 $s=\sqrt{63.446}=7.965$ 가 된다.

$\therefore\ \mu=132.058\ \pm\ t(11,\ 0.025)\frac{7.965}{\sqrt{12}}=132.058\ \pm\ 2.201\times2.299$

$=132.058\pm5.0600=126.998\sim137.118$

예제 5 데이터를 조사한 결과 $n=5$, $S=3.288$이었다. 모평균 μ를 구간추정하라. 단, 표준편차는 미지이고 95%의 신뢰율을 가진다.

[풀이] $\mu=\bar{x} \pm t(\nu,\ \frac{\alpha}{2})\frac{s}{\sqrt{n}}$ 에서 $s=\sqrt{\frac{S}{n-1}}=\sqrt{\frac{3.288}{5-1}}=0.9066$ 이므로

$$\therefore \mu=4.82 \pm t(4,\ 0.025)\frac{0.9066}{\sqrt{5}}$$

$$=4.82 \pm 2.776 \times \frac{0.9066}{\sqrt{5}}=4.82 \pm 1.1255=3.6945 \sim 5.9455$$

4.2 두 모평균의 차의 추정

2개의 모집단으로부터 얻은 측정치에 의거하여, 2개의 모집단의 평균의 차에 대한 신뢰구간을 구할 때 사용한다. 여기에도 모표준편차를 알고 있을 때와 모르고 있을 때를 구분한다.

(1) 모표준편차(σ)를 알 때

2개의 모집단 $X_1 \sim N(\mu_1,\ \sigma_1^2)$, $X_2 \sim N(\mu_2,\ \sigma_2^2)$ 로부터 랜덤하게 각각 $n_1,\ n_2$의 시료를 취해 구한 평균치를 $\overline{x_1}$, $\overline{x_2}$라 하면 그 시료의 분포는 다음과 같이 표현된다.

x_1의 분포 $N(\mu_1,\ \sigma_1^2/n_1)$, x_2의 분포 $N(\mu_2,\ \sigma_2^2/n_2)$ 이 된다.

따라서 평균의 차 $\overline{x_1}-\overline{x_2}$는 $N(\mu_1-\mu_2,\ \sigma_1^2/n_1+\sigma_2^2/n_2)$ 에 따른다.

분산의 가성성(加成性)법칙

평균치 차이의 추정이나 검정에서 두 집단 간의 분산이 $\frac{\sigma_1^2}{n_1}+\frac{\sigma_2^2}{n_2}$로 더해지는 것은 분산이 산포값이기 때문에 절대로 뺄 수가 없고 무조건 더해야 한다. 따라서 두 집단 간의 표준편차는 제곱근을 씌운 $\sqrt{\frac{\sigma_1^2}{n_1}+\frac{\sigma_2^2}{n_2}}$ 으로 된다.

σ를 알 때 두 모평균의 차에 대한 구간추정

$$\mu_1 - \mu_2 = (\overline{x_1} - \overline{x_2}) \pm Z(\frac{\alpha}{2}) \sqrt{\frac{\sigma_1^2}{n_1} + \frac{\sigma_2^2}{n_2}}$$

예제 6 구매부서에서 경강선재를 공급자 A사와 B사에서 납품을 받고 있다. 최근 각각 샘플을 11개, 10개씩 랜덤하게 시편을 만들어서 인장강도를 측정한 데이터는 다음과 같다. 단위는 kg/mm^2%임.

A사 경강선재	80	78	81	77	79	80	82	79	85	81	83
B사 경강선재	75	78	79	78	76	77	81	76	78	80	

두 공급사의 연강선재의 표준편차는 $\sigma = 1.8kg/mm^2$이다. 두 모평균 μ_A, μ_B의 차를 구간 추정하라. (신뢰율 95%)

[풀이] 모표준편차(σ)를 알고 있는 경우

$$\overline{x_A} = \frac{885}{11} = 80.45 \qquad \overline{x_B} = \frac{778}{10} = 77.8$$

$$\therefore\ \mu_A - \mu_B = (80.45 - 77.8) \pm 1.96 \sqrt{\frac{1.8^2}{11} + \frac{1.8^2}{10}}$$

$$= 2.65 \pm 1.541 = 1.109 \sim 4.191$$

(2) 모표준편차를 모를 때(σ를 모르나 같다고 생각될 때)

2개의 모집단의 분산이 같다고 생각될 때는 σ대신에 $s(\sqrt{V})$를 대치하며 자유도가 $(n_1 + n_2 - 2)$인 t분포를 사용한다. V는 공통표본분산(pooled sample variance)으로서 두 분산이 같다고 생각하기 때문에 x_1과 x_2의 데이터를 가지고 가중평균으로 구한다.

즉, 공통표본표준편차는 $s = \sqrt{V} = \sqrt{\frac{S_1 + S_2}{\nu_1 + \nu_2}} = \sqrt{\frac{S_1 + S_2}{n_1 + n_2 - 2}}$ 이 되며 따라서, 모평균차의 신뢰구간은 다음과 같다.

σ를 모르나 같다고 생각되는 경우 두 모평균의 차에 대한 구간추정

$$\mu_1 - \mu_2 = (\overline{x_1} - \overline{x_2}) \pm t(n_1 + n_2 - 2,\ \frac{\alpha}{2}) \sqrt{V} \sqrt{\frac{1}{n_1} + \frac{1}{n_2}}$$

예제 7 K백화점에 입점한 A, L두 화장품회사의 단골고객들을 대상으로 연령을 조사한 결과 다음과 같다. 이들 두 화장품간의 평균연령의 차이를 95% 신뢰구간을 설정하라. 단, 단골고객들의 연령은 정규분포를 따르며 모분산은 동일하다고 생각한다.

구분	조사인원수(n)	평균연령($\overline{x}$)	변동(S)
A화장품	20	49	3.4
L화장품	22	34	2.5

[풀이] 표준편차(σ)를 모르는 경우이다.

* 평균연령은 $\overline{x_A} = 49$, $\overline{x_L} = 34$ 이고

* 공통표본분산 $V = \dfrac{S_1 + S_2}{n_1 + n_2 - 2} = \dfrac{3.4 + 2.5}{20 + 22 - 2} = 0.148$

$$\therefore \mu_A - \mu_L = (49 - 34) \pm t(40,\ 0.025)\sqrt{0.148}\sqrt{\left(\frac{1}{20} + \frac{1}{22}\right)}$$

$$= 15 \pm 2.021 \times 0.119$$

$$= 15 \pm 0.24 = 14.76 \sim 15.24$$

(3) 대응있는 2조의 모평균차의 추정

2개의 모집단에서 대응하는 2조의 데이터를 얻었을 때 각각 n개씩의 표본을 채취하여 특성치(x_i, y_i)를 측정했을 때, 2조의 평균치의 차를 구간 추정하는 방법이다.

여기에는 σ를 모를 때와 σ를 알고 있을 때를 구분하여 설명한다.

① σ를 모를 때

대응하는 데이터간의 차이 $d_i = (x_i - y_i)$ 의 평균 $\overline{d}$와 불편분산 V_d를

$$\overline{d} = \frac{\sum_{i=1}^{n} d_i}{n}, \quad S_d = \sum d^2 - \frac{(\sum d)^2}{n}, \quad V_d = \frac{\sum_{i=1}^{n}(d_i - d)^2}{n-1} = \frac{S_d}{n-1},$$

$$s_d = \sqrt{V_d} = \sqrt{\frac{\sum_{i=1}^{n}(d_i - d)^2}{n-1}} = \sqrt{\frac{S_d}{n-1}}$$

단, $i = 1,\ 2, \cdots, n$이라면

$(\mu_1 - \mu_2)$의 신뢰한계는 다음과 같다.

σ를 모를 때 대응있는 2조의 모평균의 차에 대한 구간추정

$$\mu_1 - \mu_2 = \bar{d} \pm t(\nu, \frac{\alpha}{2})\frac{s_d}{\sqrt{n}}$$

② σ를 알고 있을 때

$\bar{d} = \dfrac{\sum_{i=1}^{n} d_i}{n}$, $\sigma_d = \sqrt{\dfrac{2 \times \sigma^2}{n}}$ 이라고 하면 $(\mu_1 - \mu_2)$의 신뢰한계는 다음과 같다.

σ를 알 때 대응있는 2조의 모평균의 차에 대한 구간추정

$$\mu_1 - \mu_2 = \bar{d} \pm Z(\frac{\alpha}{2})\frac{\sigma_d}{\sqrt{n}}$$

예제 8 B 휘트니스 건강센타에서는 10명의 회원들에 대하여 1개월 동안 다이어트 프로그램을 실시하기 전, 후의 몸무게를 측정하여 다음과 같은 데이터를 얻었다. 모평균에 대한 대응관계에서 차이를 95%의 신뢰구간을 구하라.

구분	1	2	3	4	5	6	7	8	9	10
전	81.8	76.4	81.5	80.4	80.2	81.5	77.5	79.2	79.4	81.0
후	74.7	70.6	73.3	75.2	74.0	76.1	72.8	73.1	74.7	74.0

[풀이] σ를 모를 때, 대응관계의 있는 다이어트 프로그램 전, 후의 모평균차의 추정은 다음과 같다.

전	81.8	76.4	81.5	80.4	80.2	81.5	77.5	79.2	79.4	81.0	합계
후	74.7	70.6	73.3	75.2	74.0	76.1	72.8	73.1	74.7	74.0	
d_i	7.1	5.8	8.2	5.2	6.2	5.4	4.7	6.1	4.7	7.0	60.4
d_i^2	50.41	33.64	67.24	27.04	38.44	29.16	22.09	37.21	22.09	49.0	376.32

$$\bar{d} = \frac{60.4}{10} = 6.04, \ S_d = 376.32 - \frac{(60.4)^2}{10} = 11.504$$

$$V_d = \frac{11.504}{9} = 1.2782$$

$$s_d = \sqrt{1.2782} = 1.1305$$

$$\therefore \mu_{전} - \mu_{후} = 6.04 \pm t(9,\ 0.025)\sqrt{\frac{1.2782}{10}}$$

$$= 6.04 \pm 2.262 \times 0.3575 = 5.231 \sim 6.849$$

예제 9 어떤 금속 제품 8개에 함유되어 있는 산화철 성분의 양을 A, B 두 가지 측정방식으로 측정하였다. 두 측정방법에 따른 차이를 유의 수준 5%로 구간 추정하라.
모두 다 정규분포를 따르고 모표준편차는 0.20%임.

방식 A	7.55	7.74	7.69	7.71	7.73	7.81	7.53	7.94
방식 B	7.92	7.77	7.75	7.78	8.13	7.99	7.83	8.00

[풀이] σ를 알고 있을 때, 대응관계의 있는 측정방식 A, B간의 모평균차의 추정은 다음과 같다.

방식 B	7.92	7.77	7.75	7.78	8.13	7.99	7.83	8.00	합계
방식A	7.55	7.74	7.69	7.71	7.73	7.81	7.53	7.94	
$d(x_A - x_B)$	0.37	0.03	0.06	0.07	0.40	0.18	0.30	0.06	1.47

$\sigma_A^2 = \sigma_B^2 = (0.2)^2$ 이고 $n_A = n_B = 8$인 대응있는 2조의 데이터가 있는 경우이다.

$$\sigma_d = \sqrt{\frac{2 \times (0.2)^2}{8}} = 0.1$$

$d = x_A - x_B$ 에서 $\sum d = 1.47$, $\bar{d} = \frac{\sum d_i}{n} = \frac{1.47}{8} = 0.184$

$$\therefore \mu_1 - \mu_2 = \bar{d} \pm Z\left(\frac{\alpha}{2}\right)\frac{\sigma_d}{\sqrt{n}} = 0.184 \pm 1.96\frac{0.1}{\sqrt{8}} = 0.115 \sim 0.253$$

4.3 산포의 추정

(1) 모분산의 추정

통계량 $\chi^2 = \dfrac{S}{\sigma^2}$ 은 자유도 $\nu = (n-1)$ 인 χ^2분포를 하며 $\sigma^2 = \dfrac{S}{\chi^2}$ 으로 표현할 수 있다. 통상, n개의 시료에 대해 변동 S를 구할 때 $\chi_0^2 = \dfrac{S}{\sigma^2}$ 가 χ_U^2 (상한) 보다 작은 값을 취할 확률을 $\alpha/2$, χ_L^2(하한)보다 큰 값을 취할 확률을 $\alpha/2$라고 하면, χ^2은 $1-\alpha = P\left[\chi_L^2 \le \chi^2 \le \chi_U^2\right]$ 내에 존재하게 된다.

따라서, 확률면적$(1-\alpha)$를 나타내는 구간은 $P\left[\chi^2(\nu,\ 1-\dfrac{\alpha}{2}) \leqq \dfrac{S}{\sigma^2} \leqq \chi^2(\nu,\ \dfrac{\alpha}{2})\right]$ 이 된다.

이것을 χ^2분포의 신뢰구간으로 다음 [그림 8-2]와 같다.

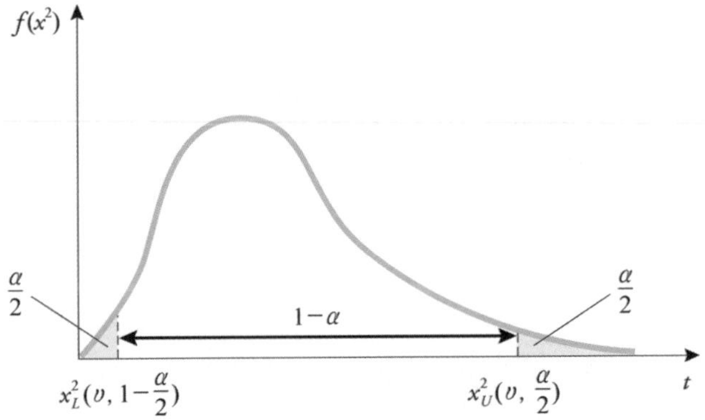

[그림 8-2] χ^2**분포의 신뢰구간**

이를 모분산 σ^2에 대해 신뢰구간을 설정하면 다음과 같다.

χ^2분포에 의한 모분산의 구간추정

$$\frac{S}{\chi^2(\nu,\ \frac{\alpha}{2})} \leq \sigma^2 \leq \frac{S}{\chi^2(\nu,\ 1-\frac{\alpha}{2})}$$

예제 11 열수지 경화판의 성분을 변경하여 시험제작한 로트로부터 8개의 시료를 랜덤으로 샘플링하여 측정한 결과 다음과 같은 데이터가 나왔다. 95%로 모분산의 신뢰구간을 추정하라.

0.03,	0.01,	0.02,	0.05,	-0.01,	0.01,	0.08,	0.05

[풀이] 먼저 변동을 구하면, $S = \sum x^2 - \frac{(\sum x)^2}{n} = 0.013 - \frac{(0.24)^2}{8} = 0.0058$

$$\frac{0.0058}{\chi^2(7,\ 0.025)} \leq \sigma^2 \leq \frac{0.0058}{\chi^2(7,\ 0.975)}$$

$$\frac{0.0058}{16.01} \leq \sigma^2 \leq \frac{0.0058}{1.69} = 0.00036 \leq \sigma^2 \leq 0.00343$$

5. 계수치의 구간추정

5.1 모비율의 추정

모집단의 비율이 P라고 하면, 이 모집단으로부터 랜덤하게 채취한 표본의 크기 n개 중 특성치 x는 n과 P에 의해 결정되는 이항분포에 따른다.

이항분포는 $p \leq 0.5$이고 $np \geq 5$일 때는 정규분포에 접근하며 이러한 조건이 만족될 때는 정규분포의 성질을 이용하여 구간추정을 할 수 있다. 또한 모비율 P에 대한 점추정은 표본비율인 $\hat{p}$를 통하여 구할 수 있다.

즉, 표본비율 $\hat{p} = \frac{x}{n}$는 모집단의 비율 P, 표준오차는 $\sigma_{\hat{p}} = \sqrt{\frac{P(1-P)}{n}}$는 $s_{\hat{p}} = \sqrt{\frac{p(1-p)}{n}}$를 사용하여 추정한다. 여기서 표준오차 $\sigma_{\hat{p}}$는 표본비율분포의 표준

편차를 말한다.

표본비율의 기댓값과 표준편차

기댓값 : $E(\hat{p}) = P$,   표준오차 : $\sigma_{\hat{p}} = \sqrt{\frac{P(1-P)}{n}}$

즉, 모비율의 표준오차인 $\sigma_{\hat{p}} = \sqrt{\frac{P(1-P)}{n}}$ 는 표본비율의 표준오차 $s_{\hat{p}} = \sqrt{\frac{p(1-p)}{n}}$ 로 모비율 P를 모르므로 통계량의 추정치 $\hat{p}$로 대체하면 $\sqrt{\frac{p(1-p)}{n}}$ 으로 바뀌게 된다.

따라서 표본의 크기 n이 큰 경우에는 중심극한정리에 의하여 표준화 확률변수 Z는 다음과 같이 변환되며 표준정규분포 $N(0,\ 1)$에 근접한다.

$$Z = \frac{p-P}{\sigma_{\hat{p}}} = \frac{p-P}{\sqrt{\frac{p(1-p)}{n}}}$$

따라서 모비율의 확률면적을 나타내는 구간은 다음과 같다.

$$\begin{aligned}
1-\alpha &= P\left[-Z(\frac{\alpha}{2}) \le Z \le Z(\frac{\alpha}{2})\right] \\
&= P\left[-Z(\frac{\alpha}{2}) \le \frac{p-P}{\sqrt{\frac{p(1-p)}{n}}} \le Z(\frac{\alpha}{2})\right] \\
&= P\left[-Z(\frac{\alpha}{2}) \cdot \sqrt{\frac{p(1-p)}{n}} \le p-P \le Z(\frac{\alpha}{2}) \cdot \sqrt{\frac{p(1-p)}{n}}\right] \\
&= P\left[p-Z(\frac{\alpha}{2}) \cdot \sqrt{\frac{p(1-p)}{n}} \le P \le p+Z(\frac{\alpha}{2}) \cdot \sqrt{\frac{p(1-p)}{n}}\right]
\end{aligned}$$

이 된다. 모비율의 구간추정 공식은 다음과 같다.

모비율의 구간추정

$$P = p \pm Z(\frac{\alpha}{2})\sqrt{\frac{p(1-p)}{n}}$$

예제 14 A할인마트에서 일회 구매금액이 30만원이상 구매하는 고객의 비율을 파악하고자 한다. 고객 100명을 무작위로 선정하여 조사한 결과 15명이 나왔다. 모비율 신뢰율 95%로 신뢰한계를 구하라.

[풀이] $p = \frac{r}{n} = \frac{15}{100} = 0.15$

$P = p \pm Z(\frac{\alpha}{2})\sqrt{\frac{p(1-p)}{n}}$ 에 의거

$= 0.15 \pm Z(0.025)\sqrt{\frac{0.15(1-0.15)}{100}} = 0.15 \pm 1.96 \times 0.0357 = 0.08 \sim 0.22$

5.2 모비율의 차에 대한 추정

두 개의 모집단의 비율을 각각 P_1, P_2라고 할 때 그 차이 $P_1 - P_2$에 대한 추정문제에 관한 사항이다. 결국 표본의 비율 p_1, p_2를 통해서 추정하여야 하며, 이미 전술한

이항분포가 어떤 조건하에서 정규분포에 접근한다는 성질과 모집단의 차의 산포는 분산의 가성성 법칙에 의해 각 모집단의 분산을 합한 것과 같다는 개념을 이용하여 표본비율의 차이 $p_1 - p_2$의 평균과 분산은

$$E(p_1 - p_2) = P_1 - P_2$$

$$V(p_1 - p_2) = \frac{P_1(1-P_1)}{n_1} + \frac{P_2(1-P_2)}{n_2}$$

$$\sigma(p_1 - p_2) = \sqrt{\frac{P_1(1-P_1)}{n_1} + \frac{P_2(1-P_2)}{n_2}}$$

이 된다. 그러나 모비율 P_1과 P_2를 알지 못하는 경우 표본비율 p_1과 p_2을 대체하여 다음과 같이 추정표준오차를 구한다.

$$s(p_1 - p_2) = \sqrt{\frac{p_1(1-p_1)}{n_1} + \frac{p_2(1-p_2)}{n_2}}$$

따라서 두 모비율의 차 $(P_1 - P_2)$에 대한 신뢰구간은 다음과 같다.

모비율의 차에 대한 구간추정

$$P_1 - P_2 = (p_1 - p_2) \pm Z(\frac{\alpha}{2})\sqrt{\frac{p_1(1-p_1)}{n_1} + \frac{p_2(1-p_2)}{n_2}}$$

예제 15 약품제조공정에 A, B 두 회사의 원료가 납품되고 있다. 이 두 회사의 원료에 대해 약품품질에 영향을 미치는 함량미달의 차이를 조사하기 위해 A, B회사 원료로 각각 만들어진 약품 중에서 랜덤하게 120개, 150개의 약품을 추출하여 함량미달개수를 세어보니 각각 12개, 9개 이였다. (A사 함량미달 p_1, B사 함량미달 p_2) 두 회사 함량미달의 차이를 95% 신뢰구간으로 구하라.

[풀이] $p_1 = \frac{12}{120} = 0.1$, $p_2 = \frac{9}{150} = 0.06$ 이므

$$P_1 - P_2 = (p_1 - p_2) \pm Z(\frac{\alpha}{2})\sqrt{\frac{p_1(1-p_1)}{n_1} + \frac{p_2(1-p_2)}{n_2}}$$

$$= (0.1 - 0.06) \pm Z(\frac{\alpha}{2})\sqrt{\frac{0.1(1-0.1)}{120} + \frac{0.06(1-0.06)}{150}}$$

$$= 0.04 \pm 1.96 \times 0.0336$$

$$= 0.04 \pm 0.0658 = -0.0258 \sim 0.1058$$

5.3 부적합수의 추정

(1) 모부적합수의 추정

모집단의 부적합수를 C, 표본 중에 나타난 부적합수를 c라고 하면 사고건수나 질병감염수 등 부적합수 분포는 보통 모부적합수 C의 포아송 분포에 따르며 평균과 분산은 $E(c) = C$, $V(c) = C$로 된다. 따라서 부적합수 C의 점추정량은 $C = c$가 되고

$V(c) = C = c$ 가 된다.

분포의 평균치가 $m \geq 5$일 때는 정규분포에 근사하므로 정규분포의 개념을 이용하여 신뢰구간을 설정한다.

모부적합수에 대한 구간추정

$$C = c \pm Z(\frac{\alpha}{2})\sqrt{c}$$

예제 16 A공정의 사출제품의 외관 검사를 한 결과 부적합수가 22개 이었다. 모부적합수의 신뢰구간을 99%로 추정하라.

[풀이] $c = 22,\ Z(0.01/2 = 0.005) = 2.58$

$$C = 22 \pm 2.58\sqrt{22} = 9.90 \sim 34.10$$

(2) 단위당 부적합수의 추정

단위당 모부적합수 U를 추정하는 식은 c대신에 단위당 부적합수 $u = \frac{c}{n}$를 사용하여 정리하면 U의 신뢰구간은 다음과 같다.

단위당 부적합수에 대한 구간추정

$$U = u \pm Z(\frac{\alpha}{2})\sqrt{\frac{u}{n}}$$

예제 17 15매의 석판에서 30개의 흠을 발견하였다. 석판 1매당 모부적합수의 95% 신뢰구간은?

[풀이] $u = \frac{c}{n} = \frac{30}{15} = 2$ 이므로

$U = u \pm Z(\frac{\alpha}{2})\sqrt{\frac{u}{n}}$ 에 적용하면,

$$U = 2 \pm 1.96\sqrt{\frac{2}{15}} = 1.28 \sim 2.72$$

(3) 모부적합수의 차의 추정

두 모집단에 대한 모부적합수의 차의 추정에 대한 신뢰구간 $C_1 - C_2$는 다음과 같다.

모부적합수 차이에 대한 구간추정

$$C_1 - C_2 = (c_1 - c_2) \pm Z(\frac{\alpha}{2})\ \sqrt{c_1 + c_2}$$

예제 18 어느 A, B 두 공정에서 A공정은 제품의 길이 1,000m에 흠이 45개, B공정에서는 같은 길이에서 흠이 41개였다. A, B공정의 흠의 수는 차이가 얼마인가? $\alpha = 0.01$

[풀이] $c_A = 45,\ c_B = 41$ 이고 $\alpha = 0.01$

$$C_A - C_B = (c_A - c_B) \pm Z(\frac{\alpha}{2})\sqrt{c_A + c_B}$$

$$= (45 - 41) \pm 2.58\sqrt{45 + 41} = 4 \pm 23.926$$

$$= -19.926 \sim 27.926$$

6. 표본크기의 결정

모평균이나 모비율의 구간추정의 폭은 점추정치를 기점으로 하여 허용오차(위험률, 표준편차, 표본크기)를 더해주고 빼주어서 결정된다. 즉, 신뢰구간의 폭을 결정하는 것은 신뢰도$(1-\alpha)$와 표본의 크기이다. 모집단의 모수에 대한 구간의 폭을 결정할 때 표본의 크기 n은 매우 중요하다.

표본의 크기란 통계적으로 신뢰할 만한 추정치를 얻기 위하여 모집단으로부터 추출해야 하는 수량을 말한다. 표본의 크기는 조사의 목적, 조사시간, 비용 및 인력 등 여러 사항을 고려하여 결정해야 한다. 표본크기는 시간, 비용 및 인력 등 제약조건이 허용하는 한 클수록 좋다.

신뢰도만 고려한다면 신뢰구간이 길면 좋으나 정보로서의 가치는 감소됨으로 신뢰도를 높이면서 신뢰구간을 짧게 하는 것이 바람직할 것이다. 일반적으로 추정량의 측정오차는 표본의 크기가 증가함에 따라 줄어들지만 비용이 증가하게 되므로 최소한의 표본크기를 결정하여야 한다. 즉, 표본의 크기를 결정하는 요인은 ① 신뢰도 ② 모집단의 표준편차 ③ 허용오차의 크기 등이다.

6.1 모평균의 신뢰구간을 설정하기 위한 표본크기

(1) σ를 알고 있는 경우 표본크기의 결정

모표준편차 σ를 알고 있는 경우 모평균 μ를 추정하기 위해 신뢰구간을 설정한다면 신뢰구간의 한쪽 폭을 추정치의 최대허용오차(오차한계)라고 하면 이를 e라고 표기하기로 한다.

$$e = Z(\frac{\alpha}{2}) \cdot \frac{\sigma}{\sqrt{n}}$$

이 식을 n에 관하여 풀면 다음과 같이 표본크기를 결정한다.

σ를 알고 있는 경우 표본크기의 결정

$$n = \left(\frac{Z(\frac{\alpha}{2}) \cdot \sigma}{e} \right)^2$$

$Z(\frac{\alpha}{2})$ = 정규분포의 Z값　　e = 최대허용오차

예제 19 구로공단지역의 근로자의 년평균 임금(총임금)을 추정하고자 한다. 95% 신뢰수준으로 추정오차가 10만원 이내가 되도록 한다면 표본의 크기 n은 얼마로 설정해야하는지를 계산하라. 이때 표준편차는 100만원, 비표준오차는 없다고 함)

[풀이] $n = \left(\frac{Z(\frac{\alpha}{2}) \cdot \sigma}{e} \right)^2$ 에서 $n = \left(\frac{1.96 \cdot 100}{10} \right)^2 = 384.16 \fallingdotseq 385$

(2) σ를 모르는 경우 표본크기의 결정

모표준편차 σ를 모르는 경우에는 모표준편차 σ 대신 표본에서의 통계량을 구하여 표본표준편차 s 혹은 $\sqrt{V}$를 적용한다. 이때 분포는 표준정규분포에서 t분포로 전환된다.

t분포는 σ를 모르고 표본의 크기 n이 작을 때 즉, $n < 30$일 경우에 주로 사용하며, 표본의 크기 n이 ∞로 되면 표준정규분포에 접근한다. 따라서 표본의 크기 $n \geq 30$일 경우에는 t분포나 표준정규분포 어떤 분포라도 결과는 비슷하게 나타난다.

σ를 모르는 경우 표본크기의 결정

$$n = \left(\frac{t(\nu,\ \frac{\alpha}{2}) \cdot s}{e} \right)^2 \qquad t(\nu,\ \frac{\alpha}{2}) = t\text{분포의 값} \qquad e = \text{허용오차크기}$$

예제 20 A그룹회사의 직원들에 대한 연평균 가계비 중 문화비 지출을 조사하기 위하여 8명 직원을 무작위로 추출하여 다음과 같은 자료를 얻었다. 회사에서는 신뢰도 95%, 표본평균이 모평균 문화비의 ±25만 원 이내의 표본오차로 추정하고자 한다. 표본의 크기 n을 얼마 더 추출해야 하는지를 계산하라.

350	430	258	440	357	180	110	215	(단위 : 만원)

[풀이] $\bar{x} = \frac{2,340}{8} = 292.5 \qquad S(\text{변동}) = 785,738 - \frac{(2,340)^2}{8} = 101,288$

$$s = \sqrt{\frac{101,288}{8-1}} = 120.290$$

$$n = \left(\frac{t(\nu,\ \frac{\alpha}{2}) \cdot s}{e} \right)^2 = \left(\frac{2.365 \times 120.290}{25} \right)^2 = 129.49 \fallingdotseq 130$$

☞ 추가적으로 추출해야 할 수는 $130 - 8 = 122$개임.

σ를 모르는 경우 표본크기의 결정($n \geq 30$인 경우)

$$n=\left(\frac{Z(\frac{\alpha}{2})\cdot s}{e}\right)^2 \quad Z(\frac{\alpha}{2})=\text{정규분포의 } Z\text{값} \quad s=\text{표본 표준편차} \quad e=\text{최대허용오차}$$

6.2 모비율의 신뢰구간을 설정하기 위한 표본크기

(1) p를 알고 있는 경우 표본크기의 결정

모비율 p를 알고 있는 경우 모비율 p에 대한 신뢰구간의 한쪽 폭을 추정치의 최대허용오차(오차한계)라고 하면 이를 e라고 표기하기로 한다.

$$e = Z(\frac{\alpha}{2})\sqrt{\frac{p(1-p)}{n}}$$

이 식을 n에 관하여 풀면 다음과 같이 표본크기를 결정한다.

p를 알고 있는 경우 표본크기의 결정

$$n=\left(\frac{Z(\frac{\alpha}{2})\sqrt{p(1-p)}}{e}\right)^2 \quad Z(\frac{\alpha}{2})=\text{정규분포의 } Z\text{값} \quad p=\text{표본비율} \quad e=\text{최대허용오차}$$

예제 21 기계부품 가공라인에서 공정간 검사를 실시한 결과 55개 중에서 5개가 불량품으로 나왔다. 이 가공라인의 불량률을 추정할 때 오차한계는 $\pm 3\%$, 신뢰도 95%로 하여 추가적으로 표본을 몇 개 더 추출하여야 하는가?

[풀이] $p=\dfrac{5}{55}=0.0909$

$$n=\left(\frac{1.96\sqrt{0.0909(1-0.0909)}}{0.03}\right)^2=352.72 \fallingdotseq 353$$

☞ 추가적으로 추출해야 할 수는 $353-55=298$개임.

(2) p를 모르는 경우 표본크기의 결정

모비율에 대한 신뢰구간을 추정하기 위한 표본크기의 결정에서 표본비율 p를 모를 경우, 예비조사나 과거에 경험이 없는 경우에 표본의 크기가 가능한 크게 결정해야 한다. 따라서 $p=0.5$일 때 $p(1-p)=0.25$로서 최대가 되므로 $p=0.5$를 적용한다.

p를 모르는 경우 표본크기의 결정

$$n=\left(\frac{Z(\frac{\alpha}{2})(0.5)}{e}\right)^2 \qquad Z(\frac{\alpha}{2})=\text{정규분포의 } Z\text{값} \quad p=\text{표본비율} \quad e=\text{최대허용오차}$$

예제 22 K공단지역에 근무하는 직원들의 건강 검진율을 조사하고자 한다. 실제 건강 검진율과 추정치의 차이가 3% 이내에서 신뢰율 95%로 추정하기 위해서는 표본의 크기를 어느 정도 결정할 것인지를 계산하라.

[풀이] $n=\left(\dfrac{1.96\times0.5}{0.03}\right)^2=1,067.111 \fallingdotseq 1,068$

Review Lecture

본 Review Lecture는 강의를 통하여 배운 내용을 교수님이 직접 학생들에게 질문형식을 통하여 강의 내용을 점검하고 마무리하는 코너입니다. ______ 같이 풀어 보실까요?

01 다음 내용은 추정에 관한 기본개념에 관한 내용이다. 해당되는 용어를 보기에서 선택하여 ( ) 속에 넣어라.

① 추정치	② 통계적 추정	③ 추정량	④ 모수
⑤ 구간추정	⑥ 점추정량	⑦신뢰율	⑧ 점추정치

(1) 표본(시료)의 특성을 분석하여 얻은 정보를 통하여 모집단의 특성을 추측하는 것을 (   )이라고 한다.

(2) (   )란 모집단의 특성을 나타내는 수치(평균, 분산, 비율 등)를 말한다.

(3) 모수의 (   )이란 표본의 정보를 획득하여 모집단의 모수를 추정하는 근사값을 제시하는 확률변수이며, (   )란 추정량의 특정값을 말한다.

(4) 어떤 구간을 설정하여 이 범위 내에 모수가 포함하고 있을 것이라고 추정하는 것을 (   )이라고 한다.

(5) 표본의 데이터로부터 모수를 추정할 때 단일의 값이 되도록 추정하는 절차 또는 함수를 (   )이라고 하며 그 추정량의 구체적인 값을 (   )라고 부른다.

(6) 모수의 참값을 신뢰한계 사이에 포함될 가능성을 나타낼 확률로서 이를 (   )이라고 한다.

02 치우침이 없고 정밀도가 좋은 점추정량이 되기 위해서는 갖추어야 할 조건이다. 적절한 용어를 선택하라.

① 일치성	② 불편성	③ 유효성	④ 충분성

(1) (   )

추정량($\hat{\theta}$)의 표본분포의 기대값이 추정하고자 하는 모집단 모수 θ와 같아질 때 추정량 ($\hat{\theta}$)는 모수의 불편추정량이라고 한다.

(2) (   )

두 추정량이 모두 불편추정량인 상황에서 $\hat{\theta}_1$과 $\hat{\theta}_2$가 있을 때 각 분산을 비교하여 $\hat{\theta}_1$의 분산이 작으면 유효성을 갖는다고 하고 $\hat{\theta}_1$을 유효추정량(efficient estimator)이라고 한다.

(3) (   )

표본수가 증가할수록 표본에서 얻는 추정량 $\hat{\theta}$가 얼마든지 모수 θ에 가까운 추정량은 모집단 특성 θ에 대한 일치추정량(consistent estimator)이라고 한다.

(4) (   )

모집단의 모수 θ를 추정하기 위하여 동일 표본으로부터 얻은 다른 어떤 추정량보다 더 많은 정보를 제공하는 추정량을 충분충족량(sufficiency estimator) 이라고 한다.

연 / 습 / 문 / 제

01 다음 데이터에 의하여 μ, σ^2 및 σ를 추정하라.

10.55 10.25 10.50 9.75 10.50 10.75 10.50 10.45 10.95 11.50

02 수도권 지역에 소재하고 있는 종합병원을 대상으로 암환자에 대한 입원기간을 조사하였다. 그 중에서 임의로 암환자 58명에 대하여 조사한 결과 평균 입원기간이 99일 이었다. 일려져 있는 모표준편차는 30일이었다. 평균 입원기간에 대한 95% 신뢰율로 추정하라.

03 1주일 동안 어떤 기계에 의하여 생산된 200개의 베어링의 반지름을 측정한 결과 표본평균 0.824cm, 표본 표준편차 0.042cm를 얻었다. 베어링의 평균에 대한 99%신뢰구간을 구하라.

04 어떤 약품공정에서 불순물 함량의 산포는 $\sigma = 0.78\%$로 알려져 있다. 그 공정에서 시료를 9개 샘플링하여 불순함량을 분석하였더니 그 평균치가 1.78%이었다.
이 공정의 불순물함량의 모평균은 95%의 신뢰도로써 추정하라.

05 어떤 부품이 로트로부터 10개의 시료를 랜덤 샘플링하여 측정한 결과 다음과 같은 데이터를 얻었다. 이 부품 경도의 모평균에 대한 신뢰구간을 구하라.($\alpha = 5\%$ 임)

74, 67, 62, 59, 69, 66, 65, 68, 65, 67 (단위: H_RB)

06 어느 제약회사에서 개발한 약품이 비만에 미치는 정도를 조사하기 위하여 실험동물 50마리를 대상으로 실험을 하였다. 평균중량이 655g이었다. 모평균 99% 신뢰구간으로 추정하라. 단 표준편차는 8g으로 알려져 있다.

07 A사 제품과 B사 제품의 로트로부터 시료를 각각 10개, 8개씩 랜덤하게 샘플링하여 그 순도를 측정한 결과 다음과 같은 데이터를 얻었다. (단위 : %)

표본구분	데이터(%)									
표본 A	95.7	95.3	95.9	95.6	95.6	95.8	94.8	95.0	95.8	94.7
표본 B	95.2	95.0	94.4	94.4	95.1	94.8	94.2	94.5		

표준편차는 각각 $\sigma_A = 0.2\%$, $\sigma_B = 0.15\%$이다. 두 모평균μ_A, μ_B의 차를 구간 추정하라. (신뢰율 95%)

08 두 개의 모집단으로부터 독립적으로 추출된 두 표본에 대한 자료가 다음과 같다. 모평균에 대한 차의 추정을 99%로 하라.

표본구분	표본의 크기	표본평균	표준편차
표본 A	15	134.8	8.3
표본 B	20	125.3	7.1

09 A사 제품과 B사 제품의 로트로부터 시료를 각각 8개씩 랜덤하게 샘플링하여 그 순도(%)를 측정한 결과 다음과 같은 데이터를 얻었다. 두 모평균μ_A, μ_B의 차를 구간 추정하라. (신뢰율 95%)

표본구분	데이터(%)							
표본 A	45.4	45.8	45.0	44.8	45.8	45.6	45.7	45.9
표본 B	44.3	44.7	45.0	44.6	44.7	45.2	45.1	45.0

10 어떤 유기합성반응에서 반응온도를 80℃와 70℃로 하여 각각 6회 합성하고 그 비중을 측정하였다. 두 조건의 대응관계가 있는 비중의 차를 95% 신뢰구간을 구하라.

No	A(70℃)	B(80℃)
1	0.83	0.80
2	0.88	0.85
3	0.87	0.83
4	0.83	0.80
5	0.79	0.76
6	0.83	0.81

11 설탕 10kg씩 포장하는 A공정에서 중량을 다음과 같이 측정하였다. 이 특성치의 분산에 대한 신뢰구간을 구하라.(신뢰율 95%)

12 우리나라의 남자 성인의 흡연율을 조사하기 위하여 500명을 랜덤하게 뽑아 확인한 결과 40명이 흡연을 하고 있었다. 남자 성인 흡연율을 신뢰율 95%로 추정하라.

13 작업표준에 의해 제조하고 약품공정을 확인한 결과, 1로트 중 120개의 시료를 샘플링하여 측정한 결과 5개의 불량품이 나왔다. 신뢰율 99%로 모불량률의 신뢰한계를 구하라.

14 어떤 합성수지 제품의 자동 프레스공정이 있다. 2대로 기계 작업을 하는데 그 기계의 성능을 비교하기위하여 다음과 같은 데이터를 얻었다. 두 개의 모불량률의 차의 신뢰구간을 구하라.(신뢰율 95%)

	I	II
시 료	100	200
불량품	7	12

15 A지역의 주민 130명을 대상으로 한 설문조사에서 감기에 걸렸을 때 어떻게 조치를 취하는지를 확인하였다. 그 중에서 병원에 가서 치료를 받는 사람은 45명이었다. 병원에 가서 치료를 받는 비율을 95% 신뢰구간으로 추정하라.

16 도금공정에서 A, B 두 회사의 원료가 납품되고 있다. 이 두 회사의 원료에 대해 제품에 미치는 불량율 차를 조사하기 위해 A, B회사 원료로 각각 만들어진 제품 중에서 랜덤하게 120개, 150개의 제품을 추출하여 불량개수를 세어보니 각각 12개, 9개였다.
(A사 불량 p_1,B사 불량 p_2) 두 회사 불량률의 차를 99% 신뢰구간으로 구하라.

17 어느 A, B 두 공정에서 A공정은 제품의 길이 100m에 흠이 35개, B공정에서는 같은 길이에서 흠이 42개였다. A, B공정의 흠의 수는 차이가 얼마인가? $\alpha = 0.05$

18 표본의 결점수가 16일 때 모결점수의 신뢰한계를 구하라.(신뢰율 95%)

19 100매의 석판에서 30개의 흠을 발견하였다. 석판 1매당 모결점수의 95% 신뢰구간은?

20 A, B 두 공정에서 A공정은 제품의 길이 10000m에 흠이 28개, B공정에서는 같은 길이에서 흠이 37개였다. A, B공정의 흠의 수는 차이가 얼마인지 추정하라. $\alpha = 0.05$

21 A제품에 대한 고객들의 재구매율을 조사하기 위하여 99%신뢰도에서 $\pm 5\%$ 이내의 정확도를 유지하려면 최소한 표본의 크기를 몇 개 추출하여야 하는가?

제9장

검정

통계적 추론의 또 다른 분야가 가설검정이다. 가설검정은 모집단의 특성에 대하여 두 가지 가설을 세워서 표본을 통하여 얻은 통계량을 가지고 귀무가설의 채택 혹은 기각을 결정하여 판정하는 것이다. 제8장에서 학습한 추정은 모수의 값을 추측하는 반면 검정은 모수에 대한 각각의 주장이나 가정이 사실인지 아닌지를 판정하는 추측통계학의 중요한 분야이다.

제9장에서는 계량치의 검정, 계수치의 검정에 대하여 설명하고자 한다.

1. 검정(test)의 개요

1.1 검정이란?

생산이나 기술개발 시 몇 개의 물품(부품, 제품)을 시료로 채취하여 그것의 특성치를 측정한다. 이러한 행위는 단지 표본으로 채취한 특성을 통하여 연구대상의 집단 혹은 알려고 하는 집단 등의 모집단에 대한 평균이나 산포의 상태에 관한 정보를 획득하여 조치를 취하려는 것이다. 이러한 과정의 통계적 수법의 하나로 검정(test)이 사용된다.

검정이란?

모집단의 모수의 값이나 확률분포에 대하여 어떤 가설을 설정하고 이 가설의 성립여부를 표본의 데이터로 판단하여 통계적 결정을 내리는 것을 통계적 가설검정(statistical hypothesis testing) 혹은 가설검정(hypotheses test), 그리고 간단히 검정(test)이라고 한다.

검정은 추정과는 달리 '모집단에 관한 가설이 먼저 설정'되며 이 가설이 성립된다고 보아도 이상하지 않는가의 여부를 파악하기 위하여 표본의 데이터에서 얻은 통계량의 값을 구하여 판단한다.

예를 들어 쉽게 설명하자면, 검정은 집에 사람이 있느냐, 없느냐를 확인하는 것이고, 추정은 그 확인 결과 사람이 있다면 과연 몇 사람이 있는지 등의 양적인 추측을 의미한다. 따라서 추정과 검정의 학문적인 순리는 검정을 한 후 그 유의성이 확인되면 추정의 과정을 거치는 것이다.

검정의 사례

① 어떤 원재료의 인장강도가 A사 제품과 B사 제품과의 차이가 있는가, 없는가?
② 성인남자의 B형 간염율은 0.05보다 낮은가, 높은가?
③ A 대학의 신입생들의 영어 평균점수가 60점보다 낮은가, 높은가?
④ 동일 공정의 기계 중 A기계와 B기계 중 각각의 불량률은 차이가 있는가, 없는가?
등의 판단에 관한 문제에 적용된다.
⑤ 환경오염 기준치를 지키는 준수율이 일정기준 미만인가, 이상인가?
⑥ 우리나라의 실업률이 주장하는 수치와 차이가 있는가, 없는가?

검정의 대상으로 삼는 가설을 귀무가설(null hypothesis)이라고 하며, 이에 대립하거나 반대하는 개념으로 부정하는 가설을 대립가설(alternative hypothesis) 혹은 연구가설이라고 한다. 보통 귀무가설은 기호로 H_0로, 대립가설은 H_1으로 표시한다.

귀무가설 H_0는 작업방법 개선 전 · 후, 설계변경 전 · 후, 금형수정 전 · 후, 작업자 A · B 등의 관계에서 '달라지지 않았다' 혹은 '같다'라는 관계를 가설로써 설정한다.

'귀무'라는 말은 설정된 가설이 채택되지 않으면 없는 것으로 본다는 의미가 내포되어 있다. 즉 '유의수준 5%로 귀무가설이 채택되었다'라고 하는 것은 기존의 주장, 의식, 인식관계가 변함이 없다는 것을 의미하므로 현재의 상황을 인정하는 소위 '보수파'로 해석할 수 있을 것이다.

이와 반대로, 대립가설 H_1은 귀무가설이 기각되었을 때 채택되는 가설이 되며 이 것은 상기 언급한 변경 전 · 후 관계가 '달라졌다', '차이가 있다', 'A보다 B가 크다' 등의 관계를 가설로써 설정되어진다. 즉 '유의수준 5%로 귀무가설이 기각되고 대립가설이 채택되었다'라고 하는 것은 현재를 부정하는 상황이므로 이를 소위 '개혁파'로 이해할 수 있을 것이다.

귀무가설과 대립가설

① 귀무가설 : 모집단에 대한 주장이나 가정의 진실을 검정하기 위하여 대상으로 삼는 가설

② 대립가설 : 귀무가설과 대립되거나 이 가설을 부정하는 경우 채택하는 가설

가설검점의 결과, 귀무가설이 사실인데도 불구하고 「변경 전 · 후 관계가 유의적인 관계, 즉 차이가 있다고 볼 수 있다.」고 잘못 판단하여 대립가설을 채택하는 오류를 '제 1 종의 과오'(Type I error)라고 부르며, 통상 확률로 $\alpha = 1\%$ 또는 $\alpha = 5\%$로 설정하여 표시하며 이를 '위험률', '유의수준'(level of significance)이라고 부른다. 가설 검정에서는 제 1 종의 과오를 범하는 확률을 유의수준 α로 설정하고 가설 판단의 기준이 된다. 유의수준을 결정하는 것은 실험목적이나 판정결과의 영향정도에 따라 달라진다. 따라서 특별한 조건이 주어지지 않으면 위험률 $\alpha = 5\%(0.05)$를 선택하는 것이 보통이다. 만일 차이가 없는데도 불구하고 있다고 잘못 판단하였을 때 손실이 매우 크거나, 실험 그 자체의 정보로만 활용하는 경우는 위험율 $\alpha = 1\%(0.01)$ 또는 그 이하의 값으로 선택한다.

위험률 / 유의수준

가설검정의 결과 귀무가설이 사실인데도 불구하고, 「변경 전 · 후 관계가 유의적인 관계, 즉 차이가 있다고 볼 수 있다.」고 잘못 판단하여 대립가설을 채택하는 오류의 확률

「변경 전 · 후 관계가 차이가 있다고 할 수 없다」라는 오류를 범할 수 있는데, 이는 귀무가설이 사실이 아닌데도 불구하고 이를 받아들이는 오류를 '제 2 종의 과오'(Type II error)라고 하며 β로 나타내며, $(1-\beta)$의 값을 **검정력**(power of a test)이라고 한다. 검정력이란 검정하려는 귀무가설이 옳지 않은 경우에 이를 기각하는 확률이므로 귀무가설의 잘못을 검출하는 확률이 된다.

검정통계량도 하나의 확률변수이며 어떤 확률분포도 갖는다. 검정통계량의 분포를 알면 그 통계량이 취할 수 있는 구간을 **기각역**(rejection region)과 **채택역**(acceptance region)으로 나누어, 검정통계량의 계산된 값이 기각역에 위치하면 귀무가설을 기각하고, 채택

역에 위치하면 채택하게 된다. 기각역과 채택역을 나누는 경계치를 임계치 혹은 기각치(critical value)라고 부른다.

임계치 / 기각치

유의수준이 결정되고 검정통계량의 계산된 값이 기각역에 위치하면 귀무가설을 기각하고, 채택역에 위치하면 채택하게 되며 이러한 기각역과 채택역을 나누는 기준 경계 지점

1.2 판단 과오의 종류

검정과 관련하여 판단 과오의 종류에는 제 1 종의 과오와 제 2 종의 과오가 있다.

과오의 종류에 따라 다음과 같이 판단의 상황에서 저지를 수 있는 과오들을 예시하면 다음과 같다.

(1) 제 1 종의 과오(type Ⅰ error) – α

① 맞는데도 불구하고 틀렸다고 판단하는 과오

② 양품인데도 불구하고 불량품으로 판단하는 과오 – 생산자 위험

③ 무죄인데도 불구하고 유죄라고 판단하는 과오

④ 부하가 일을 잘하는데도 불구하고 잘못한다고 판단하는 과오

⑤ 귀무가설(H_0)을 채택해야 하는데도 불구하고 기각되어 버리는 과오

(2) 제 2 종의 과오(type Ⅱ error) – β

① 틀린데도 불구하고 맞다고 판단하는 과오

② 불량품인데도 불구하고 양품으로 판단하는 과오 – 소비자 위험

③ 유죄인데도 불구하고 무죄라고 판단하는 과오

④ 부하가 일을 잘 못하는데도 불구하고 잘한다고 판단하는 과오

⑤ 귀무가설(H_0)을 기각해야 하는데도 불구하고 채택되어 버리는 과오

[표 9-1]은 제 1 종 과오와 제 2 종 과오의 차이점을 표로써 비교하고 있다.

[표 9-1] **제 1 종 과오와 제 2 종 과오의 비교**

H_0사실여부 / 검정결과	H_0이 사실인 경우	H_0이 거짓인 경우
H_0 채택	옳은 결정 신뢰도 $= 1-\alpha$	제 2 종의 과오 확률 $= \beta$
H_0 기각	제 1 종의 과오 유의수준, 위험률 $= \alpha$	옳은 결정 검출력 $= 1-\beta$

주 : 1) 신뢰도$= 1 - \alpha$ (사실을 사실이라고 판단하는 능력)
2) 검출력$= 1 - \beta$ (거짓을 거짓이라고 판단하는 능력)

귀무가설(H_0)을 채택 혹은 기각할 때 유의수준(위험율) α로 임계치를 설정하면 다음과 같은 제 2 종의 과오가 발생한다는 것을 전술한 바 있으며, 좀 더 상세하게 α, β간의 관계를 알아본다. [그림 9-1]에서 α, β 및 $(1-\beta)$의 관계를 다음과 같이 정리한다.

① 시료크기 n이 일정할 경우, 기각역을 넓히면 α는 증가하고 β는 감소한다.

② 시료크기 n이 증가할 경우, α는 증가하고 β는 감소한다.

③ 시료크기 n이 일정하면, α를 작게 할수록 β는 커진다.

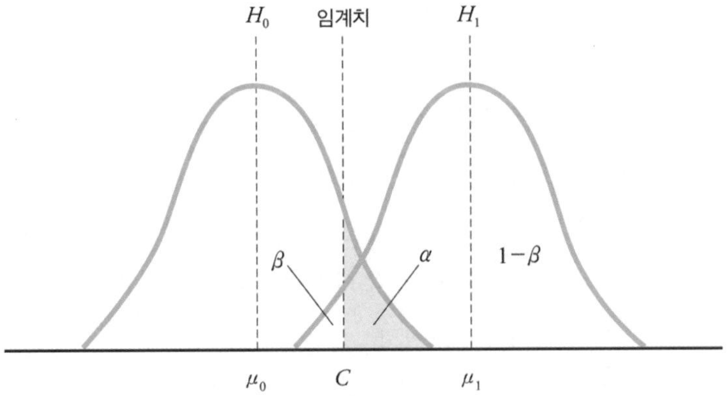

[그림 9-1] **제 1 종 과오와 제 2 종 과오**

④ α를 일정하게 하면, 시료의 크기가 클수록 β는 작아진다.

⑤ α값을 증가시키려면 n을 증가시키든가 혹은 σ를 감소시킨다.

통계적 검정은 표본수가 적으므로 제 2 종의 과오(β)를 발견하기가 곤란할 뿐만 아니라 α에 대한 위험이 β보다 훨씬 크기 때문에 α의 과오를 제어하게 된다. 일반적으로 유의수준 α를 1%, 5%, 10%를 가지고 결정하는 이유가 여기 있다.

1.3 가설 검정의 영역

가설검정에서 대립가설이 나오는 모수의 영역은 한쪽 또는 양쪽에 있게 된다. 즉 한쪽검정과 양쪽검정으로 나누어 알아본다.

(1) 한쪽검정(one-tailed test)

귀무가설(H_0)의 기각역을 분포의 한쪽만을 설정하는 검정으로 대립가설(H_1)이 부등호($<$, $>$)의 관계를 표시한다. 또한 한쪽검정은 기각역의 원리상 한쪽밖에 고려할 수 없거나, 한쪽의 기각역을 무시하는 경우에 적용한다.

예를 들면, A와 B와의 관계에서 큰가, 작은가, 낮은가, 높은가, 좋은가, 나쁜가, 증가했나, 감소했나, 커졌나, 작아졌나, 두꺼운가, 얇은가? 등의 대소관계가 분명한 경우 적용한다. 이러한 검정을 단측검정이라고도 한다.

(2) 양쪽검정(two-tailed test)

귀무가설(H_0)의 기각역을 분포의 양쪽만을 설정하는 검정으로 대립가설(H_1)이 부등호($\neq$)의 관계를 표시한다. 예를 들면, A와 B와의 관계에서 차이가 있는가, 없는가, 다른가, 같은가, 변하였나, 변하지 않았나? 등의 대소관계가 분명하지 않은 경우 적용한다. 이러한 검정을 양측검정이라고도 한다.

[그림 9-2] 및 [표 9-2]를 통하여 한쪽검정과 양쪽검정에 대한 이해를 정확히 하도록 한다.

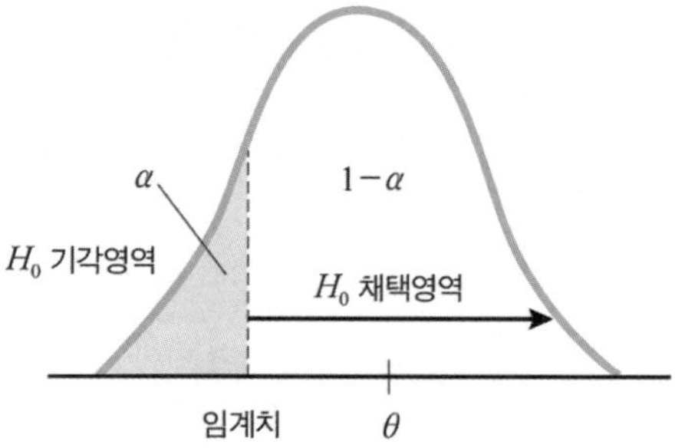

(1) 한쪽검정(왼쪽)

$H_0 : \theta = \theta_0$
$H_1 : \theta < \theta_0$

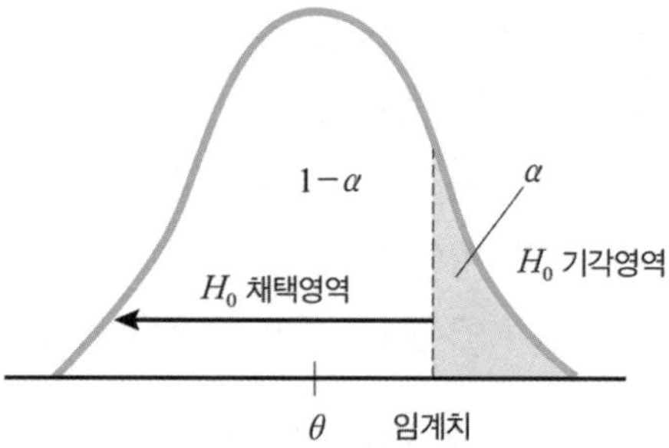

(2) 한쪽검정(오른쪽)

$H_0 : \theta = \theta_0$
$H_1 : \theta > \theta_0$

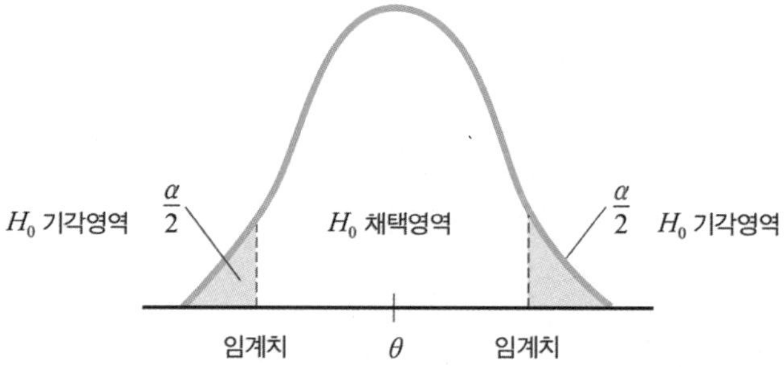

(3) 양쪽검정

$H_0 : \theta = \theta_0$
$H_1 : \theta \neq \theta_0$

[그림 9-2] **한쪽검정과 양쪽검정**

[표 9-2] **가설의 표시 방법**

구 분		한 쪽 검 정		양 쪽 검 정
표시 방법	귀무 가설	$H_0 : \theta = \theta_0$ or $H_0 : \theta \geq \theta_0$	$H_0 : \theta = \theta_0$ or $H_0 : \theta \leq \theta_0$	$H_0 : \theta = \theta_0$
	대립 가설	$H_1 : \theta < \theta_0$	$H_1 : \theta > \theta_0$	$H_1 : \theta \neq \theta_0$
기각역		분포의 왼쪽에 기각역 있음	분포의 오른쪽에 기각역 있음	분포의 양쪽에 기각역 있음

예제 1 어느 식품회사의 원료 중 액상과당이 평균 10mg이 되어야 한다. 다음 문제를 가지고 가설을 세워라.

(1) 액상과당이 10mg과 차이가 있는지 없는지 알고 싶다.

(2) 액상과당이 10mg보다 작다고 할 수 있는가?

(3) 액상과당이 10mg보다 크다고 할 수 있는가?

[풀이] (1) $H_0 : \mu = 10mg$

$H_1 : \mu \neq 10mg$

(2) $H_0 : \mu = 10mg$

$H_1 : \mu < 10mg$

(3) $H_0 : \mu = 10mg$

$H_1 : \mu > 10mg$

1.4 검정절차

(1) 모집단의 정보수집

예를 들면, 모수에 관한 정보로서 μ, σ를 알고 있는지, 모르는지 등을 파악한다.

(2) 가설 설정

가설에는 이미 설명한 바, 귀무가설(H_0)과 대립가설(H_1)을 설정한다.

H_0는 검정의 대상이 되는 가설이며, H_1는 H_0가 채택되지 않을 때 이에 대체되는 가설이다.

(3) 유의수준(위험률)을 결정

위험률 α의 선택에 따라 제 1 종의 과오가 결정된다. 일반적으로 흔히 사용되는 위험률 혹은 유의수준은 $\alpha = 5\%(0.05)$와 $1\%(0.01)$를 많이 사용한다.

작은 α의 선택은 경우에 따라 유리한 경우가 있다. 예를 들면 새로운 기계를 교체하고자 하는 경우 새로운 기계는 기존 기계보다 불량률을 줄일 수 있으므로 원가절감이 되지만 문제는 새로운 기계를 설치하려면 설치비용이 많이 들 것이다. 이 경우 α값으로 0.001과 같은 작은 값을 선택할 수 있다. 0.001을 선택하면 사실은 그렇지 않은데도 새 기계가 더 정확하다고 결론을 내릴 확률이 0.1%에 불과하다는 것이다.

큰 α의 선택은 전술한 내용과는 반대로 유리한 경우가 있다. 예를 들면 비행기 엔진 제조사가 엔진의 피스톤링 신제품의 내구성을 검정하는 경우 새 피스톤링으로 절감할 수 있는 비용이 견고하지 않은 경우 발생할 수 있는 엄청한 손해보다 크지 않은 것은 분명하다. 따라서 α값으로 0.1과 같은 큰 값을 선택할 수 있다. 피스톤링의 내구성에 차이가 실제로 없는데도 불구하고 잘못 판단을 내릴 확률이 커지지만, 중요한 점은 차이가 실제로 있는 경우 차이를 발견할 확률이 10%로 커진다는 것이다.

(4) 검정통계량 계산

검정을 위하여 적용할 수 있는 통계량의 분포를 결정하고, 귀무가설의 채택, 기각을 판정하기 위하여 사용하는 표본통계량을 **검정통계량**(test statistic)이라고 한다. 즉, 검정통계량은 귀무가설의 진실여부를 확인하기 위하여 해당 검정대상의 모집단으로부터 표본을 추출하여 계산을 한 표본통계량을 말한다. 예를 들면, 표본평균, 표본표준편차, 표본분산 및 표본비율 등이다.

검정통계량의 경우는 observed의 뜻으로, 첨자 o를 붙여서 Z_o, t_o, χ_o^2, F_o 등으로 표기하며, 검정통계량의 골격을 다음과 같이 표현한다.

$$\text{검정통계량 골격} = \left\{ \begin{array}{c} Z_o \\ t_o \\ \chi_o^2 \\ F_o \end{array} \right\} = \frac{\text{차이}}{\text{표준편차}}$$

검정의 대상은 크게 데이터의 속성에 따라 계량치 검정과 계수치 검정으로 구분한다. 계량치 검정에는 평균, 분산 등이 해당되며, 계수치 검정에는 비율, 부적합수 등이 포함된다. 또한 검정 대상의 모집단 수가 단일인지 아닌지 혹은 모표준편차(σ)를 알고 있는지 모르는지에 따라 적용되는 검정분포가 아래 [표 9-3]에서 알 수 있다.

[표 9-3] **검정대상 및 검정분포**

구분	검정대상			검정분포
계량치 검정	평균	단일모집단	모평균에 대한 검정(σ를 알 때)	Z분포
			모평균에 대한 검정(σ를 모를 때)	t분포
		두 모집단	모평균 차이에 대한 검정(σ를 알 때)	Z분포
			모평균 차이에 대한 검정 (두집단의 σ를 모르지만 같다고 할 때)	t분포
			대응관계의 평균치 차이 검정 (두집단의 σ를 모를 때)	t분포
	분산	단일모집단	모분산의 검정	χ^2분포
		두 모집단	두 모분산의 차이의 검정	F분포
계수치 검정	비율	단일모집단	모비율의 검정	Z분포
		두 모집단	두 모비율 간 차이의 검정	Z분포
	부적합수	단일모집단	모부적합수의 검정	Z분포
		두 모집단	두 모부적합수 차이의 검정	Z분포

(5) 임계치 설정

임계치 검정통계량의 분포를 알면 그 통계량이 취할 수 있는 구간을 기각역(rejection region)과 채택역(acceptance region)으로 나눈다. 기각역과 채택역을 나누는 경계치를 임계치 혹은 기각치(critical value)라고 부른다.

임계치는 해당 통계량의 분포 수치표에서 한쪽검정인지, 양쪽검정인지를 확인하고 결정된 α값과 자유도를 고려하여 별첨 수치표에서 임계치를 찾아낸다.

예를 들면, 정규분포를 따르는 Z분포의 경우는 양쪽검정일 때, 검정통계량 Z_o의 임계치는 $\alpha = 5\%$인 경우 $Z(0.025) = 1.96$이 되며, $\alpha = 1\%$인 경우는 $Z(0.005) = 2.576$이 된다. 또한, 한쪽검정의 경우는 $\alpha = 5\%$인 경우 $Z(0.05) = 1.645$, $\alpha = 1\%$인 경우는 $Z(0.01) = 2.33$이 된다는 것을 알 수 있으며, 이러한 경우의 수치는 암기해 둘 필요가 있다.

그 외, 다른 분포의 경우는 이 결정된 검정영역(한쪽, 양쪽검정), 자유도($\nu = n-1$)와 위험률(α) 등을 고려하여 해당 분포(t, χ^2, F 분포 등)의 수치표에서 찾아서 임계치를 설정한다.

[표 9-4] 정규분포에서의 $Z(\alpha)$에 따른 임계치

유의수준(α)	양쪽검정	한쪽검정
1% (0.01)	2.576	2.33
5% (0.05)	1.96	1.645
10%(0.10)	1.645	1.282

(6) 가설검정의 판정

이미 계산된 검정통계량의 수치와 해당 분포의 수치표에서 찾아낸 임계치와 비교하여 본 결과 검정통계량의 계산된 값이 채택역에 위치하면 귀무가설을 채택하고, 기각역에 위치하면 기각하게 된다. 이 때 유의수준 $\alpha = 5\%$로 유의적일 때 「유의적 이다」라고 표현하고, 유의수준 $\alpha = 1\%$ 이상의 값으로 유의적일 때 「고도로 유의적이다」라고 표현한다.

[그림 9-3]은 $\alpha = 5\%$의 양쪽검정인 경우 귀무가설의 기각역과 채택역을 보여주고 있다. [표 9-4]에서 보면 $\alpha = 5\%$의 양쪽검정의 임계치가 1.96이 된다. 혹은 $\alpha = 5\%$이고 양쪽검정은 $\frac{\alpha}{2} = 0.025$이므로 표준정규분포표(1)에서 $0.5 - 0.025 = 0.475$의 확률값으로 Z값을 찾으며 $Z(0.025) = 1.96$이 된다. 따라서 표본으로부터 계산된 검정통계량 Z_o값이 $-1.96 < Z_o < 1.96$에 있으면 귀무가설(H_0)이 채택되고, $Z_o > 1.96$이거나 혹은 $Z_o < -1.96$에 있다면 귀무가설을 기각한다.

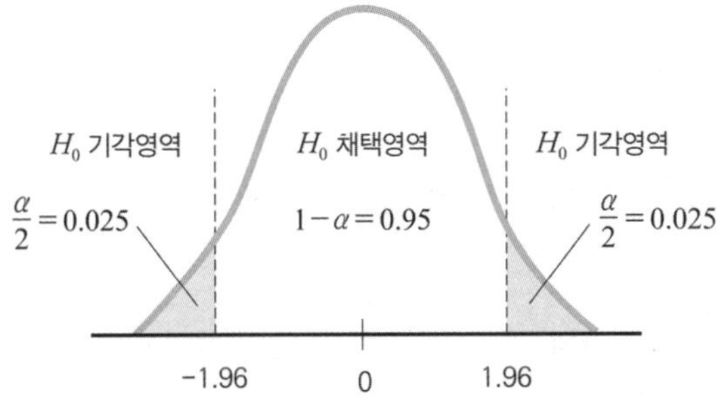

[그림 9-3] $\alpha = 5\%(0.05)$일 때 양쪽검정 채택역과 기각역

2. 계량치의 검정

2.1 모평균의 검정

모평균의 검정은 모집단의 평균과 기준치와의 관계를 확인하는 검정으로, 먼저 분산의 검정을 하여 유의하지 않은 경우에 한다. 이는 분산이 상이할 때는 그 정보 자체가 중요하므로 모평균에 관한 검정은 의미가 없을 가능성이 많기 때문이다.

(1) 모표준편차(σ)를 알고 있는 경우

표본평균 $\bar{x}$의 분포는 모집단의 분포 $N(\mu,\ \sigma^2/n)$를 따른다고 하면 검정통계량은 다음과 같다.

σ를 알고 있는 경우 모평균에 대한 검정통계량

$$Z_o = \frac{\bar{x} - \mu}{\sigma / \sqrt{n}}$$

검정의 순서는 다음과 같다.

① 귀무가설을 설정한다.

$H_0 : \mu = \mu_0$

② 대립가설을 설정한다.

$H_1 : \mu \neq \mu_0$ (양쪽검정인 경우)

$H_1 : \mu > \mu_0$ 혹은 $H_1 : \mu < \mu_0$ (한쪽검정인 경우)

③ 표본의 평균($\bar{x}$)을 계산한다.

$$\bar{x} = \frac{\sum x_i}{n}$$

④ 검정통계량 Z_o를 계산 한다.

$$Z_o = \frac{\overline{x} - \mu}{\sigma / \sqrt{n}}$$

⑤ 유의수준(α)에 따라 [표 9-2]에서 임계치값을 읽어낸다.

⑥ 판단 : Z 분포표의 임계값과 검정통계량 Z_o값과 비교, 판단한다.

구분	귀무가설 채택		귀무가설 기각	
양쪽검정	$Z_o > -Z(\frac{\alpha}{2})$ 또는 $Z_o < Z(\frac{\alpha}{2})$		$Z_o < -Z(\frac{\alpha}{2})$ 또는 $Z_o > Z(\frac{\alpha}{2})$	
한쪽검정	왼쪽 검정	오른쪽 검정	왼쪽 검정	오른쪽 검정
	$Z_o > -Z(\alpha)$	$Z_o < Z(\alpha)$	$Z_o < -Z(\alpha)$	$Z_o > Z(\alpha)$

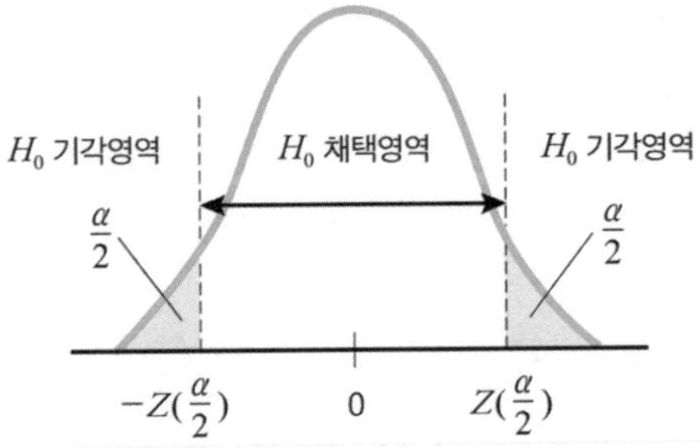

(1) 양쪽검정

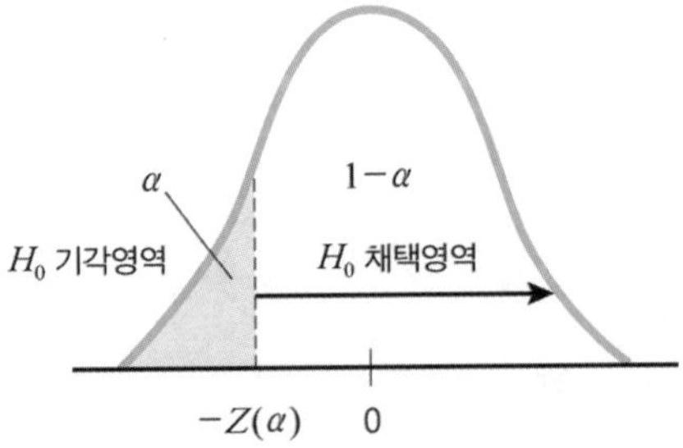

(2) 한쪽검정(왼쪽)

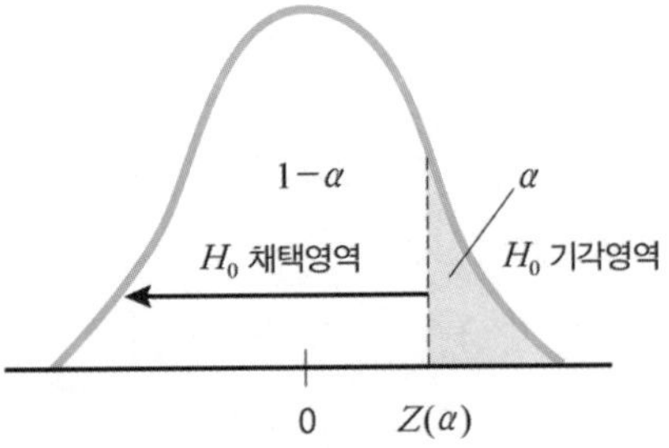

(3) 한쪽검정(오른쪽)

예제 2 어느 식품회사의 캔 통조림의 중량에 대한 기준치는 500g이며 표준편차 $\sigma = 30$ 이라는 것을 알고 있다. 이 공정을 개선한 후 포장공정에서 20개의 샘플을 채취하여 측정한 결과 다음과 같다. 공정개선 후 중량이 달라졌다고 할 수 있겠는가?
유의수준 5%임.

490	504	520	515	524	509	505	498	507	510
521	508	510	527	505	513	530	512	503	517

[풀이] σ는 알고 있으며 양측정의 모평균에 관한 검정이다.

① $H_0 : \mu = \mu_0$

$H_1 : \mu \neq \mu_0$

② 평균 $\bar{x} = \dfrac{\sum x}{n} = \dfrac{10,228}{20} = 511.4$

검정통계량 $Z_o = \dfrac{\bar{x} - \mu}{\sigma / \sqrt{n}} = \dfrac{511.4 - 500}{30 / \sqrt{20}} = 1.699$

③ 임계치는 위험률 $\alpha = 5\%$, 양쪽검정이므로 $Z(0.025) = 1.96$ 이다.

④ 판단

	검정통계량 Z_o	임계치 $Z(0.025)$	판단
양쪽 검정	1.699	1.96	$Z_o = 1.699 < Z(0.025) = 1.96$ 이므로 귀무가설(H_0) 채택
의미	공정 개선 후 캔 통조림 중량은 기준치와 차이가 있다고 할 수 없다.		

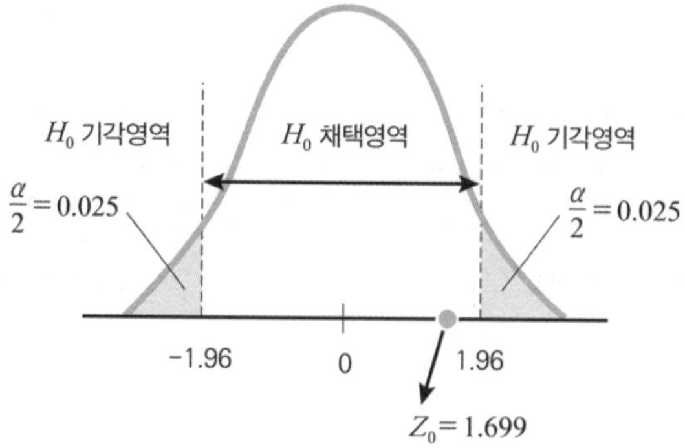

예제 3 어떤 제약회사에서 자양강장제 음료를 개발하였다. 이 자양강장제는 기존의 것보다 적은 무수카페인 성분이 30mg미만 함유되어 있다고 설명한다. 이를 확인하기 위하여 공정에서 10개의 표본을 추출하여 시험하여 다음과 같이 데이터를 얻었다. 무수카페인 성분이 30mg보다 적게 함유되었다고 할 수 있겠는가를 검정하라. (단, $\sigma = 4$ 이고 위험률 5%임)

31	29	27	30	25	28	31	28	27	32

[풀이] σ는 알고 있으며 한쪽(왼쪽)의 모평균에 관한 검정이다.

① $H_0 : \mu = 30$ or $H_0 : \mu \geq 30$

$H_1 : \mu < 30$

② 평균 $\bar{x} = \dfrac{\sum x}{n} = \dfrac{288}{10} = 28.8$

검정통계량은 $Z_o = \dfrac{\bar{x} - \mu}{\sigma / \sqrt{n}} = \dfrac{28.8 - 30}{4 / \sqrt{10}} = -0.949$

③ 임계치는 위험률 $\alpha = 5\%$, 한쪽(왼쪽)검정이므로 $Z(0.05) = -1.645$ 이다.

④ 판단

	검정통계량 Z_o	임계치 $-Z(0.05)$	판단
한쪽 검정	-0.949	-1.645	$Z_o = -0.949 > -Z(0.05) = -1.645$이므로 귀무가설 채택
의미	자양강장제 음료에 무수카페인 성분이 30mg보다 적게 함유되었다고 할 수 없다.		

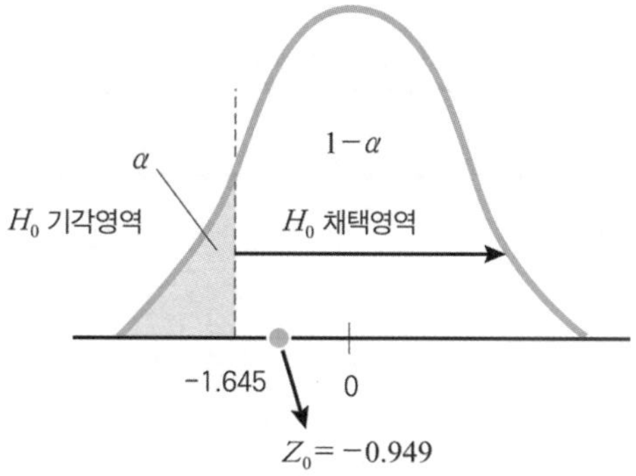

예제 4 경기지역 제조회사의 작년도 대졸 신입사원의 첫 급여액이 평균 200만원이었다. 올해 동종 동일지역의 신입사원을 대상으로 98명을 표본으로 추출하여 조사를 해본 결과 평균이 206만원, 표준편차가 21만원으로 집계되었다. 올해 대졸 신입사원의 급여액이 올랐다고 할 수 있는지를 유의수준 $\alpha = 1\%$로 검정하라.

[풀이] σ는 알고 있으며 한쪽(오른쪽)의 모평균에 관한 검정이다.

① $H_0 : \mu = 200$만원 or $H_0 : \mu \le 200$만원

$H_1 : \mu > 200$만원

② 평균 $\overline{x} = 206$만원

검정통계량은 $Z_o = \dfrac{\overline{x} - \mu}{\sigma / \sqrt{n}} = \dfrac{206 - 200}{21 / \sqrt{150}} = 3.499$

③ 임계치는 위험률 $\alpha = 1\%$이며 한쪽검정이므로 $Z(0.01) = 2.33$이다.

④ 판단

	검정통계량 Z_o	임계치 $Z(0.01)$	판단
한쪽검정	3.499	2.33	$Z_o = 3.499 > Z(0.01) = 2.33$이므로 귀무가설 기각
의미	경기지역 제조회사의 작년도 대졸 신입사원의 첫 급여액에 비해, 올해 대졸 신입사원의 급여액이 올랐다고 할 수 있다.($\alpha = 1\%$)		

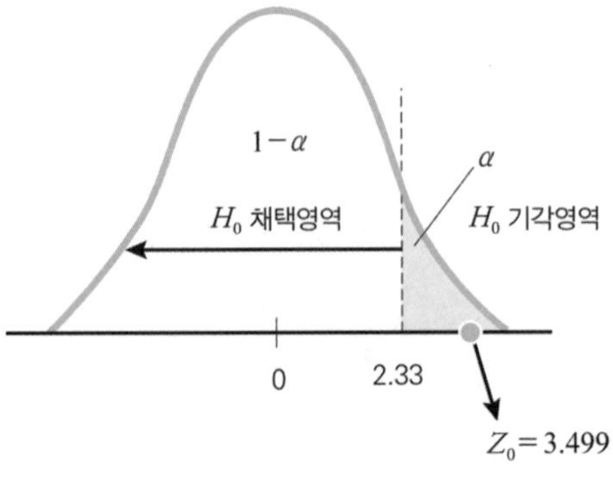

(2) 모표준편차(σ)를 모르는 경우

σ를 모르기 때문에 크기 n의 시료평균 $\bar{x}$의 분포에서 σ를 불편분산 제곱근 $\sqrt{V}$로 대치하면 $t = \dfrac{\bar{x} - \mu}{\sqrt{V}/\sqrt{n}}$는 자유도 ν의 t분포에 의해 검정한다.

또한, t분포는 σ를 모르고 소표본($n < 30$)에 경우에 적용한다.

σ를 모르는 경우 모평균에 대한 검정통계량

$$t_o = \frac{\bar{x} - \mu}{\sqrt{V}/\sqrt{n}}$$

검정 절차는 다음과 같다.

① 가설을 세운다.

$H_0 : \mu = \mu_O$

$H_1 : \mu \neq \mu_0$ (양쪽검정 경우), $H_1 : \mu > \mu_o$ 혹은 $H_1 : \mu < \mu_o$ (한쪽검정 경우)

② $\bar{x} = \dfrac{\sum x_i}{n}$, $s = \sqrt{V} = \sqrt{\dfrac{S}{\nu}}$ $(\nu = n - 1)$

검정통계량의 값 t_o를 계산한다. ☞ $t_o = \dfrac{\bar{x} - \mu}{\sqrt{V}/\sqrt{n}}$

③ 임계치는 유의수준(α)과 자유도 $\nu = n - 1$에 따라 t분포표에서 수치를 읽어낸다.

④ 판단 : t 분포표의 값과 검정통계량 t_o값과 비교, 판단한다.

<table>
<tr><th>구분</th><th colspan="2">귀무가설 채택</th><th colspan="2">귀무가설 기각</th></tr>
<tr><td>양쪽검정</td><td colspan="2">$t_o > -t(\nu, \frac{\alpha}{2})$ 또는 $t_o < t(\nu, \frac{\alpha}{2})$</td><td colspan="2">$t_o < -t(\nu, \frac{\alpha}{2})$ 또는 $t_o > t(\nu, \frac{\alpha}{2})$</td></tr>
<tr><td rowspan="2">한쪽검정</td><td>왼쪽 검정</td><td>오른쪽 검정</td><td>왼쪽 검정</td><td>오른쪽 검정</td></tr>
<tr><td>$t_o > -t(\nu, \alpha)$</td><td>$t_o < t(\nu, \alpha)$</td><td>$t_o < -t(\nu, \alpha)$</td><td>$t_o > t(\nu, \alpha)$</td></tr>
</table>

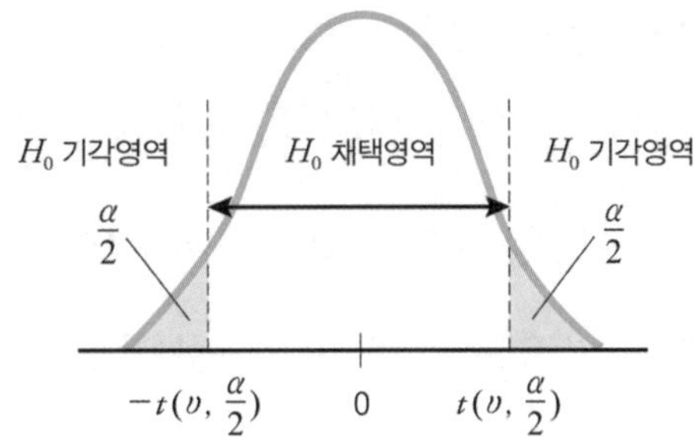

(1) 양쪽검정

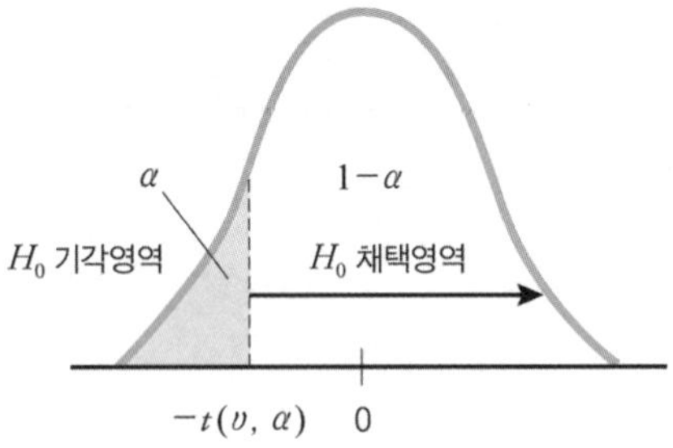

(2) 한쪽검정(왼쪽)

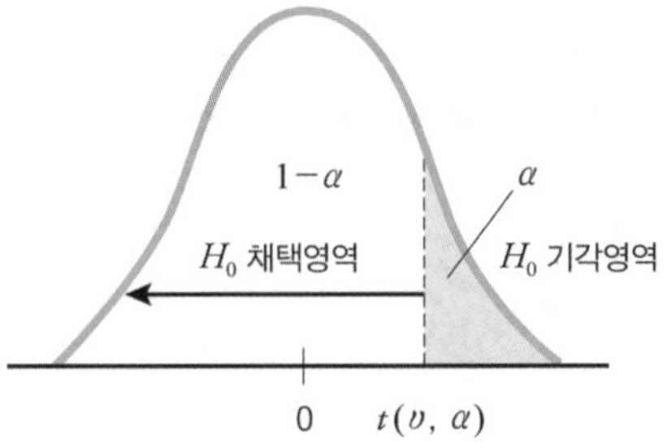

(3) 한쪽검정(오른쪽)

예제 5 A유통회사의 물류창고에서 화물트럭으로 의정부에 있는 체인점까지 통상 소요시간이 50분 정도라고 한다. 최근에 새로운 순환도로가 부분적으로 개통되면서 소요시간을 측정한 데이터가 다음과 같다. 통상 소요시간과 부분 개통된 도로의 소요시간과는 차이가 있는지를 유의수준 5%에서 검정하라.

48	49	47	46	48	49	50	47	49

[풀이] σ는 모르고 있으며 양쪽검정의 모평균에 관한 검정이다.

① $H_0 : \mu = 50$

$H_1 : \mu \neq 50$

② 평균 $\bar{x} = \frac{\sum x}{n} = \frac{433}{9} = 48.111$,

변동 $S = \sum x_i^2 - \frac{(\sum x_i)^2}{n} = 20,548 - \frac{(433)^2}{9} = 12.8889$

불편분산 $V = \frac{S}{n-1} = \frac{12.8889}{9-1} = 1.6111$ 이므로

검정통계량은 $t_0 = \frac{\bar{x} - \mu}{\sqrt{V}/\sqrt{n}} = \frac{48.111 - 50.0}{\sqrt{1.6111}/\sqrt{9}} = -4.4657$

③ 임계치는 위험률 $\alpha = 5\%$ 이며 양쪽검정이므로 $-t(8,\ 0.025) = -2.306$ 이다.

④ 판단

	검정통계량(t_o)	임계치 $-t(8,\ 0.025)$	판단
양쪽검정	-4.4657	-2.306	$t_o = -4.4657 < -t(8,\ 0.025) = -2.306$ 이므로 H_0기각, H_1채택
의미	통상 소요시간과 부분 개통된 도로의 소요시간과는 차이가 있다고 할 수 있다. ($\alpha = 5\%$)		

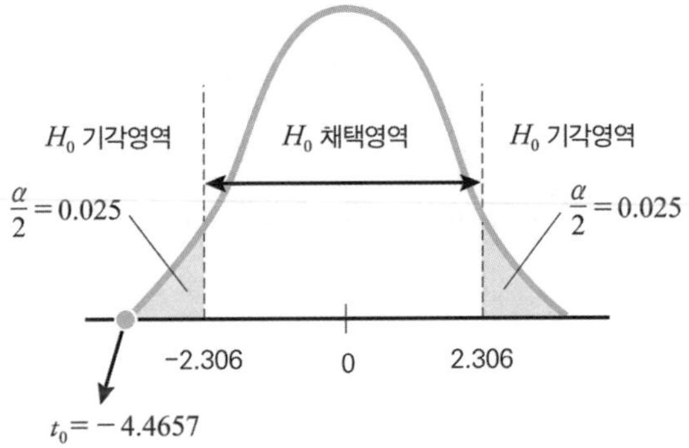

예제 6 새로운 공정에서 시험제작한 섬유 제품의 수분함량의 모평균이 기준으로서 설정된 값 6.0% 보다 작은가의 여부를 검정하라. 제품의 로트로부터 10개의 시료를 랜덤하게 채취하여 측정하였더니 다음과 같은 값이 얻어졌다. 위험률 5%로 검정하라.

5.5	5.9	6.0	5.2	5.7	6.2	5.4	5.9	6.3	5.8	(단위 %)

[풀이] σ는 모르고 있으며 한쪽검정의 모평균에 관한 검정이다.

① $H_0 : \mu = 6.0$

$H_1 : \mu < 6.0$

② 평균 $\bar{x} = \dfrac{\sum x}{n} = \dfrac{57.9}{10} = 5.79$,

변동 $S = \sum x_i^2 - \dfrac{(\sum x_i)^2}{n} = 336.33 - \dfrac{(57.9)^2}{10} = 1.089$

불편분산 $V = \dfrac{S}{n-1} = \dfrac{1.089}{10-1} = 0.121$ 이므로

검정통계량은 $t_0 = \dfrac{\bar{x} - \mu}{\sqrt{V}/\sqrt{n}} = \dfrac{5.79 - 6.01}{\sqrt{0.121}/\sqrt{10}} = -1.909$

③ 임계치는 위험률 $\alpha = 5\%$ 이며 한쪽검정이므로 $-t(9,\ 0.05) = -1.833$ 이다.

④ 판단

	검정통계량(t_o)	임계치 $-t(9,\ 0.05)$	판단
한쪽 검정	-1.909	-1.833	$t_o = -1.909 < -t(9,\ 0.05) = -1.833$ 이므로 H_0기각, H_1이 채택되므로 유의적
의미	새로운 공정에서 시험제작한 수분함량은 기준으로 설정된 6.0%보다 작다고 할 수 있다. ($\alpha = 5\%$)		

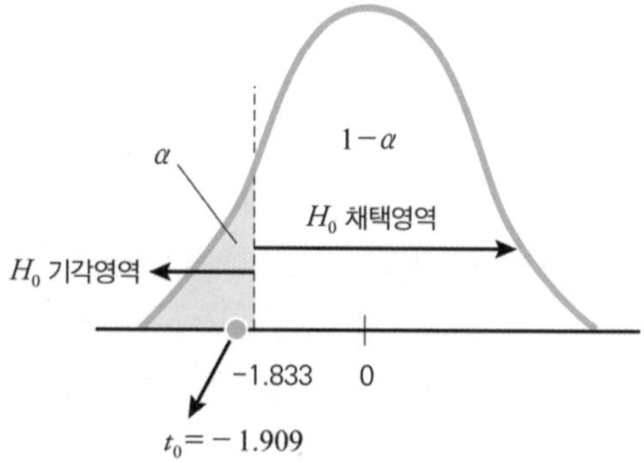

2.2 모평균의 차의 검정

(1) 2조의 평균치의 차의 검정(표준편차 σ를 알고 있을 때)

2조의 모집단으로부터 각각의 표본을 독립적으로 n_1 및 n_2개씩 샘플링하여 특성치를 측정한 결과 2개의 모집단간에 차이가 있다고 할 수 있는가를 검정한다. 이때 2조의 모집단에 대한 표준편차 σ는 알고 있다고 한다.

표본의 크기 n_1의 평균 $\overline{x_1}$, 표본의 크기 n_2의 평균 $\overline{x_2}$ 라고 하면 $(\overline{x_1}-\overline{x_2})$ 의 표본분포의 차이는 평균이$(\mu_1-\mu_2)$, 표준편차 $\sqrt{\dfrac{\sigma_1^2}{n_1}+\dfrac{\sigma_2^2}{n_2}}$ 인 정규분포를 따르므로, 검정통계량은 다음과 같다.

σ를 알고 있는 경우 두 모평균차에 대한 검정통계량

$$Z_o = \frac{\overline{x_1}-\overline{x_2}}{\sqrt{\dfrac{\sigma_1^2}{n_1}+\dfrac{\sigma_2^2}{n_2}}}$$

σ를 아는 경우 두 모평균 차이의 검정 판단

σ를 알고 있는 경우 두 모평균에 대한 차이의 가설검정 판단은 다음 표와 같이 σ를 알고 있는 경우 단일 모평균에 대한 Z 검정 판단과 동일하다.

구분	귀무가설 채택		귀무가설 기각	
양쪽검정	$Z_o > -Z(\frac{\alpha}{2})$ 또는 $Z_o < Z(\frac{\alpha}{2})$		$Z_o < -Z(\frac{\alpha}{2})$ 또는 $Z_o > Z(\frac{\alpha}{2})$	
한쪽검정	왼쪽 검정	오른쪽 검정	왼쪽 검정	오른쪽 검정
	$Z_o > -Z(\alpha)$	$Z_o < Z(\alpha)$	$Z_o < -Z(\alpha)$	$Z_o > Z(\alpha)$

예제 7 A사 제품과 B사 제품의 어떤 재료의 시료를 각각 11개, 13개씩 랜덤 샘플링하여 인장강도를 측정한 결과 다음과 같다. A사 제품과 B사 제품의 재료의 인장강도에 대한 모

평균에 차이가 있다고 할 수 있는가? $\alpha = 5\%$ 임.

단, 표준편차는 각각 $\sigma_A = 5.0kg/mm^2$, $\sigma_B = 4.0kg/mm^2$

A사	47	47	38	46	45	44	38	46	33	37	42		
B사	37	36	35	41	39	41	43	35	31	35	33	29	34

[풀이] σ는 알고 있으며 양쪽검정의 2조간 모평균의 차이에 관한 검정이다.

① $H_0 : \mu_A = \mu_B$

$H_1 : \mu_A \neq \mu_B$

② 평균 $\overline{x_A} = \dfrac{462}{11} = 42.1$, $\overline{x_B} = \dfrac{469}{13} = 36.1$

$$\text{검정통계량} \quad Z_o = \frac{\overline{x_1} - \overline{x_2}}{\sqrt{\dfrac{\sigma_1^2}{n_1} + \dfrac{\sigma_2^2}{n_2}}} = \frac{42.1 - 36.1}{\sqrt{\dfrac{5.0^2}{11} + \dfrac{4.0^2}{13}}} = 3.21$$

③ 임계치는 위험률 $\alpha = 5\%$, 양쪽검정이므로 $Z(\alpha = 0.025) = 1.96$ 이다.

④ 판단

	검정통계량 (Z_o)	임계치 $Z(0.025)$	판단
양쪽검정	3.21	1.96	$Z_o = 3.21 > Z(0.025) = 1.96$ 이므로 H_0 기각, H_1이 채택되므로 유의적임
의미	A사 제품과 B사 제품의 재료의 인장강도에 대한 모평균에 차이가 있다고 할 수 있다. $\alpha = 5\%$		

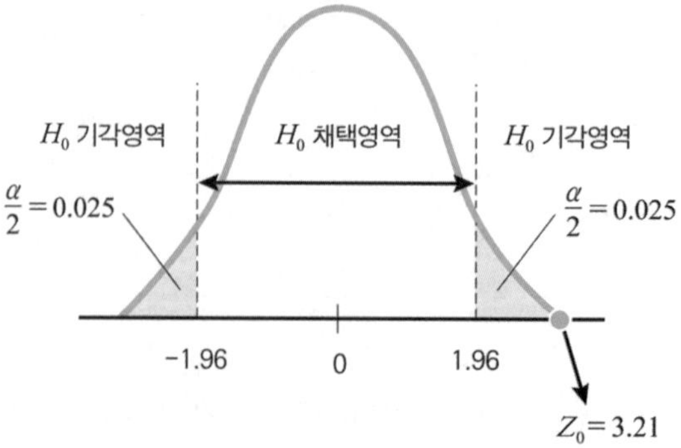

예제 8 K대학의 L교수가 상경계열학과와 보건계열학과의 신입생을 대상으로 교양과목인 '영어회화'를 한반 개설하였다. 마지막 날 동시에 종합평가시험을 실시하여 다음과 같은 데이터가 나왔다. 통상적으로 계열별 신입생들의 점수는 정규분포를 따른다고 알려져 있으며 상경계열학과의 신입생들이 보건계열학과 신입생 보다 영어회화 점수가 높다고 한다. 과연 이 주장이 사실인지 유의수준 5%로 검정하라.

구 분	상경계열학과(A)	보건계열학과(B)
모표준편차(σ)	5.0	5.4
표본의 크기(n)	25	30
표본평균($\overline{x}$)	85	80

[풀이] σ는 알고 있으며 한쪽검정의 2조간 모평균의 차이에 관한 검정이다.

① $H_0 : \mu_A = \mu_B$

$H_1 : \mu_A > \mu_B$

② 검정통계량 계산 평균 $\overline{x_A} = 85$, $\overline{x_B} = 80$ 이므로

$$Z_o = \frac{\overline{x_1} - \overline{x_2}}{\sqrt{\frac{\sigma_1^2}{n_1} + \frac{\sigma_2^2}{n_2}}} = \frac{85 - 80}{\sqrt{\frac{5^2}{25} + \frac{5.4^2}{30}}} = 3.561$$

③ 임계치는 위험률 $\alpha = 5\%$ 이며 한쪽검정이므로 $Z(0.05) = 1.645$ 이다.

④ 판단

	검정통계량 (Z_o)	임계치 $Z(0.05)$	판단
한쪽 검정	3.561	1.645	$Z_o = 3.561 > Z(0.05) = 1.645$ 이므로 H_0기각, H_1이 채택되므로 유의적임
의미	상경계열학과의 신입생들이 보건계열학과 신입생 보다 영어회화 점수가 높다고 할 수 있다. $\alpha = 5\%$		

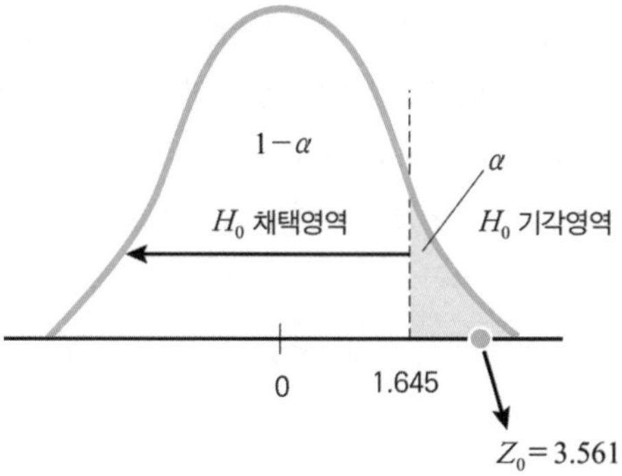

(2) 2조의 평균치의 차의 검정(표준편차 σ_1과 σ_2를 모르고 있을 때)

2조의 모집단으로부터 각각의 σ를 모르는 경우 표본을 n_1 및 n_2개씩 샘플링하여 특성치를 측정한 결과 2개의 모집단간에 차이가 있다고 할 수 있는가를 검정한다. 이때 가설검정은 자유도 $(n_1 + n_2 - 2)$인 t분포를 한다.

이 t분포를 이용함에 있어서 사전에 필요한 가정이 필요하다.

- 두 모집단의 분산은 모르나 동일하다고 할 때
- 두 표본으로부터 추출하는 표본은 독립표본이라고 할 때

모평균차의 검정에서 두 모집단의 모표준편차 σ를 모를 때 추정은 두 모집단간의 통합된 불편분산 제곱근 $\sqrt{V}$ 로 추정하여 대치한 통계량은 다음과 같이 되며

두 모집단에 대한 조합의 자유도 $\nu_1 + \nu_2 = n_1 + n_2 - 2$ 인 t분포를 적용한다.

두 모집단의 σ^2을 모르나 동일하다고 할 때 모평균차에 대한 검정통계량

$$t_o = \frac{\overline{x_1} - \overline{x_2}}{\sqrt{V} \cdot \sqrt{\frac{1}{n_1} + \frac{1}{n_2}}}$$

단, 여기서 $\sqrt{V} = \sqrt{\frac{S_1 + S_2}{\nu_1 + \nu_2}} = \sqrt{\frac{S_1 + S_2}{n_1 + n_2 - 2}}$

$\nu_1 = n_1 - 1$, $\nu_2 = n_2 - 1$

σ를 모르는 경우 두 모평균 차이의 검정 판단

σ를 모르는 경우 두 모평균에 대한 차이의 가설검정 판단은 다음 표와 같이 σ를 모르

는 경우 단일 모평균에 대한 t검정 판단과 동일하다.

<table>
<tr><th>구분</th><th colspan="2">귀무가설 채택</th><th colspan="2">귀무가설 기각</th></tr>
<tr><td>양쪽 검정</td><td colspan="2">$t_o > -t(n_1+n_2-2,\ \frac{\alpha}{2})$ 또는
$t_o < t(n_1+n_2-2,\ \frac{\alpha}{2})$</td><td colspan="2">$t_o < -t(n_1+n_2-2,\ \frac{\alpha}{2})$ 또는
$t_o > t(n_1+n_2-2,\ \frac{\alpha}{2})$</td></tr>
<tr><td rowspan="2">한쪽 검정</td><td>왼쪽 검정</td><td>오른쪽 검정</td><td>왼쪽 검정</td><td>오른쪽 검정</td></tr>
<tr><td>$t_o >$
$-t(n_1+n_2-2,\ \alpha)$</td><td>$t_o <$
$t(n_1+n_2-2,\ \alpha)$</td><td>$t_o <$
$-t(n_1+n_2-2,\ \alpha)$</td><td>$t_o >$
$t(n_1+n_2-2,\ \alpha)$</td></tr>
</table>

예제 9 어떤 재료를 두 종류의 온도 800(℃)와 1000(℃)에서 열처리를 하여 각각 인장강도를 측정하였다. 두 종류의 인장강도의 모평균 간 차이가 있는지 검정하라.($\alpha = 5\%$)

800(℃)	99	98	96	95	96	97	100	99	98	95
1000(℃)	90	95	96	93	90	93	97	93	95	94

[풀이] σ는 모르고 있으며 양쪽검정의 2조간 모평균간의 차이에 관한 검정이다.

① $H_0 : \mu_A = \mu_B$

$H_1 : \mu_A \neq \mu_B$

② 평균 $\overline{x_A} = \frac{973}{10} = 97.3$, $\overline{x_B} = \frac{936}{10} = 93.6$

$$S_A = 94{,}701 - \frac{(973)^2}{10} = 28.1 \quad , \quad S_B = 87{,}658 - \frac{(936)^2}{10} = 48.44$$

$$\sqrt{V} = \sqrt{\frac{S_1 + S_2}{\nu_1 + \nu_2}} = \sqrt{\frac{28.1 + 48.4}{20-2}} = 2.06155 \text{ 이므로}$$

검정통계량은 $$t_o = \frac{\overline{x_1} - \overline{x_2}}{\sqrt{V} \cdot \sqrt{\frac{1}{n_1} + \frac{1}{n_2}}} = \frac{97.3 - 93.6}{2.06155 \times \sqrt{\frac{2}{10}}} = 4.013$$

③ 임계치는 $\alpha = 5\%$ 이고 양쪽검정이므로 $t(\nu,\ \frac{\alpha}{2}) = t(18,\ 0.025) = 2.101$

④ 판단

	검정통계량(t_o)	임계치 $t(18,\ 0.025)$	판단
양쪽 검정	4.013	2.101	$t_o = 4.013 > t(18,\ 0.025) = 2.101$ 이므로 H_0기각, H_1이 채택되므로 유의적
의미	두 종류의 열처리 간 온도 800℃와 1000℃일 때 인장강도에 대한 모평균 간 차이가 있다고 할 수 있다. ($\alpha = 5\%$)		

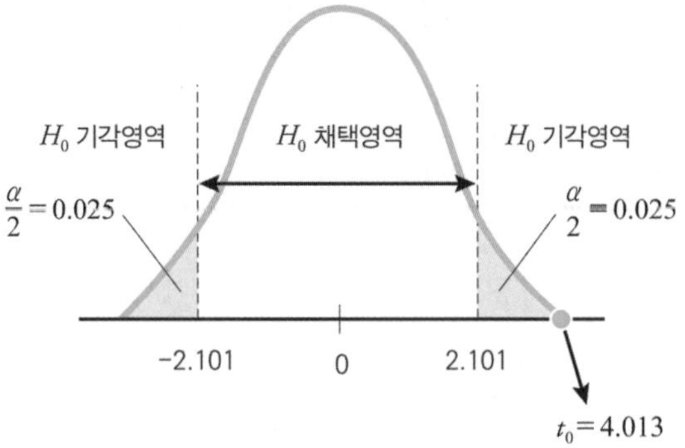

(3) 대응하는 2조의 평균치의 차의 검정

2개의 로트로부터 대응하는 2조의 데이터를 얻었을 때 각각 n개씩의 표본을 채취하여 측정했을 때 대응하는 모평균에 차이가 있다고 할 수 있는가, 어떤가를 검정한다. 여기서 대응하는 한 쌍의 데이터인 경우 데이터의 차 $d_i = (x_i - y_i)$, $\bar{d} = \frac{\sum d_i}{n}$ 이라면, 다음과 같이 통계량 t_o는 자유도 $\nu = (n-1)$의 t분포를 한다.

대응하는 2조의 평균치의 차에 대한 검정통계량

$$t_o = \frac{\bar{d}}{\sqrt{V_d/n}}$$

단, $V_d = \frac{S_d}{n-1}$, $S_d = \sum d_i^2 - \frac{(\sum d_i)^2}{n}$, $n =$ 대응하는 조의 수

예제 10 특수 식이요법이 혈청 콜레스테롤(cholesterol)에 미치는 영향의 정도를 하기 위하여 9명을 대상으로 2개월간 특수 식이요법을 실시하였다. 식이요법 실시 전후의 혈청 콜레스테롤량은 다음과 같다. 특수 식이요법이 혈청 콜레스테롤량을 감소시키는 데 영향을 미쳤는지 유의수준 95%로 검정하라.

식이요법 \ 인원	1	2	3	4	5	6	7	8	9
실시 전	280	279	284	244	208	287	302	265	310
실시 후	275	276	271	240	207	274	298	269	283

[풀이] ① $H_0 : \mu_A = \mu_B$

$H_1 : \mu_A > \mu_B$

d_i	5	3	13	4	1	13	4	-4	27	$\sum d_i$ =66
d_i^2	25	9	169	16	1	169	16	16	729	$\sum d_i^2$ =1,150

② $\bar{d} = \dfrac{\sum d_i}{n} = \dfrac{69}{9} = 7.333$

$S_d = \sum d_i^2 - \dfrac{\left(\sum d_i\right)^2}{n} = 1,150 - \dfrac{66^2}{9} = 666$, $V_d = \dfrac{666}{9-1} = 83.25$ 이므로

검정통계량은 $t_o = \dfrac{\bar{d}}{\sqrt{V_d/n}} = \dfrac{7.333}{\sqrt{83.25/9}} = 2.411$

③ 임계치는 $\alpha = 5\%$ 이고 한쪽검정이므로 $t(\nu,\ \alpha) = t(8,\ 0.05) = 1.860$

④ 판단

	검정통계량(t_o)	임계치 $t(8,\ 0.05)$	판단
한쪽검정	2.411	1.860	$t_o = 2.411 > t(8,\ 0.05) = 1.860$이므로 H_0기각, H_1이 채택되므로 유의적
의미	특수 식이요법이 혈청 콜레스테롤량을 감소시키는 데 영향을 미쳤다고 볼 수 있다. ($\alpha = 5\%$)		

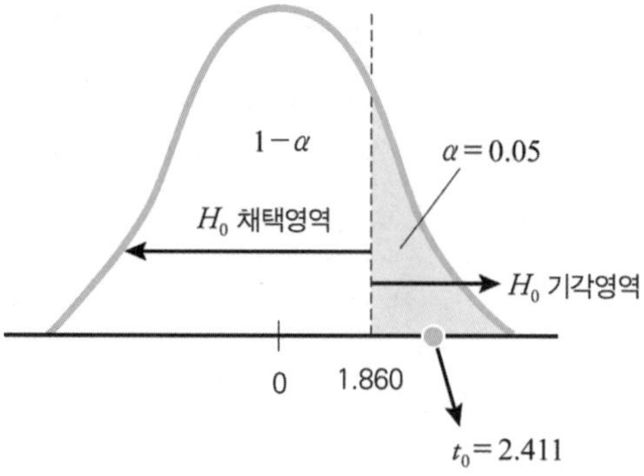

2.3 분산의 검정

(1) 모분산의 검정(모분산과 기준치와의 차이)

어떤 모집단으로부터 표본 n개를 샘플링하여 특성치를 측정한 경우와 모집단의 기준으로 설정한 σ^2과 차이가 있다고 할 수 있는가, 어떤가를 검정한다.

크기 n의 표본에서 편차제곱의 합(변동) S를 구하고 통계량 χ^2을 구하면 $\chi^2 = \dfrac{S}{\sigma^2}$는 자유도 $\nu = (n-1)$ 의 χ^2분포를 따르므로 검정통계량은 다음과 같다.

모분산 검정통계량

$$\chi_o^2 = \frac{S}{\sigma^2}$$

[판단]

χ_o^2과 $\chi^2(\nu,\ \alpha)$의 기각역을 비교하여 판단한다.

즉, ㉠ 양쪽검정에서 $\chi_o^2 > \chi^2(\nu,\ 1-\frac{\alpha}{2})$ 또는 $\chi_o^2 < \chi^2(\nu,\ \frac{\alpha}{2})$이면 H_o은 채택되고 유의적인 차이가 있다고 할 수 없다.

㉡ 한쪽검정에서 기준치보다 작은가에 대한 왼쪽검정에서 $\chi_o^2 > \chi^2(\nu,\ 1-\alpha)$이면$H_o$은 채택되고 유의적인 차이가 있다고 할 수 없다.

㉢ 한쪽검정에서 기준치보다 큰가에 대한 오른쪽검정에서 $\chi_o^2 < \chi^2(\nu,\ \alpha)$이면 H_o은 채택되고 유의적인 차이가 있다고 할 수 없다.

구분	귀무가설 채택		귀무가설 기각	
양쪽검정	$\chi_o^2 > \chi^2(\nu,\ 1-\frac{\alpha}{2})$ 또는 $\chi_o^2 < \chi^2(\nu,\ \frac{\alpha}{2})$		$\chi_o^2 < \chi^2(\nu,\ 1-\frac{\alpha}{2})$ 또는 $\chi_o^2 > \chi^2(\nu,\ \frac{\alpha}{2})$	
한쪽검정	왼쪽 검정	오른쪽 검정	왼쪽 검정	오른쪽 검정
	$\chi_o^2 > \chi^2(\nu,\ 1-\alpha)$	$\chi_o^2 < \chi^2(\nu,\ \alpha)$	$\chi_o^2 < \chi^2(\nu,\ 1-\alpha)$	$\chi_o^2 > \chi^2(\nu,\ \alpha)$

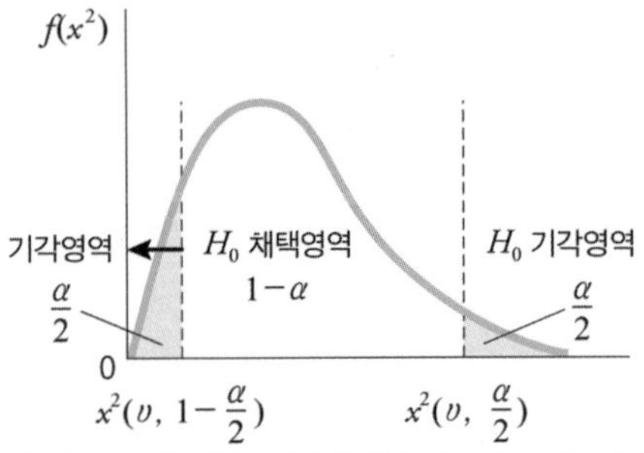

㉠ 양쪽검정

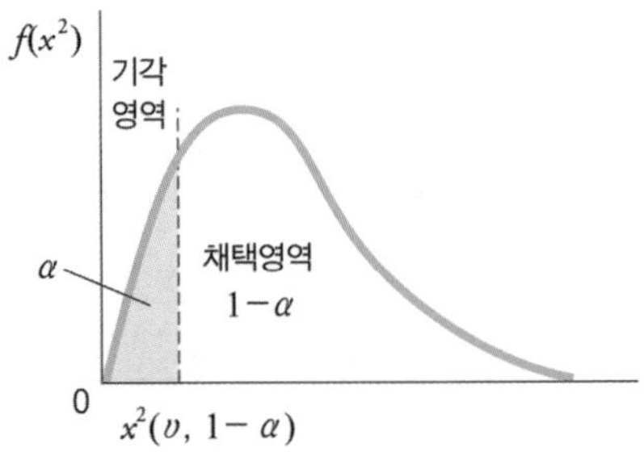

㉡ 왼쪽검정 H_1: $\sigma^2 < \sigma_0^2$ (기준치)

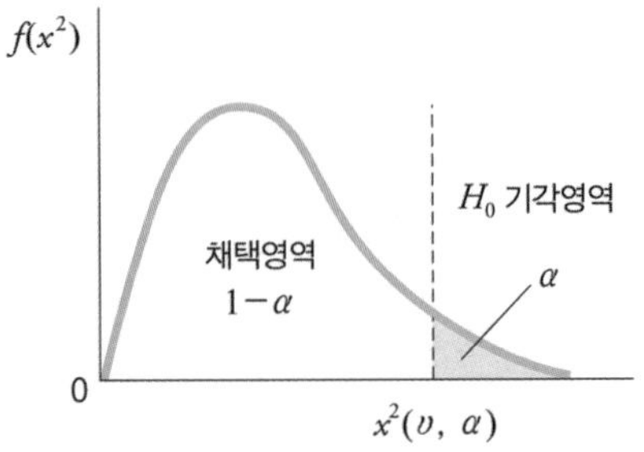

㉢ 오른쪽검정 H_1: $\sigma^2 > \sigma_0^2$ (기준치)

[그림 9-3] χ^2 분포의 채택영역과 기각영역

예제 11 열경화 수지인 적층판의 휨(bending)의 분산의 변화가 문제이다. 제품의 로트로부터 10개의 시료를 랜덤으로 샘플링하여 측정한 결과 다음과 같은 데이터가 나왔다. 종래의 기준으로 설정한 분산 $\sigma^2 = 0.0010$과 차가 있다고 할 수 있겠는가? (위험률 $\alpha = 5\%$ 임)

DATA : -0.03 0.01 -0.05 -0.03 -0.01 -0.05 0.13 -0.01 0.04 0.03

[풀이] 양쪽검정이고 모분산에 관한 검정이다.

① $H_0 : \sigma^2 = 0.0010$

$H_1 : \sigma^2 \neq 0.0010$

② $S = \sum x_i^2 - \frac{(\sum x_i)^2}{n} = 0.0265 - \frac{0.03^2}{10} = 0.02641$ 이므로

검정통계량은 $\chi_o^2 = \frac{S}{\sigma^2} = \frac{0.02641}{0.0010} = 26.41$

③ 임계치는 위험률 $\alpha = 5\%$, 양쪽검정이므로

$\chi^2(\nu,\ \frac{\alpha}{2}) = \chi^2(9,\ 0.025) = 19.0$ 혹은

$\chi^2(\nu,\ 1 - \frac{\alpha}{2}) = \chi^2(9,\ 0.975) = 2.70$

④ 판단

	검정통계량(χ_o^2)	임계치 $\chi_o^2 = (9,\ 0.025)$	판단
양쪽 검정	26.41	19.0	$\chi_o^2 = 26.41 > \chi^2(9,\ 0.025) = 19.0$ 이므로 H_0기각, H_1이 채택되므로 유의적
의미	종래의 기준으로 설정한 분산 $\sigma^2 = 0.0010$과 차가 있다고 할 수 있다. ($\alpha = 5\%$)		

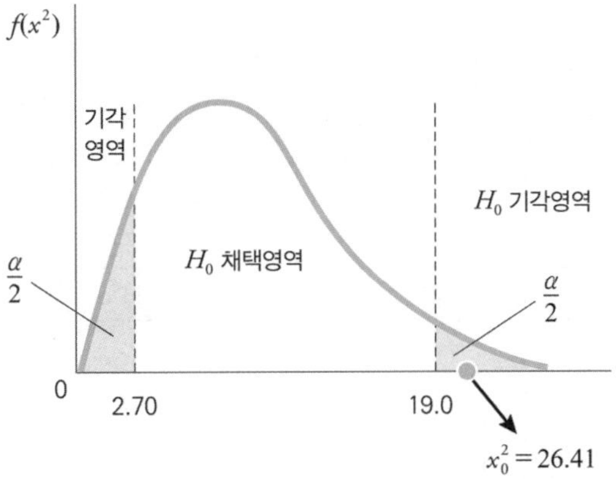

예제 12 새로운 공정에서 시험 제작된 어떤 섬유제품의 함수량의 모분산이 기준으로서 설정되어 있는 값 $\sigma^2 = 0.2$보다 작다고 할 수 있겠는가를 검정하라. 9개의 샘플을 랜덤하게 샘플링하여 측정하였더니 다음과 같은 데이터가 얻어졌다. (위험률 5%)

DATA :	5.5	6.0	5.2	5.7	6.2	5.4	5.9	6.3	5.8

[풀이] 한쪽검정이고 모분산에 관한 검정이다.

① $H_0 : \sigma^2 = 0.2$

$H_1 : \sigma^2 < 0.2$

② $S = \sum x_i^2 - \frac{(\sum x_i)^2}{n} = 301.52 - \frac{52^2}{9} = 1.076$ 이므로

검정통계량은 $\chi_o^2 = \frac{S}{\sigma^2} = \frac{1.076}{0.2} = 5.378$

③ 임계치는 위험률 $\alpha = 5\%$, 한쪽검정으로서 기준치보다 작은 경우,

$\chi^2(\nu,\ 1-\alpha) = \chi^2(8,\ 0.95) = 2.733$이다.

④ 판단

양쪽 검정	검정통계량(χ_o^2)	임계치 $\chi_o^2(8,\ 0.95)$	판단
	5.378	2.733	$\chi_o^2 = 5.378 > \chi^2(8,\ 0.95) = 2.733$ 이므로 H_0 채택. 유의적이라고 할 수 없다.
의미	기준값인 모분산은 0.2보다 작다고 할 수 없다.($\alpha = 5\%$)		

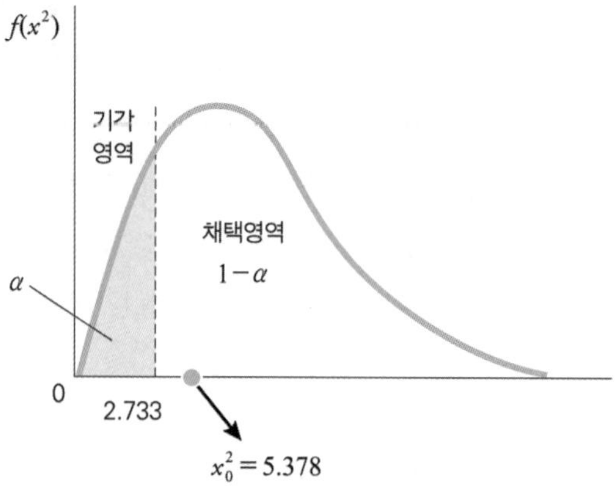

(2) 두 모분산의 차의 검정

두 개의 로트로부터 독립적으로 각각 크기 n_1및 n_2의 표본을 뽑았다고 할 때 두 모분산의 비율에 대한 검정은 표본으로부터 구한 통계량인 편차제곱의 합(변동)을 S_1과 S_2을 구한 다음 이것을 가지고 표본분산인 불편분산 V_1과 V_2의 비, $F = \dfrac{V_1}{V_2}$는 자유도 $\nu_1 = n_1 - 1$, $\nu_2 = n_2 - 1$인 F분포를 따르므로 검정통계량은 다음과 같다.

두 모분산 차이의 검정통계량

$$F_o = \frac{V_1}{V_2} > 1$$

단, V_1이 V_2보다 크다고 가정하여 분자에 위치함

참고로, 두 개의 집단에서의 편차제곱의 합과 불편분산의 계산식 다음과 같다.

$$S_1 = \sum x_1^2 - \frac{(\sum x_1)^2}{n_1} \longrightarrow V_1 = \frac{S_1}{n_1 - 1}$$

$$S_2 = \sum x_2^2 - \frac{(\sum x_2)^2}{n_2} \longrightarrow V_2 = \frac{S_2}{n_2 - 1}$$

[판단]

F_o 검정통계량과 F분포와의 H_o의 기각역의 설정과 판단은 다음과 같다.

불편분산이 큰 쪽의 자유도를 분자의 자유도로서 ν_1 이라면

① 양쪽검정 : $F_o \geq F(\nu_1, \nu_2 ; \frac{\alpha}{2})$ 이면 귀무가설 H_0가 기각되므로 유의적이라고 판단.

② 한쪽검정 : $F_o \geq F(\nu_1, \nu_2 ; \alpha)$ 이면 귀무가설 H_0가 기각되므로 유의적이라고 판단.

구분	귀무가설 채택		귀무가설 기각	
양쪽 검정	$F_o > F(\nu_1, \nu_2 ; 1-\frac{\alpha}{2})$ 또는 $F_o < F(\nu_1, \nu_2 ; \frac{\alpha}{2})$		$F_o < F(\nu_1, \nu_2 ; 1-\frac{\alpha}{2})$ 또는 $F_o > F(\nu_1, \nu_2 ; \frac{\alpha}{2})$	
한쪽 검정	왼쪽 검정	오른쪽 검정	왼쪽 검정	오른쪽 검정
	$F_o > F$ $(\nu_1, \nu_2 ; 1-\alpha)$	$F_o < F$ $(\nu_1, \nu_2 ; 1-\alpha)$	$F_o < F$ $(\nu_1, \nu_2 ; 1-\alpha)$	$F_o > F$ $(\nu_1, \nu_2 ; 1-\alpha)$

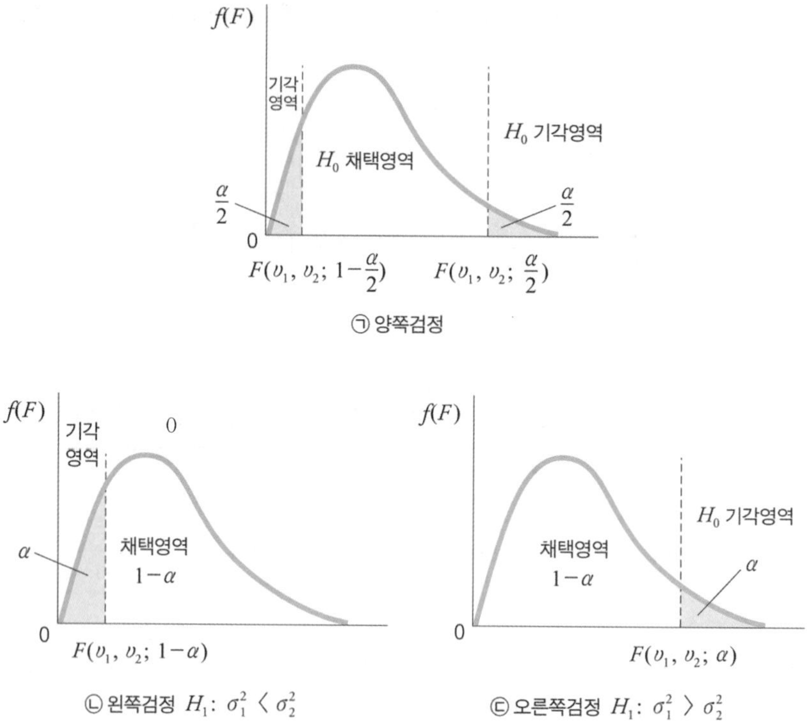

[그림 9-4] F 분포의 채택영역과 기각영역

F분포의 양쪽검정에서 두 모분산의 차이 검정에서 $\alpha = 5\%$ 일 때 오른쪽 꼬리면적은 $\frac{\alpha}{2} = \frac{0.05}{2} = 0.025$ 인 F_U의 값과 왼쪽 꼬리면적은 $1 - \frac{\alpha}{2} = 1 - \frac{0.05}{2} = 0.975$ 인 F_L의 값을 부록 F분포표에서 찾을 수 있다. 이것을 정리하여 보면 다음과 같다.

$$F_U = F(\nu_{1,}\ \nu_2\ ;\ \frac{\alpha}{2}) = F(\nu_{1,}\ \nu_2\ ;\ 0.025) \quad \text{혹은}$$

$$F_L = F(\nu_{1,}\ \nu_2\ ;\ 1 - \frac{\alpha}{2}) = F(\nu_{1,}\ \nu_2\ ;\ 0.975)$$

똑같은 방법으로, F분포의 한쪽검정에서 두 모분산의 차이 검정에서 $\alpha = 5\%$ 일 때 오른쪽 검정은 $\alpha = 0.05$ 인 F_U의 값이 결정되며, 왼쪽검정은 $1 - \alpha = 1 - 0.05 = 0.95$ 인 F_L의 값을 부록 F분포표에서 찾을 수 있다. 이것을 정리하여 보면 다음과 같다.

오른쪽 검정의 면적은 $F_U = F(\nu_{1,}\ \nu_2\ ;\ \alpha) = F(\nu_{1,}\ \nu_2\ ;\ 0.05)$

왼쪽 검정의 면적은

$$F_L = F(\nu_{1,}\ \nu_2\ ;\ 1-\alpha) = F(\nu_{1,}\ \nu_2\ ;\ 1-0.05) = F(\nu_{1,}\ \nu_2\ ;\ 0.95)$$

예제 13 경강선재를 700℃, 800℃의 두 종류로 열처리를 하였을 경우, 재료의 인장강도는 700℃로 열처리한 쪽의 모분산이 800℃로 열처리한 쪽의 모분산이 크다고 할 수 있겠는가를 위험률 5%로 검정하라.

인장강도 데이터

700℃ 열처리 (A)	33	29	42	32	42	41	42	44	33	45	38			
800℃ 열처리 (B)	35	37	31	32	33	29	27	31	39	37	30	34	36	28

[풀이] ① $H_0 :\ \sigma_A^2 = \sigma_B^2$

$H_1 :\ \sigma_A^2 > \sigma_B^2$

② $S_A = 16421 - \dfrac{421^2}{11} = 308.18182$, $V_A = \dfrac{308.18182}{11-1} = 30.818$

$S_B = 15225 - \dfrac{459^2}{14} = 176.357$, $V_B = \dfrac{176.357}{14-1} = 13.566$ 이므로

검정통계량은 $F_o = \dfrac{V_A}{V_B} = \dfrac{30.818}{13.566} = 2.2717$

③ 임계치는 $\alpha = 5\%$, 한쪽(오른쪽)검정이므로 $F(10,\ 13\ ;\ 0.05) = 2.67$이 된다.

④ 판단

	검정통계량 (F_o)	임계치 $F(10,\ 13;\ 0.05)$	판단
한쪽 검정	2.2717	2.67	$F_o = 2.2717 < F(10,\ 13 : 0.05) = 2.67$이므로 H_0 채택. 유의적이라고 할 수 없다.
의미	경강선재의 열처리 온도의 수준 A, B간은 모분산의 차이가 있다고 볼 수 없다. ($\alpha = 5\%$)		

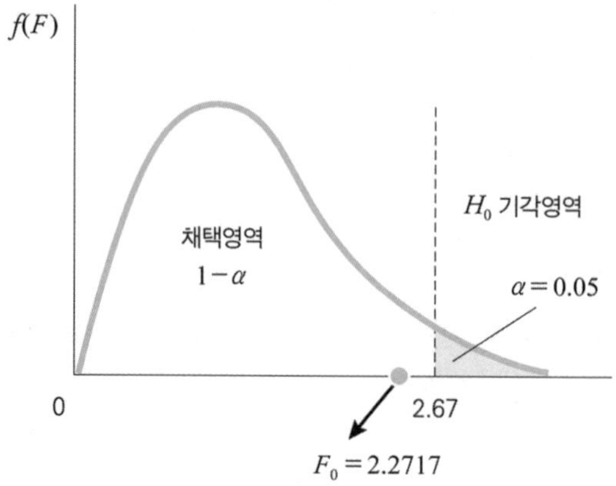

예제 14 A사와 B사가 납품하고 있는 납제품의 치수에 대해 기준면으로부터 측정점까지의 간격을 측정하였다. 두 모분산이 서로 다르다고 할 수 있겠는가를 유의수준 5%로 검정하라.

건반납 A	0.04	-0.06	-0.04	0.03	0.06	0.11	-0.09	0.01	0.03	-0.03
건반납 B	0.04	0.02	-0.01	0.00	-0.03	0.02	0.07	0.01	0.03	0.00

[풀이] ① $H_0 : \sigma_A^2 = \sigma_B^2$

$H_1 : \sigma_A^2 \neq \sigma_B^2$

② $S_A = 0.0334 - \dfrac{0.06^2}{10} = 0.03304$, $V_A = \dfrac{0.03304}{10-1} = 0.00367111$

$S_B = 0.0093 - \dfrac{0.15^2}{10} = 0.00705$, $V_B = \dfrac{0.00705}{10-1} = 0.0007833$

검정통계량은 $F_o = \dfrac{V_A}{V_B} = \dfrac{0.00367111}{0.0007833} = 4.687$

③ 임계치는 $\alpha = 5\%$, 양쪽검정이므로 $F(9,\ 9;\ 0.025) = 4.03$ 이 된다.

④ 판정

	검정통계량 (F_o)	임계치 $F(9,\ 9;\ 0.025)$	판단
양쪽 검정	4.687	4.03	$F_o = 4.687 > F(9,\ 9 : 0.025) = 4.03$ 이므로 H_0 기각. 유의적이라고 할 수 있다.
의미	건반납 A사, B사 제품의 기준면으로부터 측정점까지 치수의 모분산에 차이가 있다고 할 수 있다. ($\alpha = 5\%$)		

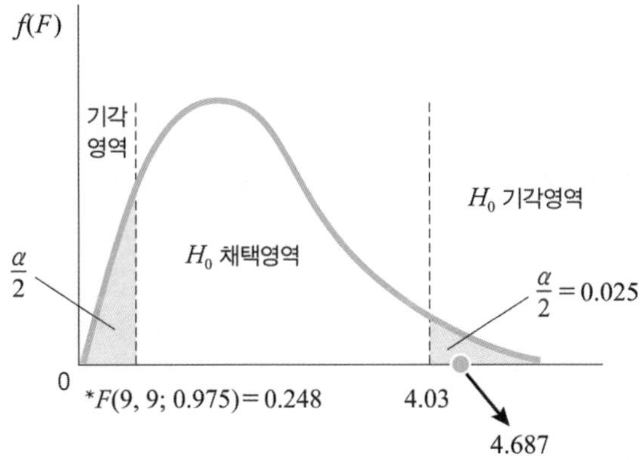

[참고]

F분포에서 양쪽검정의 왼쪽(아래쪽)면적의 임계치 $F(\nu_1,\ \nu_2;\ 1-\frac{\alpha}{2})$, 혹은 한쪽(왼쪽) 면적의 임계치$F(\nu_1,\ \nu_2;\ 1-\alpha)$ 를 부표를 통하여 확인을 하려면 $\alpha = 0.975,\ 0.95$ 인 경우는 대부분 없다. 따라서 이런 경우에는 자유도의 위치를 바꾸어서 다음 원리를 이용하여 임계치를 설정할 수 있다.

☞ $F(\nu_1,\ \nu_2;\ 1-\frac{\alpha}{2}) = \dfrac{1}{F(\nu_2,\ \nu_1;\ \frac{\alpha}{2})}$ ☞ $F(\nu_1,\ \nu_2;\ 1-\alpha) = \dfrac{1}{F(\nu_2,\ \nu_1;\ \alpha)}$

[예시] 상기 예제13에서 보면, $*F(\nu_1,\ \nu_2;\ 1-\frac{\alpha}{2})$ 에서 자유도가 각각 9이며, $\alpha = 5\%$인 경우

$F(9,\ 9;\ 0.975)$가 되며 이것을 $\dfrac{1}{F(9,\ 9;\ 0.025)} = \dfrac{1}{4.03} = 0.248$

3. 계수치의 검정

계수치의 검정은 불량율, 시장점유율, 발병률, 감염자수, 고장률, 출산률, 불량개수, 결점수, 사절수, 사고건수, 단위당 결점수 등과 같은 계수치 데이터에 관한 검정으로 주로 정규분포 근사방법으로 검정한다. 또한 카이제곱(χ^2)분포에 의한 근사방법으로 적합도 검정(goodness-of-fit test), 분할표에 의한 검정(contingency table test) 등이 적용되고 있다.

3.1 비율의 검정

(1) 모비율의 검정(모비율과 기준치와의 차이)

① 가설수립

모집단의 비율, 즉 모비율 P가 표본비율 혹은 특정한 값 p와의 관계정도를 검정하기 위하여 다음 표와 같이 세 가지 형태에 따라 정리해 본다.

구분	양쪽검정	한쪽검정	
		왼쪽검정	오른쪽검정
귀무가설 (H_0)	$P=p$	$P=p$ or $P\geq p$	$P=p$ or $P\leq p$
대립가설 (H_1)	$P\neq p$	$P<p$	$P>p$

② 검정통계량 계산

모비율의 검정은 모비율P인 집단에서 취한 n개중 특성치 x개의 표본비율 $p=\frac{x}{n}$는 평균이 P, 표준편차가 $\sqrt{\frac{P(1-P)}{n}}$인 이항분포를 하고 $p\leq 0.5$, $nP\geq 5$, $n(1-P)\geq 5$인 경우는 중심극한정리에 의하여 정규분포에 근사한다. 따라서 비율의 표본분포에는 정규분포를 이용한다.

기대치 : $E(p)=P$

표준편차 : $\sigma_p = \sqrt{\frac{P(1-P)}{n}}$

표본비율에 대한 정규분포의 근사치로서의 Z의 모비율 검정통계량은 다음과 같다.

모비율 검정통계량

$$Z_o = \frac{p-P}{\sqrt{\frac{P(1-P)}{n}}}$$

단, P : 모비율(기준치), p : 표본비율

③ 임계치 설정

[표 9-2] 정규분포에서의 $Z(\alpha)$에 따른 임계치를 참고바란다.

④ 판단

Z 분포표의 임계값과 검정통계량의 Z_o값과 비교, 판단한다.

단일 모비율의 검정 판단

단일 모비율의 가설검정 판단은 다음 표와 같이 σ를 알고 있는 경우 단일 모평균에 대한 Z검정 판단과 동일하다.

구분	귀무가설 채택		귀무가설 기각	
양쪽검정	$Z_o > -Z(\frac{\alpha}{2})$ 또는 $Z_o < Z(\frac{\alpha}{2})$		$Z_o < -Z(\frac{\alpha}{2})$ 또는 $Z_o > Z(\frac{\alpha}{2})$	
한쪽검정	왼쪽 검정	오른쪽 검정	왼쪽 검정	오른쪽 검정
	$Z_o > -Z(\alpha)$	$Z_o < Z(\alpha)$	$Z_o < -Z(\alpha)$	$Z_o > Z(\alpha)$

예제 15 A공단지역의 공기오염에 관한 환경법 준수율이 통상 70%라고 알고 있다. 최근 한 환경단체에서는 70%가 아니라고 주장하고 있다. 그러나 주무관청은 여전히 70%라고 알고 있기 때문에 이를 검정하고자 한다. 공단 내 임의로 선택한 공장 50개를 대상으로 조사를 한 결과 32개가 준수하고 있는 것으로 밝혀졌다. 환경법 준수율이 달라졌다고 할 수 있겠는가? 위험률 5%임

[풀이] ① $H_0 : P = p$

$H_1 : P \neq p$

② $p = \dfrac{x}{n} = \dfrac{32}{50} = 0.64$

$$Z_o = \frac{p-P}{\sqrt{\dfrac{P(1-P)}{n}}} = \frac{0.64-0.7}{\sqrt{\dfrac{0.7(1-0.7)}{50}}} = -0.926$$

③ 임계치는 $Z(0.025) = -1.96$이다.

④ 판단

양쪽 검정	검정통계량 (Z_o)	임계치 $Z(0.025)$	판단
	-0.926	-1.96	$Z_o = -0.926 > Z(0.025) = -1.96$이므로 H_0채택. 유의적인 수준이라고 할 수 없다.
의미	환경법 준수율 70%는 달라졌다고 할 수 없다. $\alpha = 5\%$		

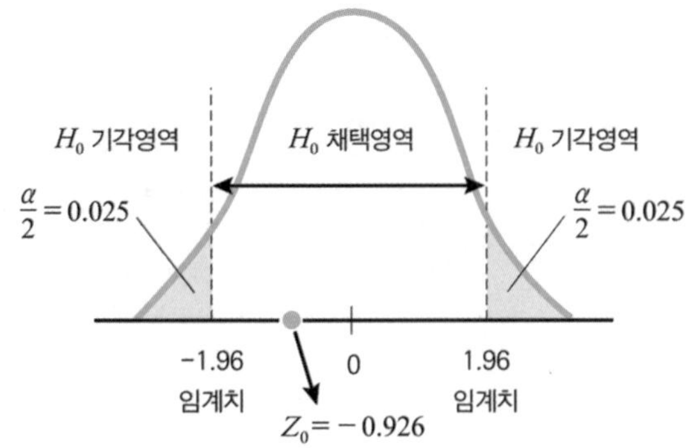

예제 16 현재, 적용되고 있는 평균불량률은 8%이다. 새로운 설비를 도입하여 불량률을 검사해 본 결과 160개 중에서 8개가 불량으로 판정되었다. 새로 도입된 설비는 현재의 불량률보다 좋아졌다고 볼 수 있겠는가? 단 위험률은 5%임.

[풀이] ① $H_0 : P = 8\%$

$H_1 : P < 8\%$

② $p = \dfrac{x}{n} = \dfrac{8}{160} = 0.05$

$$Z_o = \frac{|p-P|}{\sqrt{\dfrac{P(1-P)}{n}}} = \frac{0.05-0.08}{\sqrt{\dfrac{0.08(1-0.08)}{160}}} = -1.399$$

③ 임계치는 한쪽검정으로 위험률 5%이므로 $Z(0.05) = 1.645$ 이다.

④ 판단

	검정통계량 (Z_o)	임계치 $Z(0.05)$	판단
한쪽검정	-1.399	-1.645	$Z_o = -1.399 > Z(0.05) = -1.645$이므로 H_0채택. 유의적인 수준이라고 할 수 없다.
의미	새로 도입된 설비의 불량률은 평균불량률보다 좋아졌다고 할 수 없다. $\alpha = 5\%$		

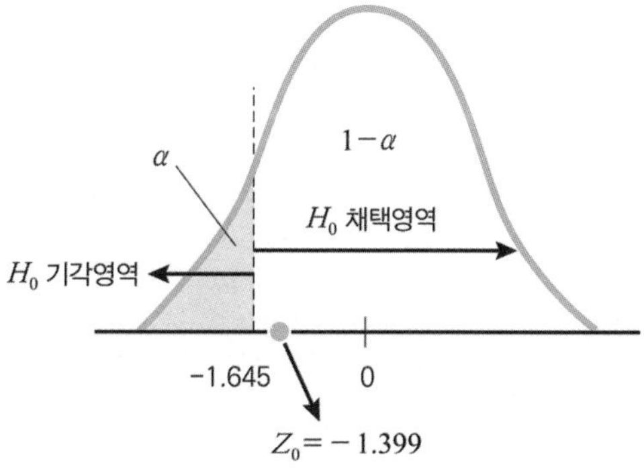

(2) 두 모비율 간 차의 검정

두 모비율 간 차의 검정은 두 모집단간의 비율에 대한 차이 비교를 할 때 사용한다. 예를 들면, A기계와 B기계간의 불량률 차이가 있는지의 여부, 두 회사 간의 시장 점유율의 차이 비교, 두 정당간의 지지도 비교 등의 문제에서 적용하게 된다. 두 모비율 간 차의 검정에서의 전제조건은 두 모집단에서 독립적으로 표본을 추출한다는 점과 $n \geq 30$인 대표본으로 $nP \geq 5$, $n(1-P) \geq 5$ 이어야 한다.

① 가설수립

두 모집단의 비율, 즉 $P_A - P_B$ 에 대한 관계정도를 검정하기 위하여 다음 표와 같이 세 가지 형태에 따라 정리해 본다.

구분	양쪽검정	한쪽검정	
		왼쪽검정	오른쪽검정
귀무가설 (H_0)	$P_A = P_B$ or $P_A - P_B = 0$	$P_A = P_B$ or $P_A \geq P_B$	$P_A = P_B$ or $P_A \leq P_B$
대립가설 (H_1)	$P_A \neq P_B$ or $P_A - P_B \neq 0$	$P_A < P_B$ or $P_A - P_B < 0$	$P_A > P_B$ or $P_A - P_B > 0$

② 검정통계량 계산

귀무가설 $H_0 : P_1 = P_2$ 의 검정은 두 모집단이 공통인 모불량률 P를 갖는다고 가정하고 있으므로 $(p_1 - p_2)$의 분포는 표본크기 $n_1,\ n_2$가 클 때 이항분포가 근사적으로 정규분포에 따른다는 조건하에서

$$\text{평 균} \quad E(p_1 - p_2) = P_1 - P_2 = p_1 - p_2$$

$$\text{표준편차} \quad D(p_1 - p_2) = \sqrt{\frac{p_1(1-p_1)}{n_1} + \frac{p_2(1-p_2)}{n_2}}$$

따라서, 검정통계량은 다음과 같다.

두 모비율 간의 차이 검정통계량

$$Z_o = \frac{p_1 - p_2}{\sqrt{\bar{p}(1-\bar{p})\left(\frac{1}{n_1}+\frac{1}{n_2}\right)}}$$

단, $p_1 = \frac{x_1}{n_1}$, $p_2 = \frac{x_2}{n_2}$, 통합표본비율 $\bar{p} = \frac{x_1 + x_2}{n_1 + n_2}$

③ 임계치 설정

[표 9-2] 정규분포에서의 $Z(\alpha)$에 따른 임계치를 참고바란다.

④ 판단

Z 분포표의 임계값과 검정통계량의 Z_o값과 비교, 판단한다.

두 모비율 간의 차이 검정 판단

두 모비율 간 차이 가설검정의 판단은 다음 표와 같이 σ를 알고 있는 경우 단일 모평균에 대한 Z검정 및 단일 모비율의 가설검정 판단과 동일하다.

<table>
<tr><th>구분</th><th colspan="2">귀무가설 채택</th><th colspan="2">귀무가설 기각</th></tr>
<tr><td>양쪽검정</td><td colspan="2">$Z_o > -Z(\frac{\alpha}{2})$ 또는 $Z_o < Z(\frac{\alpha}{2})$</td><td colspan="2">$Z_o < -Z(\frac{\alpha}{2})$ 또는 $Z_o > Z(\frac{\alpha}{2})$</td></tr>
<tr><td rowspan="2">한쪽검정</td><td>왼쪽 검정</td><td>오른쪽 검정</td><td>왼쪽 검정</td><td>오른쪽 검정</td></tr>
<tr><td>$Z_o > -Z(\alpha)$</td><td>$Z_o < Z(\alpha)$</td><td>$Z_o < -Z(\alpha)$</td><td>$Z_o > Z(\alpha)$</td></tr>
</table>

예제 17 A기계와 B기계에 있어서의 불량품수는 다음과 같은 데이터를 얻었다. 두 기계간의 불량률의 차이가 있다고 할 수 있는가? 위험률 5%임.

기 계	검사수량	불량품수
A	1000	95
B	900	80

[풀이] ① $H_0 : p_A = p_B$

$H_1 : p_A \neq p_B$

② $p_A = \dfrac{95}{1000} = 0.095$, $p_B = \dfrac{80}{900} = 0.08889$, $\bar{p} = \dfrac{95+80}{1000+900} = 0.092$

검정통계량은

$$Z_o = \frac{p_1 - p_2}{\sqrt{\bar{p}(1-\bar{p})\left(\frac{1}{n_1}+\frac{1}{n_2}\right)}} = \frac{0.095 - 0.08811}{\sqrt{0.092(1-0.092)\left(\frac{1}{1000}+\frac{1}{900}\right)}} = 0.460$$

③ 임계치는 양쪽검정으로 위험률 5%이므로 $Z(0.025) = 1.96$ 이다.

④ 판단

	검정통계량 (Z_o)	임계치 $Z(0.025)$	판단
양쪽 검정	0.460	1.96	$Z_o = 0.460 < Z(0.025) = 1.96$이므로 H_0채택. 유의적인 차이가 있다고 할 수 없다.
의미	A와 B기계 간 불량률에 대한 차이가 없다고 할 수 있다. $\alpha = 5\%$		

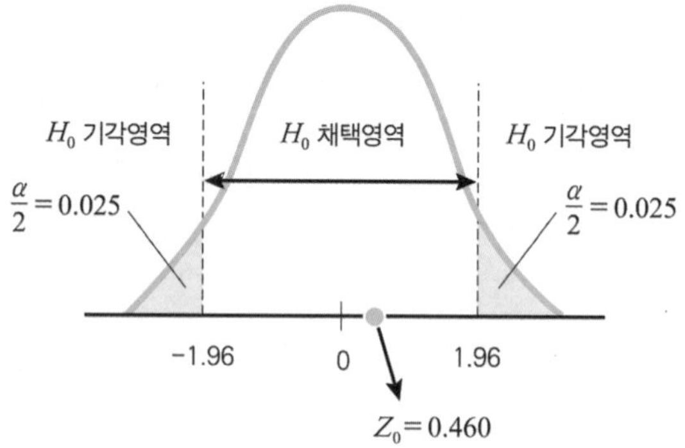

3.2 부적합수의 검정

(1) 모부적합수의 검정

부적합은 규정된 특성값, 치수, 속성(계수치), 성능 등의 요구사항을 충족하지 못하는 것을 말하며 하나 이상의 부적합을 포함하는 경우 부적합품이라고 한다. 하나의 제품이나 부품에 몇 개의 부적합이 있어도 부적합품은 1개가 있는 것이다. 따라서 표면의 흠, 핀홀, 옹이 등의 결점을 요즈음에는 '부적합'으로 표현되고 있다.

① 가설수립

모집단의 결점수, 즉 모부적합수 C가 표본부적합수 c와의 관계정도를 검정하기 위하여 다음 표와 같이 세 가지 형태에 따라 정리해 본다.

구분	양쪽검정	한쪽검정	
		왼쪽검정	오른쪽검정
귀무가설 (H_0)	$C=c$	$C=c$ or $C \geq c$	$C=c$ or $C \leq c$
대립가설 (H_1)	$C \neq c$	$C<c$	$C>c$

② 검정통계량 계산

$C>5$인 경우는 포아송분포는 정규분포에 근사하므로 이러한 성질의 조건을 정규분포에 이용하면 된다. 포아송분포는 평균이 C, 표준편차가 $\sqrt{C}$ 이므로 검정통계량은 다음과 같이 주어진다.

모부적합수의 검정통계량

$$Z_o = \frac{c-C}{\sqrt{C}}$$

단, c : 표본부적합수 C : 모부적합수

③ 임계치 설정

[표 9-2] 정규분포에서의 $Z(\alpha)$에 따른 임계치를 참고바란다.

④ 판단

Z 분포표의 임계값과 검정통계량의 Z_o값과 비교, 판단한다.

단일 모부적합수의 검정 판단

단일 모부적합수의 가설검정 판단은 다음 표와 같이 σ를 알고 있는 경우 단일 모평균에 대한 Z검정 및 단일 모비율의 가설검정 판단과 동일하다.

구분	귀무가설 채택		귀무가설 기각	
양쪽검정	$Z_o > -Z(\frac{\alpha}{2})$ 또는 $Z_o < Z(\frac{\alpha}{2})$		$Z_o < -Z(\frac{\alpha}{2})$ 또는 $Z_o > Z(\frac{\alpha}{2})$	
한쪽검정	왼쪽 검정	오른쪽 검정	왼쪽 검정	오른쪽 검정
	$Z_o > -Z(\alpha)$	$Z_o < Z(\alpha)$	$Z_o < -Z(\alpha)$	$Z_o > Z(\alpha)$

예제 18 종래의 한 로트의 모부적합수 $C = 16$ 이었다. 작업방법을 개선한 후는 표본의 부적합수 $c = 20$이 나왔다. 모부적합수가 달라졌다고 할 수 있겠는가? 위험률 5%임.

[풀이] ① $H_0 : C = 16$

$H_1 : C \neq 16$

② $c = 20$, $C = 16$

$$Z_o = \frac{c - C}{\sqrt{C}} = \frac{20 - 16}{\sqrt{16}} = 1.0$$

③ 임계치는 양쪽검정으로서 $\alpha = 5\%$ 이므로 $Z(0.025) = 1.96$ 이다.

④ 판단

	검정통계량 (Z_o)	임계치 $Z(0.025)$	판단
양쪽검정	1.0	1.96	$Z_o = 1.0 < Z(0.025) = 1.96$이므로 H_0채택. 유의적인 차이가 있다고 할 수 없다.
의미	모부적합수와는 유의적인 차가 있다고 할 수 없다. $\alpha = 5\%$		

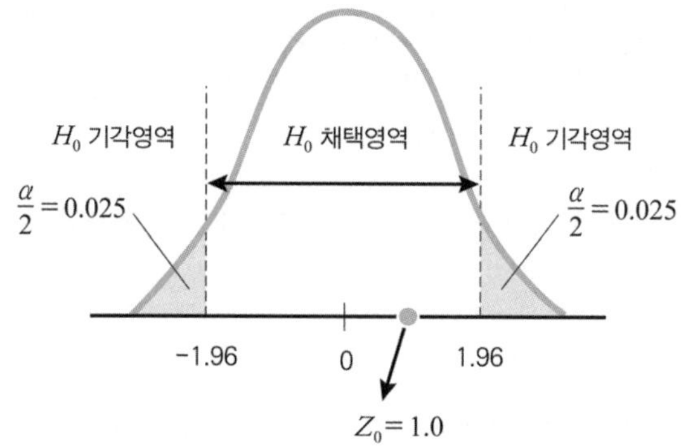

(2) 두 모부적합수의 차의 검정

두 모부적합수 차의 검정은 두 모집단간의 부적합수에 대한 차이 비교를 할 때 사용한다. 예를 들면, A생산라인과 B생산라인 간의 기포수 발생의 차이여부, 두 도장공정의 핀홀 차이 비교 등의 문제에서 적용하게 된다.

① 가설수립

두 모집단의 부적합수의 차이, 즉 $C_A - C_B$ 에 대한 관계정도를 검정하기 위하여 다음 표와 같이 세 가지 형태에 따라 정리해 본다.

구분	양쪽검정	한쪽검정	
		왼쪽검정	오른쪽검정
귀무가설 (H_0)	$C_A = C_B$	$C_A = C_B$ or $C_A \geq C_B$	$C_A = C_B$ or $C_A \leq C_B$
대립가설 (H_1)	$C_A \neq C_B$	$C_A < C_B$	$C_A > C_B$

② 검정통계량 계산

두 개의 모집단의 부적합수의 차에 관한 검정에도 $C > 5$인 경우는 포아송분포는 정규분포에 근사하므로 이러한 성질의 조건을 정규분포에 이용하면 된다.

검정통계량은 다음과 같다.

두 모부적합수의 차이 검정통계량

$$Z_o = \frac{c_1 - c_2}{\sqrt{c_1 + c_2}}$$

단, c_1 = 모집단 1의 표본결점수, c_2 = 모집단 2의 표본결점수

③ 임계치 설정

[표 9-2] 정규분포에서의 $Z(\alpha)$에 따른 임계치를 참고바란다.

④ 판단

Z 분포표의 임계값과 검정통계량의 Z_o값과 비교, 판단한다.

두 모부적합수의 차이 검정 판단

두 모부적합수의 차이 가설검정 판단은 다음 표와 같이 σ를 알고 있는 경우 단일 모평균에 대한 Z검정, 단일 모비율 및 단일 모부적합수의 가설검정 판단과 동일하다.

구분	귀무가설 채택		귀무가설 기각	
양쪽검정	$Z_o > -Z(\frac{\alpha}{2})$ 또는 $Z_o < Z(\frac{\alpha}{2})$		$Z_o < -Z(\frac{\alpha}{2})$ 또는 $Z_o > Z(\frac{\alpha}{2})$	
한쪽검정	왼쪽 검정	오른쪽 검정	왼쪽 검정	오른쪽 검정
	$Z_o > -Z(\alpha)$	$Z_o < Z(\alpha)$	$Z_o < -Z(\alpha)$	$Z_o > Z(\alpha)$

예제 19 어느 철판 제조공장에서 A, B 생산라인이 2개 있다. A공정에서는 $10m^2$당 흠집수가 30개 있고, B공정에서는 $10m^2$당 흠집이 37개 있다. A, B공정의 기포의 수는 차이가 있는가? 위험률 5%임.

[풀이] ① $H_0 : C_A = C_B$

$H_1 : C_A \neq C_B$

② 검정통계량은

$$Z_o = \frac{c_1 - c_2}{\sqrt{c_1 + c_2}} = \frac{30 - 37}{\sqrt{30 + 37}} = -0.855$$

③ 임계치는 양쪽검정으로서 $\alpha = 5\%$ 이므로 $Z(0.025) = -1.96$ 이다.

④ 판단

	검정통계량 (Z_o)	임계치 $Z(0.025)$	판단
양쪽 검정	-0.855	-1.96	$Z_o = -0.855 > Z(0.025) = -1.96$이므로 H_0채택. 유의적인 차이가 있다고 할 수 없다.
의미	A, B 두 생산라인의 모결점수 간의 차이는 있다고 할 수 없다. $\alpha = 5\%$		

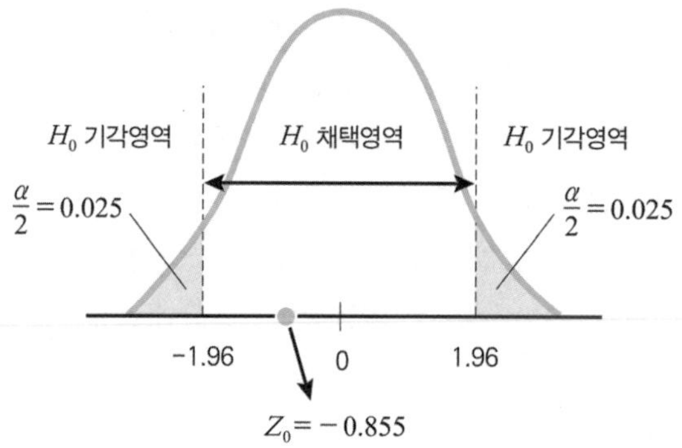

Review Lecture

본 Review Lecture는 강의를 통하여 배운 내용을 교수님이 직접 학생들에게 질문형식을 통하여 강의 내용을 점검하고 마무리하는 코너입니다. ______ 같이 풀어 보실까요?

01 다음 내용은 검정에 관한 기본개념에 관한 내용이다. 해당되는 용어를 보기에서 선택하여 ( ) 속에 넣어라.

① 귀무가설	② 통계적 가설검정	③ 위험률	④ 제1종
⑤ 임계치	⑥ 제2종	⑦ 양측	⑧ 단측

(1) 모집단의 모수의 값이나 확률분포에 대하여 어떤 가설을 설정하고 이 가설의 성립여부를 표본의 데이터로 판단하여 통계적 결정을 내리는 것을 (   ) 혹은 가설검정(hypotheses test), 그리고 간단히 검정이라고 한다.

(2) 모집단에 대한 주장이나 가정의 진실을 검정하기 위하여 대상으로 삼는 가설을 (   )이라고 한다.

(3) 가설검정의 결과 귀무가설이 사실인데도 불구하고, 「변경 전 · 후 관계가 유의적인 관계, 즉 차이가 있다고 볼 수 있다.」고 잘못 판단하여 대립가설을 채택하는 오류의 확률을 (   )이라고 한다.

(4) 유의수준이 결정되고 검정통계량의 계산된 값이 기각역에 위치하면 귀무가설을 기각하고, 채택역에 위치하면 채택하게 되며 이러한 기각역과 채택역을 나누는 기준 경계지점을 (   )라고 한다.

(5) 귀무가설(H_0)을 채택해야 하는데도 불구하고 기각되어 버리는 과오를 (   )과오라고 한다.

(6) 귀무가설(H_0)을 기각해야 하는데도 불구하고 채택되어 버리는 과오를 (   )과오라고 한다.

(7) 귀무가설(H_0)의 기각역을 분포의 한쪽만을 설정하는 검정으로 대립가설(H_1)이 부등호(〈 , 〉)의 관계를 표시한다. 이 검정을 (   )검정이라고도 한다.

(8) 귀무가설(H_0)의 기각역을 분포의 양쪽에 위치하는 검정으로 대립가설(H_1)이 부등호(≠)의 관계를 표시한다. 이 검정을 (   )검정이라고도 한다.

연 / 습 / 문 / 제

01 A대학 1학년생을 대상으로 영어시험을 본 결과 평균이 69점, 표준편차가 10점으로 나타났다. 이들 학생에 대한 영어실력 향상 프로그램을 6개월 동안 실시하여 랜덤하게 80명을 추출하여 시험을 본 결과 평균점수가 75점으로 측정되었다. 영어실력 향상 프로그램이 효과가 있는지를 95% 신뢰율로 검정하라.

02 통상적으로 6개월간 정상적인 먹이로 사육한 돼지의 평균체중은 15kg이고 표준편차는 3kg이다. 최근 개발한 먹이로 동일한 기간 동안 사육한 10마리의 돼지를 대상으로 체중을 조사한 결과 평균이 18kg이었다. 최근 개발한 먹이가 돼지의 체중증가에 영향을 미치는지를 99%의 신뢰율로 검정하라.

03 관절에 붙이는 파스의 접착력 평균 $0.015kg/mm^2$이었다. 새로운 개발한 파스의 접착력 실험한 결과 다음과 같은 결과치를 얻었다. 새로 개발된 파스의 접착력은 기존 파스와 차이가 있는지 검정하라. (신뢰율 95%)

0.018, 0.017, 0.016, 0.014, 0.015, 0.017, 0.018, 0.016, 0.015, 0.018

04 축구선수 주전멤버들에 대하여 폐활량(ml)을 측정하여 다음과 같은 데이터를 얻었다. 보통 20대 남자의 평균폐활량 5,000ml와 비교하여 높다고 할 수 있는가를 위험률 5%로 검정하라.

5,700 5,500 6,100 5,300 5,500 5,000 5,800 6,000 6,200 5,900 5,200

05 두 회사 제품을 각각 로트로부터 시료를 뽑아서 인장강도를 측정하였더니 다음과 같은 데이터를 얻었다. 두 회사 제품의 평균치에 차이가 있다고 할 수 있는가?
단, 두 회사 각각 모표준편차가 $5kg/mm^2$, 위험률 5%임.

A사	22,	25,	26,	18,	25,	23,	24,	25,	26,	18,	22,	23
B사	21,	20,	23,	19,	27,	26,	19,	20,	23,	19,	26,	25

06 50대 남성들의 건강증진을 위해 개발한 성인병 예방프로그램을 6개월간 적용하여 10명을 대상으로 적용 전, 후의 비만도(%) 측정값이 다음과 같다. 성인병 예방프로그램이 비만도에 영향을 주었는지 신뢰율 95%로 검정하라.

남자	적용 전	적용 후
1	30.1	25.4
2	27.5	22.0
3	26.4	26.2
4	34.1	29.5
5	32.4	27.4
6	28.7	22.5
7	29.4	26.7
8	27.5	23.6
9	29.1	31.3
10	27.6	24.8

07 두 회사에 대한 시험 성적서를 가지고 부품치수의 모분산에 대한 차이가 있는지를 판단하라. (위험률 5%)

A사	0.42,	0.47,	0.35,	0.46,	0.35,	0.42,	0.41,	0.39
B사	0.43,	0.40,	0.43,	0.39,	0.37,	0.35,	0.40,	0.45

08 건강음료를 생산하는 회사에서 캔에 대한 손잡이부분의 개봉장력을 측정하기 위하여 캔 20개를 추출하여 본 결과 표준편차가 0.09온스로 나타났다. 모분산이 0.01온스보다 작다고 할 수 있는지 유의수준 5%로 검정하라.

09 귀무가설 $H_0 : P = 0.05$를 검정하기 위하여 모집단으로부터 $n = 120$의 시료를 추출하여 조사한 결과, 불량품이 8개 나왔다. 이 경우의 검정통계량은 얼마인가?

10 흡연과 폐암발생의 관계를 조사하기 위하여 다음과 같이 폐암발생자수를 조사하였다. 흡연자와 비흡연자 간에 폐암발생률이 차이가 있는지 5%의 유의수준으로 검정하라.

구 분	흡연	비흡연
조사대상 수	1,500	1,200
폐암발생 수	28	7

11 병렬공정으로 가동하고 있는 나사산 가공기계 두 대가 있다. A기계에서 300개를 시료로 뽑아 검사한 결과 15개가 불량이 나왔으며, B기계에서는 250개를 뽑아 검사한 결과 11개가 불량이 나왔다. 두 기계간 불량률의 차이가 있다고 할 수 있는가? (위험률 1%)

12 C공정의 평균 부품가공 불량율이 3%로 알려져 있다. 공정개선 후 150개의 부품을 검사한 결과 4개가 불량품으로 판정되었다. 공정개선 효과가 있는지를 검정하라. (유의수준 5%)

13 종래의 모결점수가 35개이었다. 공정을 개선한 후 시료의 결점수가 25개 나왔다. 모결점수가 달라졌다고 할 수 있는가? (위험률 5%)

14 병렬로 가동하고 있는 공정에서 A공정은 평균 1대당 결점수가 5개, B공정은 7개가 검출된다. A, B공정간 결점수가 차이가 있는지 유의수준 1%로 검정하라.

15 통화의 건수가 '사랑의 열의 정도'라고 가정하여 본다면, 결혼을 하기 전에는 하루 평균 7건의 통화를 하였으며, 결혼 후에는 평균 4건의 통화를 하였다면 결혼 전, 후 사랑의 열의 정도가 변하였는지를 신뢰도 95%로 검정하라.

제10장

상관분석과 회귀분석

1. 상관분석의 개념
2. 상관분석의 검정
3. 회귀분석의 개념

데이터 분석에서 두 변수 간 혹은 그 이상의 변수들 간 즉, 특성과 특성, 요인과 특성, 요인과 요인 간 관계의 정도가 얼마나 있는지를 파악할 필요가 있다. 이들 관계의 척도로 설명되는 두 변수 간에는 종속관계와 독립관계가 존재한다. 종속관계는 종속변수 혹은 반응변수로서 요인에 의해 영향을 받는 관계이다. 그와 반대로 독립관계는 독립변수 혹은 설명변수로서 반응변수에 영향을 미치는 관계이다. 예를 들면, 나이와 기억력간의 관계처럼 기억력은 나이에 따라 변화하는 관계로 나이가 독립변수라고 하고 기억력은 나이라는 변수에 영향을 받으므로 종속변수라고 한다.

한편 종속관계가 아닌 경우 두 변수간의 관계를 비종속 관계(nondependent relationship) 또는 상호의존관계(interdependent relationship)라고 한다.

1. 상관분석의 개념

상관분석은 산점도에서 그 기본적인 개념이 출발되며, 이것은 두 개의 확률변수 즉, X와 Y축의 관계 사이의 공간에 타점하여 그 형상을 보고 상관관계를 대략적으로 파악한 바 있다. "상관이 있다"는 의미는 대응하는 두 종류이상의 요인이나 특성사이에 직선적인 형상으로 될 때이다.

상관분석

두 변수사이에 선형관계가 존재한다는 전제하에 확률변수 간에 존재하는 상호의존 관계의 강도 또는 그 정도를 표시하기 위해 분석하는 통계적 방법.

이제 한 단계 나아가서 이들 상관관계의 형상들을 통계적인 방법으로 정확한 수치개념을 구현하여 상관관계를 해석하는 방법을 상관분석(correlation analysis)이라고 한다.

1.1 산점도(Scatter diagram)

산점도는 2변량 사이의 상관관계를 알기 위하여 2개의 변량 x, y를 그래프에 타점하여 2개의 변량을 각자 세로축과 가로축을 타점하여 작성한 그림을 말한다. 이러한 그림의 형태에는 다음 [그림 10-1]과 같이 정상관, 부상관, 영상관, 곡선관계, 층별현상 등으로 표시할 수 있다.

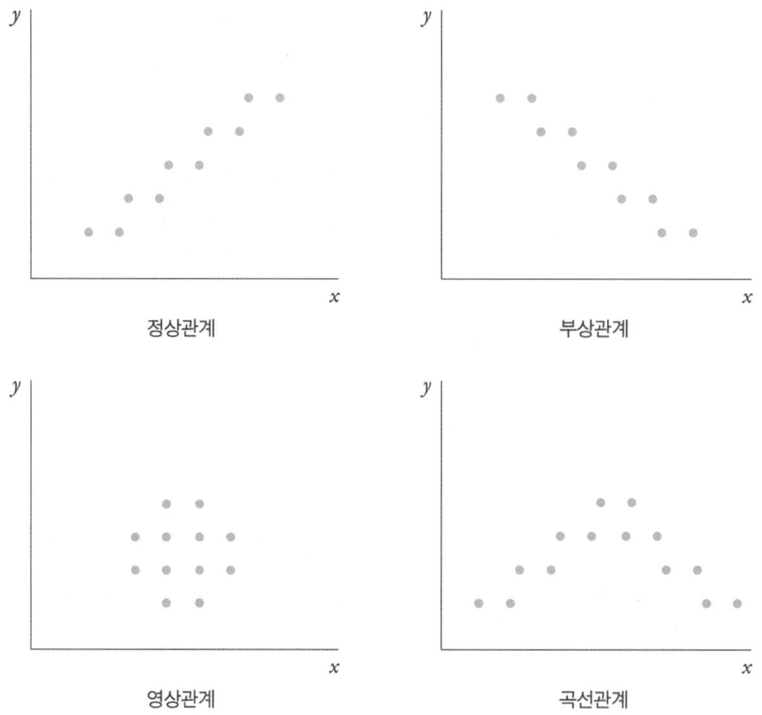

[그림 10-1] **산점도**

1.2 공분산(Covariance)

공분산이란 두 변수간이 비종속적인 관계가 있다고 판단될 때, 양 변수가 동시에 변하는 정도를 나타내는 지표를 말한다. 즉 두 개의 확률변수 사이의 상호관계를 나타내는 측정치중의 하나로서 다음과 같이 정의한다.

$$
\begin{aligned}
Cov(X, Y) = \sigma^2_{xy} &= E[(X-\mu_x)(Y-\mu_y)] \\
&= E(XY - \mu_y X - \mu_x Y + \mu_x \mu_y) \\
&= E(XY) - \mu_x \mu_y
\end{aligned}
$$

두 변수 편차의 곱의 기대치로서, 두 확률변수 X와 Y가 상호 독립적일 경우 $E(XY) = E(X)E(Y) = \mu_x \mu_y$ 이므로 공분산은 0이 된다.

공분산(covariance) σ^2_{xy}의 추정치로는 V_{xy}를 사용한다.

공분산

$$
\widehat{\sigma^2_{xy}} = V_{xy} = \frac{\sum (x_i - \bar{x})(y_i - \bar{y})}{n-1} = \frac{S_{(xy)}}{n-1}
$$

$V_{xy} < 0 \rightarrow$ 음상관
$V_{xy} > 0 \rightarrow$ 양상관
$V_{xy} = 0 \rightarrow$ 영상관

공분산은 이변량 자료에서 두 확률변수의 관계의 정도 및 방향을 측정하는 연관성의 척도로, 양수이면 두 확률변수가 같은 방향으로 변화하며 음수이면 반대방향으로 변화한다.

예제 1 10명의 학생을 대상으로 영어 필기시험 x, 회화시험 y의 관계를 나타내는 공분산을 구하라.

대상	x_i	y_i	$x_i - \bar{x}$	$y_i - \bar{y}$	$(x_i - \bar{x})(y_i - \bar{y})$
1	79	88	-4.9	1.3	-6.37
2	81	88	-2.9	1.3	-3.77
3	75	83	-8.9	-3.7	32.93
4	78	84	-5.9	-2.7	15.93
5	83	82	-0.9	-4.7	4.23
6	86	83	2.1	-3.7	-7.77
7	87	92	3.1	5.3	16.43
8	92	87	8.1	0.3	2.43

9	95	91	11.1	4.3	47.73
10	83	89	-0.9	2.3	-2.07
합계	839	867	0	0	99.7
평균	83.9	86.7	0	0	$V_{xy}=11.08$

[풀이] 공분산 $V_{xy}=11.08$로서 양의 값을 가지면 x와 y는 같은 방향으로 움직임을 알 수 있다. 만일 공분산 $V_{xy}=0$이라면 x와 y의 두 변수 간에는 증감관계가 없음을 알 수가 있다.

1.3 상관계수

측정단위나 대상에 관계없이 두 변수사이의 선형관계의 강도를 나타내는 지표는 두 변수의 공분산을 표준화시키면 된다. 모집단의 상관계수를 모상관계수(population correlation coefficient)를 ρ(Rho) 라고 하며 이는 공분산 Cov(X, Y)를 각 변수들의 표준편차인 σ_x, σ_y의 곱으로 나눈 값이다.

(1) 모상관계수 : ρ(Rho)

모상관계수

$$\rho=\frac{Cov(X,Y)}{\sqrt{V(X)\cdot\ V(Y)}}=\frac{\sigma_{xy}^2}{\sigma_x\cdot\ \sigma_y}\ ,\qquad -1\le\rho\le1$$

여기서, $\hat{\sigma_{xy}}^2=\frac{S_{(xy)}}{n-1}$, $\hat{\sigma_x}^2=\frac{S_{(xx)}}{n-1}$, $\hat{\sigma_y}^2=\frac{S_{(yy)}}{n-1}$

모집단의 모수와 같이 모집단의 상관계수도 확률표본을 사용하여 추정한다. 따라서 모상관계수 ρ의 추정치로는 표본의 상관계수 r를 사용한다.

(2) 표본(시료)상관계수 : r

표본상관계수

$$r = \frac{S_{(xy)}}{\sqrt{S_{(xx)}S_{(yy)}}}$$

단, $S_{(xx)} = \sum(x_i - \overline{x})^2 = \sum x_i^2 - \frac{(\sum x_i)^2}{n}$

$$S_{(yy)} = \sum(y_i - \overline{y})^2 = \sum y_i^2 - \frac{(\sum y_i)^2}{n}$$

$$S_{(xy)} = \sum(x_i - \overline{x})(y_i - \overline{y}) = \sum x_i y_i - \frac{\sum x_i \sum y_i}{n}$$

표본상관계수의 성질

① $-1 \leqq r \leqq +1$
② r의 값은 X와 Y간의 선형관계를 나타내는 척도로서, $r = \pm 1$인 경우는 모든 점이 일직선상에 놓이게 된다.(이를 완전상관이라 함)
③ 계산의 편의상, $X' = (x - x_0)h, Y' = (y - y_0)g$와 같이 수치변환을 하여도 x, y 간의 상관계수는 X', Y'의 상관계수와 동일하다.
④ ·$r > 0$: 정상관(양상관)
·$r < 0$: 역상관(부상관)
·$r = 0$: 무상관(영상관)

예제 2 두 변수 x와 y사이의 상관계수를 구하기 위하여 다음의 데이터를 얻었다. 상관계수를 구하라.

x	1	2	3	4
y	-5	-1	3	7

[풀이] $S_{(xx)} = \sum x_i^2 - \frac{(\sum x_i)^2}{n} = 30 - \frac{(10)^2}{4} = 5$

$$S_{(yy)} = \sum y_i^2 - \frac{(\sum y_i)^2}{n} = 84 - \frac{(4)^2}{4} = 80$$

$$S_{(xy)} = \sum x_i y_i - \frac{\sum x_i \sum y_i}{n} = 30 - \frac{10 \times 4}{4} = 20$$

$$\therefore \quad r = \frac{S_{(xy)}}{\sqrt{S_{(xx)} S_{(yy)}}} = \frac{20}{\sqrt{5 \times 80}} = 1.0$$

예제 3 A회사의 남자 10명에 대한 종합검진 결과에서 맥박수와 신장(cm)간의 관계를 조사하고 한다. 표본상관계수를 구하라.

신장	171	168	177	173	175	172	173	170	170	174
맥박수	70	71	75	74	71	70	71	74	70	72

[풀이] $$S_{(xx)} = \sum x_i^2 - \frac{(\sum x_i)^2}{n} = 296{,}937 - \frac{(1{,}723)^2}{10} = 64.1$$

$$S_{(yy)} = \sum y_i^2 - \frac{(\sum y_i)^2}{n} = 51{,}584 - \frac{(718)^2}{10} = 31.6$$

$$S_{(xy)} = \sum x_i y_i - \frac{\sum x_i \sum y_i}{n} = 123{,}731 - \frac{1{,}723 \times 718}{10} = 19.6$$

$$\therefore \quad r = \frac{S_{(xy)}}{\sqrt{S_{(xx)} S_{(yy)}}} = \frac{19.6}{\sqrt{64.1 \times 31.6}} = 0.435$$

2. 상관분석의 검정과 추정

측정치로부터 계산에 의해 구해진 상관계수는 통계량으로서 표본에 관한 표본상관계수이다. 따라서 표본상관계수 $|r|$가 1에 가깝다고 해서 반드시 x와 y사이에 고도의 상관관계가 있다고 할 수 없으며, 또한 $|r|$가 0에 가깝다고 해서 상관이 없다고 판단할 수는 없는 일이다.

우리는 이러한 경우에도 표본상관계수에 의하여 모집단에서의 상관관계의 유무 및 그 정도를 알고자 한다. 그러므로 상관관계의 유의성의 검정 그리고 상관계수의 추정을 해야 한다. 이러한 목적을 위해서는 먼저 표본상관계수가 어떠한 분포를 이루는가를 알아야 한다.

2.1 표본상관계수의 분포

x, y가 모두 정규분포를 이루는 모집단 즉, 2차 정규분포의 모집단이고 그 모상관계수를 ρ로 한다. 여기에서 샘플링 한 표본으로부터 구한 상관계수 r의 분포는 다음과 같은 분포를 하는 것으로 알려지고 있다.

ⓐ 표본의 크기가 매우 크고($n \geqq 100$), ρ의 절대치가 그다지 크지 않을 때에는 r는 근사적으로 정규분포를 하며 그 표준편차는 $D(r) = \dfrac{1-\rho^2}{\sqrt{n-1}}$ 으로 주어진다.

위 식에서 $\rho = 0$, 즉 x와 y사이에 상관이 없다면 r의 분포

$$E(r) = 0$$

$$D(r) = \frac{1}{\sqrt{n-1}}$$

의 정규분포를 하며, r를 $1/\sqrt{n-1}$로 나누어서 표준화하여

$$Z = r/\sqrt{n-1}$$

로 하면 Z는 이러한 조건하에서는 근사적으로 $N(0.1^2)$ 의 정규분포를 한다.

ⓑ n이 작아지고 ρ가 1에 가까워지면 r의 분포는 정규분포에서 아주 떨어진다.

ⓒ n이 작고($n < 100$), $\rho = 0$일 때 일반적으로 r는 평균 0의 가까이에 정규분포가 아닌 좌우대칭의 t 분포를 한다.

이때, $$t_0 = \frac{r}{\sqrt{\dfrac{1-r^2}{n-2}}}$$

라 놓으면, 자유도 $\nu = n-2$ 의 t분포를 한다.

또 앞에 식에서 표본의 수 n과 유의수준 α가 주어지면 그때의 r을 계산할 수 있다.

이와 같이 해서 나온 것이 r표로서 이 표를 사용하여 상관을 검정할 수 있다.

2.2 상관계수의 검정

(1) 상관관계의 유무에 관한 검정(무상관의 검정)

모상관계수 ρ가 0인지 아닌지를 검정하는 경우 즉, 상관유무에 대한 검정은 다음과 같이 한다.

① $H_0 : \rho = 0$

$H_1 : \rho \neq 0$

② 통계량

$$t_0 = \frac{r}{\sqrt{\frac{1-r^2}{n-2}}}$$

③ 기각역

$$|t_0| > t(n-2, \frac{\alpha}{2})$$

(2) 모상관계수 ρ에 대한 검정

모상관계수 ρ가 0이 아닌 임의의 값 ρ_0라는 검정의 경우 다음과 같이 검정을 한다.

① $H_0 : \rho = \rho_0$

$H_1 : \rho \neq \rho_0$

② 통계량

$$Z_0 = \sqrt{n-3}\left[\frac{1}{2}l_n\left(\frac{1+r}{1-r}\right) - \frac{1}{2}l_n\left(\frac{1+\rho_0}{1-\rho_0}\right)\right]$$

이 검정통계량은 표본의 수 n이 크고 H_0가 옳은 경우에 통계량 $X = \frac{1}{2}l_n\left(\frac{1+r}{1-r}\right)$는 근사적으로 $N\left[\frac{1}{2}l_n\left(\frac{1+\rho_0}{1-\rho_0}\right), \frac{1}{n-3}\right]$ 인 정규분포에 따른다.

③ 기각역

$|Z_0| > Z(\frac{\alpha}{2})$ 이면 귀무가설 H_0은 기각되고 대립가설 H_1이 채택된다.

예제 4 다음 데이터를 구하라.

x	2	3	4	5	6	7	8	9
y	4	6	7	8	8	9	12	16

(1) 상관계수를 구하라.

(2) 상관관계의 유무를 검정하라.(신뢰율 95%)

[풀이] (1) $S(xx) = \sum x_i^2 - \dfrac{(\sum x)^2}{n} = 284 - \dfrac{(44)^2}{8} = 42$

$$S(yy) = \sum y_i^2 - \frac{(\sum y)^2}{n} = 710 - \frac{(70)^2}{8} = 97.5$$

$$S(xy) = \sum xy - \frac{\sum x \sum y}{n} = 445 - \frac{44 \times 70}{8} = 60$$

$$r = \frac{60}{\sqrt{42 \times 97.5}} \fallingdotseq 0.9376$$

(2) 상관관계 유무에 대하여 검정

$H_0 : \rho = 0$

$H_1 : \rho \neq 0$

$\alpha = 0.05$, $n = 8$

① 검정통계량 $|t_0| = \dfrac{|r|}{\sqrt{\dfrac{1-r^2}{n-2}}} = \dfrac{0.9376}{\sqrt{\dfrac{1-(0.9376)^2}{8-2}}} \fallingdotseq 6.605$

② 기각역 $|t_0| \geq t(n-2, \ \dfrac{\alpha}{2}) = t(6, \ 0.025) = 2.447$

③ 판정 $|t_0| = 6.605 \geq t(6, \ 0.025) = 2.447$ 이 성립되므로, H_0를 5%로 기각한다. 즉, 상관관계가 존재함을 알 수가 있다.

예제 5 모상관계수 $\rho = 0.6$이라고 알려진 모집단에서 30개의 표본을 임의로 추출하여 표본 상관계수를 계산한 결과 $r = 0.4$이었다. 모상관계수에 대하여 신뢰율 95%로 검정하라.

[풀이] 모상관계수 ρ가 임의의 값 ρ_0인지의 검정

$H_0 : \rho = 0.6$

$H_1 : \rho \neq 0.6$

$$\alpha = 0.05,\ n = 30$$

① 검정통계량

$$Z_o = \sqrt{n-3}\left[\frac{1}{2}l_n\left(\frac{1+r}{1-r}\right) - \frac{1}{2}l_n\left(\frac{1+\rho_0}{1-\rho_0}\right)\right]$$

$$= \sqrt{27}\,(0.424 - 0.693) = -1.398$$

② 기각역 $|Z_0| = 1.398 < Z(0.025) = 1.96$

③ 판정 $|Z_0| = 1.398 < Z(0.025) = 1.96$ 이므로 귀무가설을 채택한다.

즉, 모상관계수 0.6과는 다르다고 할 수 없다.(유의수준 5%)

3. 회귀분석의 개념

변수 x를 독립변수, y를 종속변수라고 하면 수식을 다음과 같이 표시할 수 있다.

$$y = f(x)$$

여기서 독립변수 x라 함은 원인을 나타내는 것으로 변수들 사이에는 다른 변수에 영향을 주는 변수가 된다. 이와는 상반되는 것으로 종속변수 y는 결과를 나타내는 것으로 다른 변수로부터 영향을 받는 변수를 말한다.

회귀분석

독립변수가 종속변수에 미치는 영향력의 정도를 파악하여 독립변수의 일정한 값에 대응되는 종속변수의 값을 예측하는 분석방법.

즉, 회귀분석(regression analysis)은 변수들 간의 함수적인 관련성의 정도를 파악하기 위

하여 어떤 수학적 모형을 가정하여 측정된 변수들의 자료로부터 추정하는 통계적 분석 방법을 말한다.

회귀분석의 목적

① 해석목적
② 관리목적
③ 예측목적

회귀분석은 독립변수와 종속변수가 각각 하나인 경우에 이루어지는 단순회귀분석(simple regression analysis)과 종속변수는 하나이며 여러 개의 독립변수가 있어 독립변수들이 종속변수에 어느 정도의 영향을 미치고 있는가를 분석하는 중회귀분석(multiple regression analysis)으로 구분하나 이 책에서는 단순회귀분석에 대해 설명을 한다.

x에 대한 y의 변화가 어느 정도 규칙적으로 일어나는 경우에는 이 함수는 간단한 수식으로 표시된다. 즉, $y = a + bx$ 이러한 변량사이의 관계를 표시하는 방정식을 회귀방정식(regression equation)이라 한다.

이 방정식을 그리는 선을 회귀선(regression line)이라 하며 그것이 직선인 경우에는 직선회귀(linear regression)라 하고 이회귀선을 회귀직선이라 한다.

또한 독립변수 1개, 종속변수 1개로 2차 이상의 함수(곡선)로 가정하는 경우 곡선회귀분석이라고 하며, 이것이 곡선인 경우에는 비직선회귀(nonlinear) 또는 곡선회귀(polynominal regression)라 한다.

여기서 독립변수는 서로 관계를 가지고 있는 변수들 중에서 다른 변수에 영향을 주는 변수이며, 종속변수는 독립변수에 의해 영향을 받는 변수를 말한다.

3.1 모집단과 표본의 회귀모델

독립변수 X와 종속변수 Y가 선형관계를 가지면 종속변수 Y의 모든 평균은 직선상에 위치하게 된다. 이 직선을 모집단의 회귀직선(population regression line)이라고 한다.

모집단의 회귀직선

$$E(Y_i/X_i) = \alpha + \beta X_i$$

상기 회귀직선은 독립변수 X값이 정확하게 위치하면 종속변수 Y값이 정확하게 계산되므로 확정적 모형이 되지만 오차를 고려한다면 독립변수 X값이 지정될 때 종속변수 Y값의 관측치는 회귀직선을 중심으로 산포가 발생된다. 이러한 상황을 감안하여 다음과 같은 모집단의 회귀모델을 전개할 수 있다.

모집단의 회귀모델

$$Y_i = \alpha + \beta X_i + \varepsilon_i$$

단, $\alpha =$ Y축의 절편, $\beta =$ 직선의 기울기, $\varepsilon_i =$오차

두 변수 X와 Y값을 알기 위해서는 표본을 통하여 추정하여야 한다. 즉, 모집단의 회귀직선을 추정하기 위해서는 $\alpha =$ Y축의 절편, $\beta =$ 직선의 기울기에 대한 정보를 표본자료를 통하여 구하면 표본회귀직선(sample regression line)을 그릴 수 있게 된다.

표본 회귀직선

$$\hat{y_i} = a + bx_i$$

단, $a = \alpha$의 추정, $b = \beta$의 추정

표본을 통하여 얻은 독립변수 x의 값이 주어지면 예측치 $\hat{y}$와 실측치 y_i 간에는 차이에 따른 오차가 발생하는데 이것을 잔차(residual)라고 하며 기호로는 e로 표시한다. 즉 잔차 $e_i = y_i - \hat{y_i}$로 나타내며 모집단 오차 ε의 추정치이다.

표본 회귀모델

$$y_i = a + bx_i + e_i$$

3.2 최소자승법에 의한 회귀직선

측정치 y_i에서 일정한 값을 뺀 값의 제곱합

$$Q = \sum (y_i - a)^2$$

을 생각하여 이 Q를 최소로 하는 a의 값은 $\bar{y}$로서 이와 같은 Q의 최소치는 바로 y의 편차제곱의 합 $S(yy)$이다.

지금 a대신에 y와 x사이의 관계식 $y = a + bx$를 생각하여 y의 추정치인 $(a + bx_i)$를 사용하여 y_i와 y의 추정치의 차의 제곱의 합 $Q = \sum (y_i - (a + bx_i))^2$ 을 생각하여 이 Q가 최소가 되게 하면 x로부터 y를 추정할 때 가장 산포가 적은 y의 추정치를 얻는 직선을 구할 수 있다. 즉 Q가 최소화 되게 하는 a, b를 구하면 된다.

이 방법이 최소제곱법으로 회귀를 구하는 방법이다. 이것을 구하려면 $\partial Q / \partial a$와 $\partial Q / \partial b$를 구해서 얻어지는 식을 0이라 두고, a, b에 대해 풀면 된다.

$$\frac{\partial Q}{\partial a} = -2 \sum (y_i - (a + bx_i)) = 0$$

$$\frac{\partial Q}{\partial b} = -2 \sum x_i (y_i - (a + bx_i)) = 0$$

$$\sum y_i = na + b \sum x_i$$

$$\sum x_i y_i = a \sum x_i + b \sum x_i^2$$

이 두 개의 방정식으로부터 a, b를 구하면, [그림 10-2]에서와 같이 추정회귀직선 $\hat{y} = a + bx$이 된다.

표본 회귀직선

$$a = \frac{\sum y_i - b \sum x_i}{n} = \frac{(\sum y \sum x^2) - (\sum x \sum xy)}{(n \sum x^2) - (\sum x^2)^2} = \bar{y} - b\bar{x}$$

$$b = \frac{n \sum x_i y_i - \sum x_i \sum y_i}{n \sum x_i^2 - (x_i)^2} = \frac{\sum (x_i - \bar{x})(y_i - \bar{y})}{\sum (x_i - x)^2} = \frac{S_{(xy)}}{S_{(xx)}}$$

단, a는 절편, b는 회귀선의 기울기

여기서 a는 $x=0$일 때의 y의 값으로서 절편, 또한 b는 회귀선의 기울기를 나타내며 이들 a와 b를 회귀계수라고 한다.

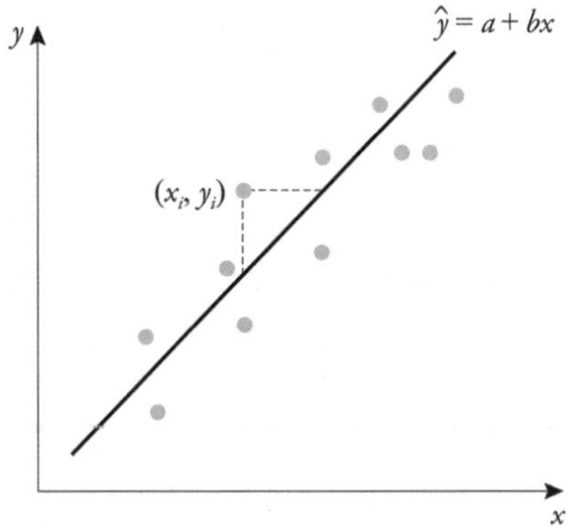

[그림 10-2] **산점도와 추정회귀직선**

추정회귀직선은 $y-\overline{y}=b(x-\overline{x})$의 개념을 기본으로 하여 다음과 같이 쉽게 구할 수도 있다.

$$b=\frac{S_{(xy)}}{S_{(xx)}},\quad \overline{y}=\frac{\sum y_i}{n},\quad \overline{x}=\frac{\sum x_i}{n}$$

① x에 대한 y의 추정회귀선

$\hat{y}-\overline{y}=b(x-\overline{x})$

$\hat{y}=\overline{y}+b(x-\overline{x})$

$=a+bx$

여기서 $b=\dfrac{S(xy)}{S(xx)}$이다.

② y에 대한 x의 추정회귀선

$\hat{x}-\overline{x}=b(y-\overline{y})$

$\hat{x}=\overline{x}+b(y-\overline{y})$

$=a+by$

여기서 $b=\dfrac{S(xy)}{S(yy)}$ 이다.

예제 6 다음 (x_i, y_i) 데이터에 대한 물음에 따라 구하라.

x	57.5	64.7	50.4	55.8	64.1	72.3	50.5	52.3	60.3	54.5
y	44.4	52.0	38.1	49.3	60.3	63.2	39.5	30.3	57.5	41.0

(1) 상관계수를 구하라

(2) x에 대한 y의 회귀추정직선을 구하라.

(3) y에 대한 x의 회귀추정직선을 구하라.

[풀이] (1) $S(xx)=\sum x_i^2-\dfrac{(\sum x)^2}{n}=429861.14-\dfrac{(582.4)^2}{10}=455.144$

$$S(yy)=\sum y_i^2-\frac{(\sum y)^2}{n}=23653.38-\frac{(475.6)^2}{10}=1033.844$$

$$S(xy)=\sum xy-\frac{\sum x\sum y}{n}=28304.36-\frac{582.4\times 475.6}{10}=605.416$$

$$r=\frac{605.416}{\sqrt{455.144\times 1033.844}}\fallingdotseq 0.88258$$

(2)x에 대한 y의 회귀추정직선

$b=\dfrac{S_{xy}}{S_{xx}}=\dfrac{605.416}{455.144}=1.330,\ \ \overline{x}=58.24,\ \ \overline{y}=47.56$ 이므로

$\hat{y}-\overline{y}=b(x-\overline{x})$ 에서 $\hat{y}-47.56=1.330(x-58.24)$

$\therefore\ y=-29.899+1.330x$

(3) y에 대한 x의 회귀추정직선

$\hat{x}-\overline{x}=b(y-\overline{y})$ 에서 $b=\dfrac{S_{xy}}{S_{yy}}=\dfrac{605.416}{1033.844}\fallingdotseq 0.586$ 이므로

$x-58.24=0.586(y-47.56)$

$\therefore\ x=30.370+0.586y$

3.3 결정계수 : r^2

결정계수는 기여율이라고도 하며 이것은 표본회귀직선이 표본의 데이터를 얼마나 잘 설명하고 있는지 나타내는 척도가 된다.

결정계수

표본으로부터 수집된 자료로부터 추정한 회귀직선이 표본을 얼마나 잘 나타내 주고 있는가를 추정하는 척도.

표본의 상관계수를 제곱한 것을 결정계수라고 한다.

$$r^2 = \left(\frac{S(xy)}{\sqrt{S(xx)S(yy)}} \right)^2$$

이므로 우변의 분자, 분모에 $S(xx)$를 곱하면

$$r^2 = \frac{b^2 S(xx)}{S(yy)} = \frac{S_R}{S(yy)}$$

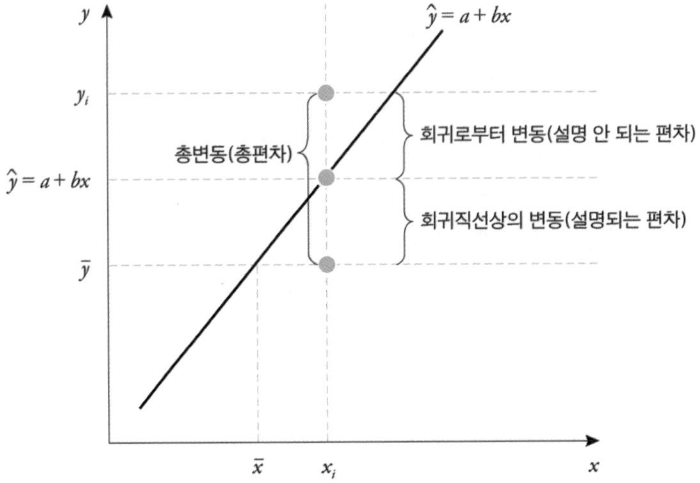

[그림 10-3] **총편차**

로 되고, y의 전 변동에 대한 회귀에 의한 변동의 정도를 나타냄을 알 수 있다.

이 의미를 간단히 설명하면 다음과 같다.

[그림 10-3]에서 보는 바와 같이 총편차는

$y_i - \overline{y}$	$=$	$(y_i - \hat{y})$	$+$	$(\hat{y} - \overline{y})$
(총편차)		(회귀선으로 설명 안 되는 편차(회귀로부터의 편차)		(회귀선으로 설명되는 편차 (회귀선에 의한 편차)

와 같이 분해되는데, 좌우 각 변의 제곱의 합을 구하면 다음과 같다.

$$\sum(y_i - \hat{y})^2 = \sum(y_i - \hat{y})^2 + \sum(\hat{y} - \overline{y})^2$$

(총변동) (설명 안 되는 변동) (설명되는 변동)

S_T S_E S_R

이제, 결정계수는 다음과 같이 정의된다.

$$\text{결정계수(\%)} \quad r^2 = \frac{S_R}{S_T} \times 100$$

단, S_R : 회귀변동 $= b^2 S(xx) = S(xy)^2 / S(xx)$ 이다.

결정계수의 성질

① $0 \leq r^2 \leq 1$

만약 모든 측정값들이 회귀선상에 위치한다면 $S_E = 0$이고 $S_R = S_T$이므로 $r^2 = 1$이 된다.

② r^2은 총변동을 설명하는 데 있어 회귀선에 의해 설명되는 변동이 차지하는 비율

③ 측정치가 회귀선에서 멀리 떨어져 있게 된다면 S_E(설명 안 되는 변동)는 커지게 되며 r^2의 값이 0에 가까워지므로 추정된 회귀선은 유용성이 없어지게 된다.

④ r^2의 값(통상 $r^2 \geq 70\%$)에 따라 회귀모형의 유용성을 판단할 수 있는 것이다.

예제 7 어떤 승용차의 가격이 연도가 지남에 따라서 어떻게 그 가격이 떨어지는가를 조사하였다. x는 사용연수이고, y는 가격이다. (단위는 백만 원)

(1) 최소자승 회귀직선의 방정식을 구하라

(2) 기여율(r^2)을 구하라

[풀이] (1) $\overline{x}=3.4$, $\overline{y}=2.362$, $S_{xx}=20.40$, $S_{yy}=6.54286$, $S_{xy}=10.938$

$$b=\frac{S_{xy}}{S_{xx}}=\frac{10.938}{20.4}=0.5362 \text{ 에서 } \quad y-2.362=0.5362(x-3.40)$$

$$\therefore\ y=4.1851-0.5362x$$

(2) $$r^2=\left(\frac{10.938}{\sqrt{20.4\times 6.54296}}\right)^2\times 100\%=89.634\%$$

Review Lecture

본 Review Lecture는 강의를 통하여 배운 내용을 교수님이 직접 학생들에게 질문형식을 통하여 강의 내용을 점검하고 마무리하는 코너입니다. ______ 같이 풀어 보실까요?

01 다음 내용은 상관분석에 관한 기본개념에 관한 내용이다. 해당되는 용어를 보기에서 선택하여 ( ) 속에 넣어라.

① 산점도 ② 정상관 ③ 상관분석 ④ 공분산 ⑤ 역상관 ⑥ 무상관

(1) 두 변수사이에 선형관계가 존재한다는 전제하에 확률변수 간에 존재하는 상호 의존관계의 강도 또는 그 정도를 표시하기 위해 분석하는 통계적 방법 (　　　　　)

(2) 2변량 사이의 상관관계를 알기 위하여 2개의 변량 x, y를 그래프에 타점하여 2개의 변량을 각자 세로축과 가로축을 타점하여 작성한 그림 (　　　　　)

(3) 두 변수간이 비종속적인 관계가 있다고 판단될 때, 양 변수가 동시에 변하는 정도를 나타내는 지표 (　　　　　)

(4) 표본상관계수 $r>0$일 때 어떤 관계인가? (　　　　　)

(5) 표본상관계수 $r<0$일 때 어떤 관계인가? (　　　　　)

(6) 표본상관계수 $r=0$일 때 어떤 관계인가? (　　　　　)

02 다음 내용은 회귀분석에 관한 기본개념에 관한 내용이다. 해당되는 용어를 보기에서 선택하여 ( ) 속에 넣어라.

① 중회귀분석 ② 회귀분석 ③ 비직선회귀 ④ 단순회귀분석 ⑤ 결정계수

(1) 변수들 간의 함수적인 관련성의 정도를 파악하기 위하여 어떤 수학적 모형을 가정하여 측정된 변수들의 자료로부터 추정하는 통계적 분석방법(　　　　　)

(2) 종속변수는 하나이며 여러 개의 독립변수가 있어 독립변수들이 종속변수에 어느 정도의 영향을 미치고 있는가를 분석(　　　　　)

(3) 독립변수 1개, 종속변수 1개로 2차 이상의 함수(곡선)로 가정하여 회귀분석방법
(　　　　　)

(4) 표본으로부터 수집된 자료로부터 추정한 회귀직선이 표본을 얼마나 잘 나타내 주고 있는가를 추정하는 척도(   )

(5) 독립변수와 종속변수가 각각 하나인 경우에 이루어지는 회귀분석방법
(   )

연 / 습 / 문 / 제

01 두 변수 x, y에 대하여 다음과 같은 6개의 데이터가 있다. 표본상관계수(r)를 구하라.

02 A도시에서의 환경오염정도를 파악하기 위하여 아황산가스(SO_2)와 차량운행수를 조사하였다.

차량 운행 수	아황산가스(ppm)
380	0.174
337	0.162
320	0.161
295	0.157
288	0.156
273	0.152
265	0.151
258	0.148
244	0.146
237	0.144

(1) 표본상관계수를 구하라.

(2) 모상관계수 ρ가 무상관인지를 위험률 5%로 검정하라.

03 아래와 같이 데이터가 주어졌을 때 회귀직선 y의 값은?

DATA : $S_{xx} = 74.5$, $S_{yy} = 376.4$, $S_{xy} = 396.2$, $\bar{x} = 3.5$, $\bar{y} = 32.6$

04 두 변수 x와 y의 상관관계를 구하기 위하여 다음의 데이터를 얻었다. y에 대한 x의 추정 회귀선을 구하라.

x	3	4	5	6	7
y	3	6	10	15	20

05 다음 $(x_{i,} y_i)$ 데이터가 5조가 있다.

x	2	3	4	5	6
y	4	7	6	8	10

(1) 상관관계의 유무를 검정하라 (위험률 5%)

(2) y의 회귀직선식을 구하라.

(3) 모상관계수에 대한 검정을 $\alpha = 0.05$로 실시하라.

(귀무가설 $\rho = 0.5$, 대립가설 $\rho \neq 0.5$)

06 $n = 10$의 x와 y의 관계를 추정하여 다음의 결과가 나왔다. x에 대한 y의 회귀관계를 검정하려고 할 때 회귀에 의한 변동의 값은 얼마인가?

DATA : $S_{xx} = 90.5,\ S_{yy} = 134.4,\ S_{xy} = 67.8$

07 아래 데이터에 의하여 최소자승법으로서 x에 대한y의 추정회귀선을 구하라.

단, ( ) 안의 첫 숫자는 x, 둘째 숫자는 y에 대응한다.

(8, 4)	(7, 3)	(3, 5)	(5, 3)	(6, 7,)	(2, 1)

08 다음 데이터를 가지고 요구사항을 계산하라.

x	8.8	8.6	9.6	7.3	9.0
y	7.6	7.4	8.5	6.9	8.3

① 상관계수를 구하라.

② x에 대한y의 추정회귀선을 구하라.

③ y에 대한x의 추정회귀선을 구하라.

④ 결정계수(%)을 구하라.

⑤ 공분산(V_{xy})을 계산하라.

제11장

분산분석

1. 실험계획의 개요
2. 분산분석
3. 일원배치법
4. 이원배치법

실험계획(Design of Experiment)이란 제품의 특성에 영향을 미치는 여러 인자를 선정하고, 이들의 관계를 알아내기 위하여 실험을 설계하고 실험을 실시한 후 데이터를 얻고, 이것을 분석함으로써 올바른 조처 방안이나 또는 제품의 최적 제조조건을 경제적으로 찾아내고자 하는 통계적 기법이다.

신제품 개발단계에서 제품설계와 공정설계 시 최적조건을 설정하고, 품질개선을 도모하고자 할 때 적용하면 매우 효과적이다. 그런데 이 기법은 통계학 기본을 응용하는 고등통계학의 분야이다. 본장에서는 실험계획법의 개요와 일원배치법과 이원배치법에 대하여 소개한다.

1. 실험계획의 개요

1.1 실험계획의 개념과 목적

실험계획이란 프로세스(process)의 성격을 알아내기 위하여 실험을 실시하고자 할 때, 과연 어떤 방법으로 실험을 해야 효율적인 정보 획득이 가능한지, 또 어떻게 정보를 처리해야 얻어진 정보에 대한 분석 및 해석이 적합한지 등을 다루는 통계적 기법이다.

실험을 실시한 후에 데이터의 형태로 얻어지는 반응치(특성치)에 영향을 미치고 있는 원인이 어떻게 관계되어 있는가를 이론적으로 또는 경험적으로 명백히 밝혀 내는 것은 쉬운 일이 아니다. 왜냐하면, 일반적으로 제품의 특성에 영향을 미치는 요인은 한, 두 가지가 아니고 원료, 실험장치, 숙련도 등의 차이에서 오는 산포의 영향과 환경 조건의 변동, 샘플링오차(sampling error) 등 많은 요인에 의해 영향을 받기 때문이다. 따라서 올바른 실험을 손쉽게 하기 위해서는 우선 실험의 목적을 명확히 하고, 그리고 그 목적에 맞는 실험을 계획하여야 한다.

일반적으로 실험의 주요 목적은 다음과 같다.

(1) 어떤 요인이 큰 영향을 미치는 요인인가를 확인하기 위하여 (검정의 문제)

(2) 검출된 요인이 어느 정도의 영향을 어떻게 미치고 있는가를 양적으로 파악하기 위하여 (추정의 문제)

(3) 작은 영향밖에 미치지 않는 요인은 전체적으로 어느 정도의 영향을 주고 있으며 측정오차는 어느 정도인가를 알아내기 위하여 (오차항 추정의 문제)

(4) 유의한 영향을 미치는 원인들이 어떠한 조건을 가질 때 가장 바람직한 반응을 얻을 수 있는가를 알아내기 위하여 (최적 반응조건의 결정문제)

(5) 결과에 따라 기계, 장치, 원료 등을 선택하거나 작업 표준을 정한다거나 하는 행동(action)을 취하기 위하여 (작업의 기준 설정문제)

이와 같은 실험의 목적을 달성하기 위해서는 실험의 실시 전에 실험에 대한 충분한 계획, 즉 실험 계획법이 필요하다.

1.2 실험계획의 기본원리

실험계획법에 사용되는 기본원리는 다음의 다섯 가지를 들 수 있는데, 실험을 계획하는 단계에서 실험자가 이 원리를 항상 염두에 두고 실험계획법을 적용하면 실험의 정도가 좋고 분석이 용이한 실험을 수행할 수 있다.

(1) 랜덤화의 원리(principle of randomization)

실험의 대상 선정이나 실험의 실시는 랜덤하게 이루어져야 한다. 이 원리는 여러 가지 기본원리 중에서 가장 중요한 것으로, 선정된 인자 외에 기타 요인들의 영향이 실험결과에 효과가 서로 뒤섞여 분리되지 않는 교락을 피하기 위한 방법이다. 즉 인자 이외의 다수 원인의 영향이 실험 결과에 치우침이 있는 것을 방지한다.

(2) 반복의 원리(principle of replication)

실험의 정도를 높이기 위하여 2회 이상의 반복 실험을 한다. 실험은 각 수준의 조합에서 1회 행하는 것보다는 가능하면 반복하여 2회 이상 행하는 것이 얻어지는 실험결과의 신뢰성을 높일 수 있다. 실험을 반복함으로써 오차항의 자유도가 커지게 되고 또한 오차분산의 정도가 좋게 추정되어 실험결과의 신뢰성을 높일 수 있다.

(3) 블럭화의 원리(principle of blocking)

실험의 정도를 높이기 위하여 실험 대상 중 유사한 것을 그룹화한다. 실험의 환경을 될 수 있는 한 균일한 부분으로 쪼개어 여러 블럭으로 만든 후에 블록 내에서 각 인자의 영향을 조사하는 것이 바람직하다. 실험 전체를 시간적 혹은 공간적으로 분할하여 블럭을 만들어 주면 각 블록 내에서는 실험환경이 균일하게 되어 정도가 높은 결과를 얻을 수 있게 된다.

(4) 교락의 원리(principle of confounding)

중요한 인자들이 블록의 효과와 중복되지 않도록 한다. 이와 같은 방법을 교락법이라고 하는데, 교락법이란 고려할 필요가 없는 2인자 교호작용이나 고차의 교호작용을 블럭과 교락시키는 방법으로서, 검출할 필요가 없는 요인을 블럭과 교락시켜 실험의 효율을 높이는 것이다.

(5) 직교화의 원리(principle of orthogonality)

인자들간에 영향을 받지 않도록 한다. 요인간에 직교성을 갖도록 실험을 계획하여 데이터를 구하면 같은 실험횟수라도 검출력이 더 좋은 검정을 할 수 있고, 정도가 높은 추정을 할 수 있다.

1.3 실험계획의 순서

[순서 1] 실험 목적의 설정

연구대상과 그리고 무엇이 문제인가를 명확히 하여 실험의 목적을 구체적으로 설정한다.

[순서 2] 특성치의 선택

실험의 목적이 정해지면 그 목적을 달성하기 위하여 이와 직결된 실험의 반응치를 특성치로 택하여야 한다. 실험의 목적에 따라서 특성치를 두개 이상 택해 주어야 할 경우도 있다. 만약 실험자가 택한 하나의 특성치가 좋게 되었더라도 다른 특성이 나쁘게 되어 전체적으로 실험의 목적을 달성할 수 없는 경우에는 실험의 목적과 관련된 모든 반응치를 특성치로 하여 주어야 한다.

[순서 3] 인자와 인자수준의 선택

실험의 목적을 달성하기 위하여 이와 관련된 인자는 모두 선택하여 주는 것이 원칙이지만 과다한 인자의 수는 도리어 실험의 정도를 떨어뜨리고 실험비용이 너무 커지기 때문에 실험의 목적을 달성할 수 있다고 생각되는 범위 내에서 최소의 인자를 택해 주어야 한다.

온도, 압력, 장치, 조작방법 등과 같이 기술적으로 수준이 지정되어지는 인자를 모수인자(fixed factor)라고 부르는데, 실험의 목적과 관련이 있는 모수인자는 모두 선택하여 주는 것이 좋다. 또한 오전, 오후, 날짜 등과 같이 기술적으로 지정되지 않는 변량인자(random factor)도 다른 인자의 효과에 영향을 줄 가능성이 있다고 생각될 때에는 실험의 인자로 택하는 것이 좋다. 다음으로 인자의 수준과 수준수를 선택하여야 한다. 각 인자의 수준과 수준수를 택하는 방법은 다음의 원칙에 따른다.

- 수준은 실험자가 생각하고 있는 관심영역 내에서 선택하게 되는데 수준 간격을 너무 넓게 잡으면 인자수준의 조합에서 생기는 효과인 교호작용이 발생하기 쉽고, 실험자체의 의미가 없어지는 경우도 있을 수 있다. 또한 너무 좁게 잡으면 수준간의 차이가 없게 되어 실험의 효율이 떨어진다.
- 실제로 사용하기 어려운 조건은 수준에서 제외시키고 보통 2~5수준이 적절하며 6수준이 넘지 않도록 하여야 한다.

[순서 4] 실험의 배치와 실험순서의 랜덤화

인자의 수준이 정해지면 실험을 어떻게 실시할 것인가에 대한 구체적인 계획을 세워야 한다. 어떻게 인자의 수준을 조합시켜 실험할 것이며, 블럭의 구성은 어떻게 하고, 실험순서를 위한 랜덤화는 어떻게 할 것인가를 정해 두어야 한다. 블럭이라는 것은 실험을 시간적 혹은 공간적으로 분할하여 그 내부에서 실험의 환경이 균일하도록 만들어 놓은 것이다.

[순서 5] 실험의 실시

실험배치가 끝나고 실험순서가 정해지면 실험하는 방법에 대한 표준을 작성하여 이를 충분히 숙지한 후에 실험을 실시하여야 한다. 실험의 실시는 계획대로 이루어지도록 처음부터 끝까지 충분히 관리해 주어야 한다.

[순서 6] 데이터의 분석

실험의 실시로 얻어지는 데이터에 대하여 어떠한 통계적 방법을 사용하여 분석할 것인가를 정하여야 한다. 데이터 분석은 가능하면 그래프화하여 시작하는 것이 좋다. 데이터를 그래프에 그려봄으로써 특성치의 변동상황을 한 눈에 알아볼 수 있으며, 최적조건의 위치도 짐작할 수 있는 경우가 많다. 또한, 그래프화함으로써 어떠한 통계적 분석방법이 좋은가를 알아낼 수 있는 경우도 있다. 데이터의 통계적 분석방법으로 많이 사용되는 것으로는 분산분석(ANOVA), 통계적 검정과 추정, 상관분석, 회귀분석 등이 있다.

[순서 7] 분석결과의 해석과 조치

실험 결과로부터 최적조건이 얻어지면 이 조건에서 특성치에 대한 추정을 하고 확인실험을 실시하여 실제로 얻어진 최적조건이 최적 특성치를 주는지 확인할 필요가 있다. 확인실험을 하기 위해서는 시험이 재현성을 가져야 하는데, 이처럼 똑같은 조건으로 실험이 반복될 수 있도록 실험계획을 수립해야 할 것이다. 일반적으로 재현성이 없는 실험은 별로 의미가 없다. 그리고 실험결과의 해석이 끝나면 반드시 적절한 조치를 취하여야 한다.

1.4 인자와 인자모형 구분

인자를 크게 구분하면 정량적 인자(quantitative factor)와 정성적 인자(qualitative factor)로 나눈다. 정량적 인자는 연속적으로 이어지는 측정으로 얻어지는 값이며 온도, 압력, 습도 등이 있다.

정성적 인자는 질적 변수에 의해 구분되는 불연속적인 측정으로 얻어지는 값으로 예를 들면, 촉매의 종류, 원료의 종류, 회사별 등이다.

(1) 인자의 종류

① 제어인자(control factor)

온도, 시간, 소재, 성분과 같이 작업 조건을 변경한다든가 구입 규격을 개정하거나 해서 실험 결과를 사용하여 수준을 자유로이 조절할 수 있는 인자를 말한다.

② 표시인자(mark factor)

다른 제어 인자의 수준을 조절하기 위하여 채택되는 인자, 또는 그 자체의 수준은 변경할 수 없으나 그 수준에 대응할 작업 조건을 찾아내고자 할 때 사용하는 인자, 또는 제어 인자와 같은 수준을 가지고 있으나 최량의 수준을 선택하는 것이 무의미한 인자로서 제어 인자의 수준을 조절하기 위하여 채택하는 인자이다.

③ 블록인자(block factor)

실험의 정도를 올릴 목적으로 실험의 장을 층별하기 위하여 채택한 인자를 말한다. 수준에 재현성은 없고, 따라서 제어 인자와의 교호작용을 찾아내도 쓸모가 없다(제어 인자와의 교호 작용은 없다고 생각하는 경우가 많다.)

[예] 날짜, 로트, 작업자, 지구 등

④ 보조 인자(support factor)

수준, 주효과 및 교호작용 등의 존재는 의미가 없는 인자이다.

⑤ 오차 인자

일반적으로 오차라고 하며 실험 조작에 우연적인 산포에서 블록인자에 따른 변동을 배제한 것이다.

(2) 인자모형의 분류

인자를 구조 모형이라는 입장에서 분류하면 다음과 같이 된다. 구조 모형이란 수학적인 모형으로서 측정치의 산포를 요인 효과(주효과와 교호 작용 효과)와 오차로 분해해서 식으로 나타낸 것이다.

① 모수 모형(fixed model)

기술적으로 조건을 지정할 수 있는 인자에 대한 데이터의 구조 모형으로서 여기서 기술적으로 어떤 조건이 지정된다고 하는 것은 그 조건 아래에서 실험 하였을을 때의 데이터의 분포, 즉 그와 같은 일정 조건에 있어서의 모평균이 기술적으로 의미가 있는 경우이다.(모평균 검추정)

② 변량 모형(random model)

기술적으로 조건을 지정할 수 없는 인자에 대한 데이터의 구조 모형으로서, 원인 자체가 어떤 모평균을 가지고 있고, 각 수준은 이 모형의 주위에 σ_A^2 이라는 분산으로 랜덤하게 산포하고 있다고 간주되는 경우의 모형을 말한다.(모분산 검추정)

③ 혼합 모형(mixed model)

모수 변형과 변량 모형의 양자를 포함한 구조를 말한다.

2. 분산분석

2.1 분산분석이란?

분산분석(analysis of variance : ANOVA)이란 전체의 변동을 몇 개의 요인효과에 대응하는 변동과 그 나머지의 오차변동으로 나누어서 검정 및 추정을 하는 것을 말한다.

즉 특성치의 산포를 S(편차제곱합, 변동)로 표시하고 변동의 분해를 급간(인자간) 변동과 급내(오차)변동으로 나눈다. 즉 특성치의 산포를 요인별로 분해하여 어느 요인이 큰 산포를 나타내는가를 규명하는 방법이다.

(예) 요인 A → 제곱합 S_A / 자유도 ϕ_A : V_A $\quad F_O = \dfrac{V_A}{V_E}$

요인 B → 제곱합 S_B / 자유도 ϕ_B : V_B $\quad F_O = \dfrac{V_B}{V_E}$

요인 e → 제곱합 S_E / 자유도 ϕ_E : V_E

$$\therefore S_T = S_A + S_B + S_E$$

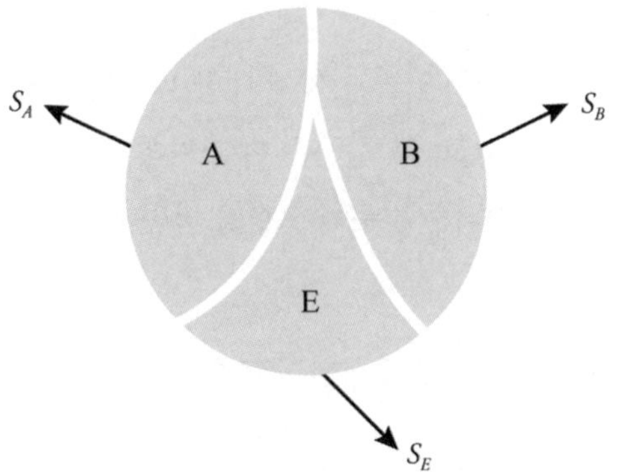

[그림 11-1] **분산분석(ANOVA) 개념도**

분산분석

전체의 변동을 몇 개의 요인효과에 대응하는 변동과 그 나머지의 오차변동으로 나누어서 검정 및 추정을 하는 것을 말한다.

2.2 분산분석의 가정

분산분석은 다음과 같이 몇 가지의 가정(假定)이 필요하다.

(1) 각 처리에 대응하는 모집단은 일정한 분산을 가진다.

(2) 각 처리에 대응하는 모집단은 정규분포를 한다.

(3) 각 요인수준에 대한 표본데이터는 서로 독립적이다.

(4) 각 모집단으로부터 추출한 표본은 랜덤화한다.

3. 일원배치법

3.1 일원배치법의 개념

일원배치법은 어떤 관심 있는 특성치에 대하여 하나의 인자의 영향을 조사하기 위하여 활용되는 실험계획법으로 가장 단순한 실험계획법이라고 할 수 있다. 이 계획은 다음과 같은 경우에 흔히 사용된다.

(1) 관심 있는 특성치에 대하여 많은 인자가 영향을 주고 있다고 인정되지만 어떤 특정한 하나의 인자만의 영향을 조사하고자 할 때

(2) 특성치에 영향을 주는 여러 인자의 조사가 어느 정도 진척되고 이들 인자의 정해진 조건에서 특성치에 큰 영향을 주리라고 예상되는 남은 하나의 인자의 영향을 조사하고자 할 때

인자 A의 수준이 l개 있고 각 수준에서 반복수가 똑같이 m인 일원배치법의 데이터는 다음 도표와 같이 배열하는 것이 편리하다.

3.2 일원배치법의 특징

(1) 수준수와 각 수준에서 얻어지는 측정치의 반복수는 별로 제한이 없다. 대개는 3~5수준, 반복수는 3~10정도로 많이 사용한다.

(2) 모든 수준에 대하여 반복수가 일정하지 않아도 된다. 만약에 결측치가 있다면 그대로 계산하여 반영한다.

(3) 실험은 완전 랜덤화하여 모든 특성치를 랜덤순서에 따라서 구한다.

3.3 일원배치법의 데이터 배열

인자 A의 수준이 l개 있고 각 수준에서 반복수가 동일하게 m인 일원배치법의 데이터는 [표 11-1]과 같이 배열한다.

[표 11-1] **일원배치법의 데이터 배열**

수준	A_1	A_2	A_3	$\cdots$	A_l	
실험의 반복	x_{11} x_{12} $\vdots$ x_{1m}	x_{21} x_{22} $\vdots$ x_{2m}	x_{31} x_{32} $\vdots$ x_{3m}	$\cdots$ $\cdots$ $\cdots$	x_{l1} x_{l2} $\vdots$ x_{lm}	
합 계 평 균	$T_{1\cdot}$ $\bar{x}_{1\cdot}$	$T_{2\cdot}$ $\bar{x}_{2\cdot}$	$T_{3\cdot}$ $\bar{x}_{3\cdot}$	$\cdots$ $\cdots$	$T_{l\cdot}$ $\bar{x}_{l\cdot}$	T $\bar{\bar{x}}$

$$T_{i.} = \sum_{j=1}^{m} x_{ij}, \quad \bar{x}_{i.} = T_{i.}/m, \quad i = 1,\ 2, \ldots, l$$

$$T = \sum_{i=1}^{l} T_{i.}, \quad \bar{\bar{x}} = \frac{T}{lm}$$

먼저 제1수준의 m개의 데이터가 얻어진 원래의 모집단을 생각하여 보자.

제1수준의 실험조건에서 무한회의 실험을 행하였다고 하면, 그 때 얻어진 데이터는 정규분포를 하는 것이 예상되고, 이 분포의 평균치는 μ_1, 분산이 σ_E^2인 정규모집단으로부터의 확률표본(random sample)으로 볼 수 있다. 이와 같은 생각을 기초로 하여 얻어진 m개의 데이터를 수식으로 표현하면 다음과 같다.

$$x_{1j} = \mu_1 + e_{1j}, \quad j = 1,\ 2,\ \ldots\ , m$$

μ_1 : 수준 1에서의 모평균

e_{1j} : 실험오차 $\sim N(0, \sigma^2_E)$

A의 다른 수준에서도 같은 내용이 성립하므로 x_{ij}를 일반화하여 나타내면 다음과 같다.

$$x_{ij} = \mu_i + e_{ij}$$

$$i = 1,\ 2,\ \ldots\ , l$$

$$j = 1,\ 2,\ \ldots\ , m$$

그리고, 이 실험 전체의 모평균을 μ라고 한다면 이는 다음과 같고,

$$\mu = \sum_{i=1}^{l} \mu_i / l$$

μ_i와 μ간의 차이를 a_i로 나타내면,

$$a_i = \mu_i - \mu$$

따라서, 위의 x_{ij}를 달리 표현하면,

$$\begin{aligned} x_{ij} &= \mu_i + e_{ij} \\ &= \mu + (\mu_i - \mu) + e_{ij} \\ &= \mu + a_i + e_{ij} \end{aligned}$$

여기서, a_i는 수준i에서 모평균 μ_i가 전체의 모평균 μ로부터 어느 정도 치우침을 가지는가를 나타내는 수치로 인자 A의 주효과(main effect)라고 부른다. 주효과 a_i의 합은 0이 된다.

3.4 일원배치법의 분산분석 순서

[순서 1] 변동의 분해

변동을 정의하려면 데이터의 중심과 각 데이터가 중심으로부터 얼마나 떨어져 있는가 하는 거리의 개념이 필요하게 된다.

개개의 데이터 x_{ij}와 총평균 $\overline{\overline{x}}$와의 총편차를 둘로 분해하면 다음과 같다.

총편차의 분해

$$(x_{ij} - \overline{\overline{x}}) = (x_{ij} - \overline{x_{i.}}) + (\overline{x_{i.}} - \overline{\overline{x}})$$

총편차 = 잔차 + 각 수준의 효과

위의 식을 제곱하여 각 처리수준에서 특성치 모두에 대하여 더하면 다음과 같다.

총변동의 분해

$$\sum_{i=1}^{l}\sum_{j=1}^{m}(x_{ij}-\overline{\overline{x}})^2 = \sum_i\sum_j(\overline{x_i.}-\overline{\overline{x}})^2 + \sum_i\sum_j(x_{ij}-\overline{x_i.})^2$$

총변동 = 급간변동 + 급내변동

여기서, 좌변을 총변동(total sum of square) 또는 총제곱합이라고 부르고 S_T로 나타낸다. 우변의 첫째항은 각 수준의 효과 차이로 인한 변동이므로 급간변동 또는 A의 변동이라 부르고 S_A로 나타낸다. 우변의 둘째 항은 각 수준 내에서의 편차 제곱의 합이므로 급내변동, 오차변동 또는 잔차변동이라 부르고 S_E로 나타낸다. 따라서, 다음과 같은 관계가 성립한다.

$$S_T = S_A + S_E$$

실제로 데이터로부터 각 변동을 계산할 때에는 다음의 식을 사용하면 간편하다.

① 먼저 수정항인 CT를 먼저 계산한다.

$$CT = \frac{T^2}{lm} = \frac{T^2}{N}$$

② 총변동 S_T를 계산한다.

$$S_T = \sum_i\sum_j(x_{ij}-\overline{\overline{x}})^2 = \sum_i\sum_j x_{ij}^{\ 2} - CT$$

③ A인자의 변동을 구한다.

$$S_A = \sum_i\sum_j(\overline{x}_i.-\overline{\overline{x}})^2 = m\sum_i(\overline{x}_i.-\overline{\overline{x}})^2 = \sum_i\frac{T_{im}^2\cdot - CT}{}$$

④ 오차변동을 구한다.

$$S_E = S_T - S_A$$

[순서 2] 자유도 계산

① S_T의 자유도(ν_T) : $lm-1$

② S_A의 자유도(ν_A) : $l-1$

③ S_E의 자유도(ν_E) : $lm - l = l(m-1)$

총변동의 자유도가 급간변동의 자유도와 급내변동의 자유도로 분해됨을 알 수 있다.

$\nu_T = \nu_A + \nu_E$

[순서 3] 분산분석표 작성

[표 11-2] **일원배치법의 분산분석표**

요인	변동	자유도	평균변동	F_o
A	S_A	ν_A	$V_A = \frac{S_A}{\nu_A}$	$F_o = \frac{V_A}{V_E}$
E	S_E	ν_E	$V_E = \frac{S_E}{\nu_E}$	
T	S_T	ν_T		

일원배치법은 인자 A의 각 수준에서 특성치의 차이가 유의한가를 알아보기 위한 계획이므로, 각 수준에서 주효과(a_i)를 "수준간에 특성치의 차이가 없다"라는 가설검정의 귀무가설과 대립가설은 다음과 같다.

$$H_o : a_1 = a_2 = a_3 = \ldots = a_l = 0$$

$$H_1 : a_i \text{ 는 모두 0 이 아니다.}$$

유의수준 α에서 만약 F_o의 값이 $F_o > F(\nu_A, \nu_E; \alpha)$ 이면 귀무가설을 기각하고, $F_o \le F(\nu_A, \nu_E; \alpha)$ 이면 귀무가설을 채택한다.

[순서 4] 분산분석 후 추정

① 각 수준의 모평균(μ_i)의 추정

μ_i의 점추정량($\hat{\mu_i}$) : $\hat{\mu_i} = \overline{x}_{i.}$

μ_i의 $(1-\alpha)\times 100\%$ 신뢰구간은 다음과 같다.

각 수준의 모평균(μ_i)의 추정

$$\overline{x_i .} \pm t(\nu_E, \alpha/2)\sqrt{V_E / m}$$

② 각 수준의 모평균차에 대한 추정과 검정

$\mu_i - \mu_j$ 를 $\overline{x}_{i.} - \overline{x}_{j.}$로 점추정하면, 이 추정치의 분산은

$$Var(\overline{x}_i . - \overline{x}_j .) = Var(\overline{x}_i .) + Var(\overline{x}_j .) - 2COV(\overline{x}_i ., \overline{x}_j .)$$

$$= \frac{\sigma_E^2}{m} + \frac{\sigma_E^2}{m} - 0$$

$$= \frac{2}{m}\sigma_E^2$$

이 된다. 따라서 $\widehat{\sigma_E}^2 = V_E$ 를 사용하여 $\mu_i - \mu_j$ 의 $(1-\alpha)\times 100\%$ 신뢰구간을 구하면 다음과 같다.

각 수준의 모평균차의 추정

$$|\overline{x_{i.}} - \overline{x_{j.}}| \pm t(\nu_E\,;\,\alpha\,/\,2)\sqrt{\frac{2V_E}{m}}$$

$H_o\ : \mu_i = \mu_j,\quad H_1\ \ \mu_i \neq \mu_j$ 에 대한 가설검정에서

각 수준의 모평균차의 검정

$|\overline{x_{i.}} - \overline{x_{j.}}| > t(\nu_E\,;\,\alpha\,/\,2)\sqrt{\frac{2V_E}{m}}$ 이면 H_o를 기각한다.

③ 오차분산의 추정

$\hat{\sigma}_E = V_E$ 이므로σ_E^2 의 신뢰구간은 다음과 같다.

$$\frac{S_E}{\chi^2\left(\nu_E;\frac{\alpha}{2}\right)} \le \sigma_E^2 \le \frac{S_E}{\chi^2\left(\nu_E;1-\frac{\alpha}{2}\right)}$$

[순서 5] 최적수준의 결정 및 표준화

- 수준간 유의한 차이가 있는지를 규명하고,
- 최적 수준과 그것의 신뢰구간을 추정한다.
- 경험적으로나 기술적으로 고려할 때 최적수준이 아무런 문제가 없으면 표준화한다.

예제 1 양복원단의 연소성을 측정하기 위하여 4가지 섬유원단으로 만든 옷이 다 탈 때까지의 시간을 측정해서 다음 데이터를 얻었다. 분산분석표를 작성하여 유의성을 검정하고 각 수준의 모평균에 대한 신뢰구간을 추정하라.(신뢰율 95%)

원단 1	원단 2	원단 3	원단 4
17.8	11.2	11.8	14.9
16.2	11.4	11.0	10.8
17.5	15.8	10.0	12.8
17.4	10.0	9.2	10.7
15.0	10.4	9.2	10.7

[풀이]

[순서 1] 변동 계산

① 먼저 수정항인 CT를 먼저 계산한다.

$$CT = \frac{T^2}{lm} = \frac{T^2}{N} = \frac{(253.8)^2}{20} = 3,220.722$$

② 총변동 S_T를 계산한다.

$$S_T = \sum\sum x_{ij}^2 - CT = 3,387.48 - 3,220.722 = 166.758$$

③ A 인자의 변동을 구한다.

$$S_A = \sum\frac{T_{i.}^2}{r} - CT$$

$$= \frac{1}{5}[(83.9)^2 + (58.8)^2 + (51.2)^2 + (52.9)^2] - 3,220.722 = 120.498$$

④ 오차변동을 구한다.

$$S_E = S_T - S_A = 166.758 - 120.498 = 46.260$$

[순서 2] 자유도 계산

① S_T의 자유도(ν_T) : $lm - 1 = 20 - 1 = 19$

② S_A의 자유도(ν_A) : $l - 1 = 4 - 1 = 3$

③ S_E의 자유도(ν_E) : $lm - l = l(m-1) = 20 - 4 = 16$

[순서 3] 분산분석표 작성

요인	변동	자유도	평균변동	F_o	$F(0.05)$
A E	120.498 46.260	3 16	40.166 2.891	13.893**	3.24
T	166.758	19			

• 각수준의 모평균차에 대한 검정

분산분석표 작성결과 $F_o = 13.893 > F(3,\ 16\ ;\ 0.05) = 3.24$ 이므로 귀무가설 H_0를 기각한다. 즉 원단섬유 1, 2, 3, 4간에 유의수준 5%에서 연소성에 차이가 있다고 할 수 있다.

[순서 4] 분산분석 후 추정

① 각 수준의 모평균(μ_i)의 추정

$$\widehat{\mu_1} = 16.78 \pm t(16,\ 0.025)\sqrt{2.891\ /\ 5} = 16.78 \pm 1.61 = 15.17 \sim 18.39$$

$$\widehat{\mu_2} = 11.76 \pm t(16,\ 0.025)\sqrt{2.891\ /\ 5} = 11.76 \pm 1.61 = 10.15 \sim 13.37$$

$$\widehat{\mu_3} = 10.24 \pm t(16,\ 0.025)\sqrt{2.891\ /\ 5} = 10.24 \pm 1.61 = 8.63 \sim 11.85$$

$$\widehat{\mu_4} = 11.98 \pm t(16,\ 0.025)\sqrt{2.891\ /\ 5} = 11.98 \pm 1.61 = 10.37 \sim 13.59$$

4. 이원배치법

4.1 이원배치법의 개념

이원배치법이란 문제가 되는 실험인자를 두 개 택하여 행하는 실험으로 반복이 있는 경우와 없는 경우가 있다. 여기에서는 반복이 없는 이원배치법을 소개하고자 하는데, 반복이 없는 이원배치법이란 인자의 수준을 조합한 모든 조건에서 실험의 반복을 행하지 않는 경우의 실험을 말한다.

A인자의 수준수가 I이고 B인자의 수준수가 m인 반복이 없는 이원배치법의 데이터의 배열은 다음과 같다.

4.2 이원배치법의 데이터 배열

[표 11-3] 이원배치법의 데이터 배열

B \ A	A_1	A_2	A_3	$\cdots$	A_l	합	평균
B_1	x_{11}	x_{21}	x_{31}	$\cdots$	x_{l1}	$T_{\cdot 1}$	$\bar{x}_{\cdot 1}$
B_2	x_{12}	x_{22}	x_{32}	$\cdots$	x_{l2}	$T_{\cdot 2}$	$\bar{x}_{\cdot 2}$
:	:	:	:		:	:	:
B_m	x_{1m}	x_{2m}	x_{3m}	$\cdots$	x_{lm}	$T_{\cdot m}$	$\bar{x}_{\cdot m}$
합 계	$T_{1\cdot}$	$T_{2\cdot}$	$T_{3\cdot}$	$\cdots$	$T_{l\cdot}$	T	
평 균	$\bar{x}_{1\cdot}$	$\bar{x}_{2\cdot}$	$\bar{x}_{3\cdot}$	$\cdots$	$\bar{x}_{l\cdot}$	$\bar{\bar{x}}$	

앞의 이원배치법의 x_{ij} 데이터의 구조식은 다음과 같다.

$$x_{ij} = \mu + a_i + b_j + e_{ij}$$

$$i = 1,\ 2,\ \ldots\ ,l$$

$$j = 1,\ 2,\ \ldots\ ,m$$

단, $e_{ij} \sim N(0,\ \sigma_E^2)$이고 서로 독립 $\sum a_i = 0,\quad \sum b_j = 0$

4.3 이원배치법의 분산분석 절차

[순서 1] 변동의 분해

변동을 분해하기 전에 총편차를 분해하면 개개의 데이터 x_{ij}와 총평균 $\overline{\overline{x}}$의 차이는 다음의 3부분으로 나뉘어진다.

총편차의 분해

$$(x_{ij} - \overline{\overline{x}}) = (\overline{x_{i.}} - \overline{\overline{x}}) + (\overline{x_{.j}} - \overline{\overline{x}}) + (x_{ij} - \overline{x_{i.}} - \overline{x_{.j}} + \overline{\overline{x}})$$

총편차 = A인자의 편차 + B인자의 편차 + 잔차

양변을 제곱한 후에 모든 i와 j에 대하여 합하면 다음의 등식을 얻는다.

총변동의 분해

$$\sum_{i=1}^{l}\sum_{j=1}^{m}(x_{ij} - \overline{\overline{x}})^2 = \sum_i\sum_j(\overline{x_{i.}} - \overline{\overline{x}})^2 + \sum_i\sum_j(\overline{x_{.j}} - \overline{\overline{x}})^2 + \sum_i\sum_j(x_{ij} - \overline{x_{i.}} - \overline{x_{.j}} + \overline{\overline{x}})^2$$

총변동 = 인자A의 변동 + 인자B의 변동 + 오차변동

위 식에서 왼쪽 항은 총변동 S_T이고, 오른쪽 항은 차례대로 A의 변동, B의 변동, 오차변동인 S_A, S_B, S_E가 된다. 즉,

$$S_T = S_A + S_B + S_E$$

그런데, 실제로 데이터로부터 각 변동을 계산할 때에는 다음의 식을 사용하면 간편하다.

① 먼저 수정항인 CT를 먼저 계산한다.

$$CT = \frac{T^2}{lm} = \frac{T^2}{N}$$

② 총변동 S_T를 계산한다.

$$S_T = \sum_i\sum_j(x_{ij} - \overline{\overline{x}})^2 = \sum_i\sum_j x_{ij}^2 - CT$$

③ A 인자의 변동을 구한다.

$$S_A = \sum_i \frac{T_{i.}^2}{m} - CT$$

④ B인자의 변동을 구한다.

$$S_B = \sum_j \frac{T_{.j}^2}{l} - CT$$

⑤ 오차변동을 구한다.

$$S_E = S_T - S_A - S_B$$

[순서 2] 자유도 계산

① S_T의 자유도(ν_T) : $lm-1$

② S_A의 자유도(ν_A) : $l-1$

③ S_B의 자유도(ν_B) : $m-1$

④ S_E의 자유도(ν_E) : $lm-(l+m-1)=(l-1)(m-1)$

총변동의 자유도가 각 A, B인자 변동의 자유도와 오차변동의 자유도로 분해됨을 알 수 있다.

$$\nu_T = \nu_A + \nu_B + \nu_E$$

[순서 3] 분산분석표 작성

여기에서 만약 $F_o = \dfrac{V_A}{V_E} > F(\nu_A,\ \nu_E;\ \alpha)$ 이면 귀무가설 H_o는 유의수준 α에서 기각된다. 마찬가지로, $F_o = \dfrac{V_B}{V_E} > F(\nu_B,\ \nu_E;\ \alpha)$ 이면 귀무가설 H_o는 유의수준 α에서 기각된다. 귀무가설이 기각되면 A의 변동 S_A가 유의하게 크다고 말하고 A인자의 각 수준에서 모평균 간에는 차가 있다는 의미가 된다.

[표 11-4] **이원배치법의 분산분석표**

요인	변동	자유도	평균변동	F_o
A	S_A	ν_A	$V_A = \dfrac{S_A}{\nu_A}$	$F_o = \dfrac{V_A}{V_E}$
B	S_B	ν_B	$V_B = \dfrac{S_B}{\nu_B}$	$F_o = \dfrac{V_B}{V_E}$
E	S_E	ν_E	$V_E = \dfrac{S_E}{\nu_E}$	
T	S_T	ν_T		

[순서 4] 분산분석 후 추정

① 인자 A_i의 모평균 $\mu(A_i)$ 추정

인자 A_i의 모평균의 추정

$$\overline{x_{i.}} \pm t(\nu_E, \alpha/2)\sqrt{\frac{V_E}{m}}$$

② 인자 B_j의 모평균 $\mu(B_j)$ 추정

인자 A_i의 모평균의 추정

$$\overline{x}_{.j} \pm t(\nu_E, \alpha/2)\sqrt{\frac{V_E}{l}}$$

③ 인자 A_iB_j의 모평균 $\mu(A_iB_j)$의 추정

인자 A_iB_j의 모평균의 추정

$$(\overline{x_{i.}} + \overline{x}_{.j} - \overline{\overline{x}}\ ) \pm t(\nu_E; \alpha/2)\sqrt{\frac{V_E}{n_e}}$$

여기서, n_e는 유효반복수라고 부르며, 다음 식으로 구한다.

$$n_e = \frac{lm}{l + m - 1}$$

④ 인자 A의 i수준과 i'수준의 모평균의 차

인자 A의 i와 i'수준 간의 모평균차의 추정

$$|\overline{x_{i.}} - \overline{x_{i'.}}| \pm t(\nu_E; \alpha/2)\sqrt{\frac{2V_E}{m}}$$

⑤ 인자 B의 j수준과 j'수준의 모평균의 차

인자 A의 i와 i'수준 간의 모평균차의 추정

$$|\overline{x_{.j}} - \overline{x_{.j'}}| \pm t(\nu_E; \alpha/2)\sqrt{\frac{2V_E}{l}}$$

[순서 5] 최적수준의 결정 및 표준화

- 수준간 유의한 차이가 있는지를 규명하고,
- 최적 수준과 그것의 신뢰구간을 추정한다.
- 경험적으로나 기술적으로 고려할 때 최적수준이 아무런 문제가 없으면 표준화한다.

예제 2 2인자 모두 모수모형인 2원배치에서 다음 데이터를 얻었다. 분산분석표를 작성하고 B_2에 대하여 95%로 모평균을 추정하라.

$B \backslash A$	A_1	A_2	A_3	A_4	$\bar{x}_{.j}$
B_1	4.1	5.1	4.4	4.3	4.48
B_2	4.6	5.0	5.2	5.4	5.05
B_3	4.9	5.7	5.8	5.9	5.58
$\bar{x}_{i.}$	4.53	5.27	5.13	5.20	$\bar{\bar{x}} = 5.036$

[풀이]

[순서 1] 변동 계산

① 먼저 수정항인 CT를 먼저 계산한다.

$$CT = \frac{T^2}{lm} \fallingdotseq \frac{T^2}{N} = \frac{(60.4)^2}{12} = 304.01$$

② 총변동 S_T를 계산한다.

$$S_T = \sum\sum x_{ij}^2 - CT = 307.98 - 304.01 = 3.97$$

③ 각 A, B인자의 변동을 구한다.

$$S_A = \sum \frac{T_{i.}^2}{m} - CT$$

$$= \frac{1}{3}[(13.6)^2 + (15.8)^2 + (15.4)^2 + (15.6)^2] - 304.01 = 1.03$$

$$S_B = \sum \frac{T_{.j}^2}{l} - CT$$

$$= \frac{1}{4}[(17.9)^2 + (20.2)^2 + (22.3)^2] - 304.01 = 2.425$$

④ 오차변동을 구한다.

$$S_E = S_T - S_A - S_B = 3.97 - 1.03 - 2.425 = 0.515$$

[순서 2] 자유도 계산

① S_T의 자유도(ν_T) : $lm - 1 = 12 - 1 = 11$

② S_A의 자유도(ν_A) : $l - 1 = 4 - 1 = 3$

③ S_B의 자유도(ν_B) : $m - 1 = 3 - 1 = 2$

④ S_E의 자유도(ν_E) :

$$lm - (l + m - 1) = (l - 1)(m - 1) = (4 - 1)(3 - 1) = 6$$

[순서 3] 분산분석표 작성

요인	변동	자유도	평균변동	F_o	$F(0.05)$	$F(0.01)$
A	1.03	3	0.3433	4.00	4.76	
B	2.425	2	1.2125	14.13**	5.14	10.9
E	0.515	6	0.0858			
T	3.97	11				

• 각수준의 모평균차에 대한 검정

분산분석표 작성결과 인자 A는 유의적인 차이가 없고 , 인자 B는 고도로 유의적인 차이가 있다고 할 수 있다.

[순서 4] B_2에 대하여 95%로 모평균을 추정

$$\hat{\mu}(B_2) = 5.05 \pm t(6,\ 0.025)\sqrt{0.0858\ /\ 4} = 5.05 \pm 0.357 = 4.693 \sim 5.407$$

Review Lecture

본 Review Lecture는 강의를 통하여 배운 내용을 교수님이 직접 학생들에게 질문형식을 통하여 강의 내용을 점검하고 마무리하는 코너입니다. ______ 같이 풀어 보실까요?

01 다음 내용은 실험계획의 기본원리를 나열한 것이다. ( ) 속에 넣어라.

(1) 랜덤화의 원리 (2) ( )의 원리 (3) 블록화의 원리

(4) ( )의 원리 (5) 직교화의 원리

02 다음은 인자에 대한 설명이다. 해당되는 인자끼리 선으로 연결하라.

① 온도, 시간, 소재, 성분과 같이 작업 조건을 변경한다든가 구입 규격을 개정하거나 해서 실험 결과를 사용하여 수준을 자유로이 조절할 수 있는 인자를 말한다. •	• 표시인자
② 제어 인자와 같은 수준을 가지고 있으나 최량의 수준을 선택하는 것이 무의미한 인자로서 제어 인자의 수준을 조절하기 위하여 채택하는 인자이다. •	• 제어인자
③ 실험의 정도를 올릴 목적으로 실험의 장을 층별하기 위하여 채택한 인자를 말한다. •	• 보조인자
④ 수준, 주효과 및 교호작용 등의 존재는 의미가 없는 인자이다. •	• 오차인자
⑤ 일반적으로 오차라고 하며 실험 조작에 우연적인 산포에서 블록인자에 따른 변동을 배제한 것이다. •	• 블럭인자

연 / 습 / 문 / 제

01 금속가공 공정에서 5ϕ경강선을 열처리 온도 A를 인자로 하여 $A_1=800$℃, $A_2=850$℃, $A_3=900$℃, $A_4=950$℃로 가열하여 인장강도를 측정하여 다음과 같은 데이터를 얻었다. 분산분석표를 작성하라.

	A_1	A_2	A_3	A_4
1	59.2	60.5	60.6	60.0
2	59.3	59.4	60.1	60.8
3	59.4	59.8	60.4	61.0

(1) 분산분석표를 작성하라.

(2) 각 수준의 모평균차에 대한 검정을 하여 판단하라.

(3) 각 수준의 모평균을 95%로 구간 추정하라.

02 다음 분산분석표를 보고 ( )를 채우고 A인자의 유의성을 검정하라.

요인	변동	자유도	평균변동	F_o	$F(0.05)$
A	1.690	3	( )		
E	0.788	( )	( )		
T	( )	19			

❖ A인자의 유의성 검정 결과 ( )

03 다음 분산분석표는 인자 A, B가 모수모형인 경우 A인자는 3수준, B인자는 4수준으로 반복이 없는 이원배치법 실험결과이다.

요인	변동	자유도	평균변동	F_o	$F(0.05)$
A	4.17	②	2.08	⑥	⑧
B	①	③	3.74	⑦	⑨
E	2.12	④	⑤		
T	17.50	11			

(1) 분산분석표를 작성하라.

(2) 각 A, B인자에 대한 모평균차에 대한 검정을 하여 판단하라.

04 화학비료 제조공정에서 수율을 높이기 위하여 다음과 같이 실험을 하였다. 두 개의 인자를 선정하였는데 A인자는 반응온도, B인자는 반응시간으로 반복이 없는 이원배치법으로 하였다.

B \ A	A_1	A_2	A_3
B_1	12.5	12.2	13.4
B_2	12.8	12.5	13.2
B_3	13.5	14.0	14.8
B_4	13.9	13.9	14.5

(1) 분산분석표를 작성하라.

(2) 각 A, B인자에 대한 모평균차에 대한 검정을 하여 판단하라.

(3) A인자의 수준 2에 모평균에 대한 신뢰구간을 95%로 하라.

(4) B인자의 수준 1에 모평균에 대한 신뢰구간을 99%로 하라.

제12장

비모수통계학

1. 적합도 검정
2. 독립성검정
3. 부호검정
4. 스피어만 순위상관계수

지금까지는 모집단 분포의 특성 정규분포를 한다는 전제하에서의 통계학인 모수통계학(parametric statistics)에 대하여 학습을 하였다. 또한 모수통계학에서의 자료는 등간자료와 비율자료를 취급하여 다양한 통계량을 분석할 수 있었다.

이제부터는 자료가 명목자료이거나 서열자료인 경우이거나 모집단의 분포가 정규분포가 아니거나 혹은 모르는 경우에는 비모수통계학(parametric statistics)을 적용한다. 또한 카이제곱 검정은 측정척도가 명목척도일 경우에 적용한다. 본 장에서는 카이제곱 검정을 통한 적합성 검정과 독립성 검정을 제시하고 부호검정과 스피어만 순위상관계수에 대해 알아보고자 한다.

1. 적합도의 검정

조사에서 얻은 자료의 데이터시트나 도수분포에 대응하는 모집단의 확률분포가 포아송분포나 정규분포 등 어떤 분포의 경우, 특정분포라고 해도 좋은가 어떤가에 대한 확인할 때 적합도 검정(test goodness-of- fit)을 적용한다. 적합도 검정은 영국의 Karl Pearson(1857~1936)에 의해 처음으로 χ^2 검정통계량을 제안하였다.

그는 n이 큰 경우에 χ^2은 자유도$(k-1)$을 갖는 χ^2분포에 따른다는 것을 보였다.

χ^2의 적합도 검정은 측정도수와 기대도수와의 차이를 제곱하거나 혹은 실측치와 이론치와의 차이를 제곱한 것을 각각 기대도수나 이론치를 나눈 것의 합을 χ_o^2검정통계량으로 계산한 것과 χ^2분포표와 비교하여 귀무가설의 채택, 기각을 판단하는 유의성을 확인하는 방법이다.

우선, 적합도 검정에서의 가설은 다음과 같이 수립한다.

$$H_0 : P_1 = P_2 \cdots = P_n \text{ (주어진 비율이 적합하다.)}$$

$$H_1 : \text{적어도 하나의 비율은 나머지와 같지 않다.}$$

즉, n개의 시료를 k개의 속성으로 분류한 후 기대도수와 실제 측정도수가 잘 적합한지를 다음 검정통계량을 사용한다.

이것을 적합도 검정을 위한 Pearson의 χ^2 통계량이라고 한다.

$$\chi_o^2 = \sum_{i=1}^{k} \frac{(n_i - nP_i)^2}{nP_i} = \sum_{i=1}^{k} \frac{(O_i - E_i)^2}{E_i}$$

$$= \sum_{i=1}^{k} \frac{(\text{실측치} - \text{이론치})^2}{\text{이론치}} \quad = \sum_{i=1}^{k} \frac{(\text{측정도수} - \text{기대도수})^2}{\text{기대도수}}$$

단, n_i : 속성(구간)별 측정치, 도수. $nP_i = \text{기대치} = E_i$

O_i : Observed frequency , E_i : Expected frequency

k : 측정도수와 기대도수 대응수

적합도 검정에서의 판단은 $\chi_o^2 = \sum_{i=1}^{k} \frac{(O_i - E_i)^2}{E_i} > \chi^2(k-1,\ \alpha)$이면 H_0 기각한다.

이 χ^2 적합도 검정은 두 가지로 분류하여 생각할 수 있다.

- 각 속성이 차지하는 확률 p_i가 주어지는 경우

일정 확률이 주어지는 경우는 기대도수 내지 이론치 자체가 바로 도출됨을 의미하며, χ^2 검정시의 자유도는 $\nu = (k-1)$이다.

- 각 속성이 차지하는 확률 p_i가 주어지지 않는 경우

각 구간 혹은 속성마다 확률p_i가 제시되지 않는 경우로 이 때는 표본으로부터 모두 분포의 평균 $m(np)$, 분산 σ^2 등을 추정하여야 하며, χ^2검정시의 자유도는 추정되는 모수의 수만큼 감소된다.

즉, χ^2검정시의 자유도 $\nu = (k-1) - (\text{추정되는 모수의 수})$

예제 1 주사위 120회 굴러서 각 눈이 나오는 수를 세어 보았더니 다음 표와 같다. 이 주사위를 정확하게 던졌다면 이 주사위는 바르게 만들어졌다고 할 수 있겠는가? 위험률 5%임.

눈	1	2	3	4	5	6
횟수	13	25	27	28	13	14

[풀이] 주사위의 각 눈금이 나오는 모비율을 $P_{1,}P_{2,...,}P_6$라고 하면

① $H_0 :\ P_i = \frac{1}{6}$

$H_1 :\ P_i \neq \frac{1}{6}$

② 각 눈금의 기대치는 $E_i = nP_i = 120 \times \frac{1}{6} = 20$ 이므로

$$\chi_o^2 = \sum_{i=1}^{k} \frac{(O_i - E_i)^2}{E_i}$$

$$= \frac{(13-20)^2 + (25-20)^2 +,...,+ (14-20)^2}{20} = 13.60$$

[판단]

$\alpha = 5\%$, 자유도 $\nu = k-1 = 5$ 이며, $\chi_o^2 = 13.6 > \chi^2(5, 0.05) = 11.07$ 이므로 귀무가설 H_0은 기각되고 대립가설 H_1이 채택되어 유의적이라고 할 수 있다.

즉, 주사위가 바르게 만들어졌다고 할 수 없다.

예제 2 어떤 공장에서 기계가 고장나는 회수를 매일 기록하고 있다. 지난 180일간의 기계의 고장회수를 표로 나타내 보니 다음과 같다.
기계 고장회수가 포아송 분포를 따르는가를 위험률 5%로 검정하라.

기계 고장회수	0	1	2	3	4	5	6	합계
일 수	82	42	31	12	8	3	2	180

[풀이] ① H_0 : 기계고장건수가 포아송분포에 따른다.

H_1 : 기계고장건수가 포아송분포에 따르지 않는다.

② 포아송분포의 모수 m을 추정한다.

모수 m의 추정값을 평균 고장회수 $\overline{x}$로 한다면

$$\overline{x} = \frac{\sum(\text{기계고장회수} \times \text{일수})}{n}$$

$$= \frac{(0 \times 82) + (1 \times 42) + (2 \times 31) + (3 \times 12) + (4 \times 8) + (5 \times 3) + (6 \times 2)}{180}$$

$= 1.1$

여기서 $m = 1.1$ 이 되며 확률은 포아송분포 공식에 의해 계산되며, 그 기대도수는 아래표와 같다.

기계고장회수	0	1	2	3	4	5	6	합 계
관측도수 O_i	82	42	31	12	8	3	2	180
확률 ($m = 1.1$)	0.333	0.366	0.201	0.074	0.021	0.004	0.001	1
기대도수 E_i	59.94	65.88	36.18	13.32	3.78	0.72	0.18	180

$$p(x=0) = \frac{e^{-1.1}1.1^0}{0!} = 0.333$$

$$p(x=1) = \frac{e^{-1.1}1.1^1}{1!} = 0.366$$

$$p(x=2) = \frac{e^{-1.1}1.1^2}{2!} = 0.201$$

$$p(x=3) = \frac{e^{-1.1}1.1^3}{3!} = 0.074$$

$$p(x=4) = \frac{e^{-1.1}1.1^4}{4!} = 0.021$$

$$p(x=5) = \frac{e^{-1.1}1.1^5}{5!} = 0.004$$

$$p(x=6) = \frac{e^{-1.1}1.1^6}{6!} = 0.001$$

단, 5이하의 기대도수인 고장회수 4회, 5회, 6회 계급의 기대도수를 합하여 3회의 기대도수와 합쳐져 한 급으로 함.

검정통계량 $\chi_o^2 = \sum_{i=1}^{k} \frac{(O_i - E_i)^2}{E_i}$

$$\chi_o^2 = \frac{(82-59.94)^2}{59.94} + \frac{(42-65.88)^2}{65.88} + ,\ldots, + \frac{(3-0.72)^2}{0.72} + \frac{(2-0.18)^2}{0.18}$$

$= 20.239$

[판단]

$\alpha = 5\%$ 이며, 자유도 $\nu = (k-1) - $(추정되는 모수의 수) $= 4-1-1 = 2$이며

$\chi_o^2 = 20.239 > \chi^2(2,\ 0.05) = 5.99$ 이므로 귀무가설 H_0은 기각되고 대립가설 H_1이 채택되는바 유의적이라고 할 수 있다. 즉, 기계고장회수 분포가 포아송분포를 따른다고 할 수 없다.

2. 분할표에 의한 검정

χ^2분포를 이용하는 계수치의 검정방법 중에서 대표적인 것으로는 앞서 설명한 적합도의 검정과 지금 설명하려는 것으로 분할표를 이용하여 독립성의 검정과 동일성의 검정을 들 수 있다. 이 검정 방법은 검정 방법론상으로는 동일하지만 양자의 시료채취방법과 결과에 대한 해석만 다를 뿐이다.

분할표는 모집단으로부터 채취한 계수치 데이터를 행과 열로 분류한 표로서 행이 r개, 열이 c개이면 r×c 분할표라고 하며, [표 12-1]과 같은 r×c 분할표에서 계산한다.

$$\chi^2 = \sum_{i=1}^{r}\sum_{j=1}^{c}\frac{(O_{ij} - E_{ij})^2}{E_{ij}}$$

단, O_{ij} = 관측도수 (i의 행과 j의 열에 있는 칸의 숫자)

E_{ij} = 기대도수 = $\dfrac{(n_{i.})(n_{.j})}{n}$

의 통계량은 자유도 (r-1)(c-1)인 χ^2분포를 한다.

[표 12-1] r×c 분할표

분류기준	B_1 B_2 B_3 .... B	합계
A_1 A_2 . . A	O_1 O_1 O_2 O_2	n_1 n_2
합계	$n_{.1}$ $n_{.2}$ $n_{.3}$......... n.	

2.1 독립성의 검정

두 가지 속성을 구분하여 그 중 하나의 속성이 다른 하나의 속성에 전혀 영향을 미치지 않을 때 이들 속성은 상호 독립적이라고 한다. 이 검정에서는 시료 n개만을 정하여 데이터를 채취하고 두 가지 속성에 따라 분류한 분할표를 사용하여 “두가지 속성이 상호 독립적이다.”라는 귀무가설 H_0를 다음과 같이 검정한다.

(1) 가설을 설정한다.

만약 두 가지 속성이 독립적이라면 각 결합확률은 주변확률의 곱과 같아야 하므로

$$H_0 : p_{ij} = p_{i.} \times p_{.j} \qquad i = 1,2,\ldots,r \qquad j = 1,2,\ldots,c$$

$$H_1 : p_{ij} \neq p_{i.} \times p_{.j}$$

(2) 검정통계량 χ_0^2을 구한다.

$$\chi_0^2 = \sum_{i=1}^{r}\sum_{j=1}^{c}\frac{(O_{ij}-E_{ij})^2}{E_{ij}} \qquad \text{단, } E_{ij} = \frac{(n_{i.})(n_{.j})}{n}$$

(3) 유의성을 판단한다.

$\chi_0^2 \geqq \chi^2[(r-1)(c-1):\alpha]$ 이면 유의로 H_0를 기각하고 H_1를 채택한다.

예제 3 어느 식료품 회사가 새로운 통조림 두 종류를 개발하여 어떤 통조림을 더 좋아하는가의 기호가 나이에 따라 차이가 없는지를 보기 위하여 다음의 질문서 결과를 얻었다. 나이에 따라 통조림 A와 B를 좋아하는 비율이 다르다고 볼 수 있는지를 $a = 0.05$ 에서 검정하라.

나 이	통조림 A	통조림 B	질문서 응답자
20세 미만	65	58	123
30세 미만	52	86	138
40세 미만	43	41	84
40세 이상	48	58	106

[풀이] ① $H_0 : p_{ij} = p_{i0} \cdot p_{0j}$

$H_1 : p_{ij} \neq p_{i0} \cdot p_{0j}$

② 검정통계량 계산

		20세 미만 (B_1)	30세 미만 (B_2)	40세 미만 (B_3)	40세 이상 (B_4)	합 계 (T_{i0})
통조림 A (A_1)	측정도수(n_{1j})	65	52	43	48	208
	기대도수(E_{1j})	56.73	63.65	38.74	48.89	(T_{10})
	$(n_{1j}-E_{1j})^2/E_{1j}$	1.206	2.132	0.468	0.016	3.822
통조림 B (A_2)	측정도수(n_{2j})	58	86	41	58	243
	기대도수(E_{2j})	66.27	74.35	45.26	57.11	(T_{20})
	$(n_{2j}-E_{2j})^2/E_{2j}$	1.032	1.825	0.401	0.014	3.272
합 계(T_{0j})		123(T_{01})	138(T_{02})	84(T_{03})	106(T_{04})	451(T)

검정통계량 $\chi_0^2 = \sum_{i=1}^{r}\sum_{j=1}^{c} \frac{(n_{ij}-E_{ij})^2}{E_{ij}} = 3.822 + 3.272 = 7.094$

③ 자유도 $\nu = (2-1)(4-1) = 3$ 이며, 위험률$\alpha = 0.05$ 이다.

④ χ^2 수치표값 $\chi^2(3,\ 0.05) = 7.81$

[판정]

$\therefore\ \chi_0^2 = 7.094 \leq \chi^2(3;0.05) = 7.81$이다. 즉, 귀무가설 H_0이 채택되므로, 나이에 따라 통조림 A와 B를 좋아하는 비율이 다르다고 볼 수 없다.$(\alpha = 0.05)$

2.2 동일성의 검정

몇 개의 모집단이 분석하고자 하는 문제의 특성에 대하여 동일성을 갖는지의 여부를 검정하는 것이다. 이 검정에서는 시료 n개를 서브모집단 $A_1, A_2, \ldots, A_r$로부터 각각 $n_1, n_2, \ldots, n_r$ 개씩 미리 정하여 채취하고 n_i개를 $B_1, B_2, \ldots, B_c$ 의 속성에 따라 분류한 분할표를 사용한다.

(1) 가설을 설정한다.

만약 두가지 속성이 독립적이라면 각 결합확률은 주변확률의 곱과 같아야 하므로

$$H_0 : p_{ij} = p_{i0}p_{0j} \quad i = 1, 2, ..., r \quad j = 1, 2, ..., c$$
$$H_1 : p_{ij} \neq p_{i0}p_{0j}$$

(2) 검정통계량 χ_0^2을 구한다.

$$\chi_0^2 = \sum_{i=1}^{r}\sum_{j=1}^{c}\frac{(O_{ij}-E_{ij})^2}{E_{ij}} \qquad \text{단, } E_{ij} = \frac{(n_{i.})(n_{.j})}{n}$$

(3) 유의성을 판단한다.

$\chi_0^2 \geq \chi^2((r-1)(c-1):\alpha)$ 이면 유의로 H_0를 기각하고 H_1를 채택한다.

예제 4 어느 유리공장에서 A_1, A_2, A_3, A_4 의 4종의 방법으로 각각 100개씩의 꽃병을 만들어, 이것을 외관검사에 의하여 양품, 불량품으로 나누었더니, 다음과 같은 데이터를 얻었다. 제조방법에 따라 모불량률이 다르다고 할 수 있는가를 $a = 0.05$ 에서 검정하라.

〈4×2 분할표의 데이터〉

부차모집단 \ 등급	양품	불량품	합 계
A_1법	90	10	100
A_2법	86	14	100
A_3법	96	4	100
A_4법	88	12	100
합 계	360	40	400

[풀이] A_i법을 사용하였을 때 j번째 등급($j = 1$은 양품, $j = 2$은 불량품)이 될 확률은 p_{ij}로 나타내면

① $H_0 : p_{12} = p_{22} = p_{32} = p_{42} = p_2 \quad \left(\text{단}, p_2 = \frac{T_{02}}{T} = \frac{40}{400} = 0.1\right)$

$H_1 : p_{12} \neq p_{22} \neq p_{32} \neq p_{42} \neq p_2$

(제조방법 A_i에 따라 모불량률 p_j가 다르다.)

② 검정통계량 계산

$$\chi_0^2 = \sum_{i=1}^{4} \sum_{j=1}^{2} \frac{(n_{ij} - E_{ij})^2}{E_{ij}} = 6.222 \left(단, E_{ij} = \frac{T_{i0} \cdot T_{0j}}{T} \right)$$

		A_1법	A_2법	A_3법	A_4법	합 계
양품 (B_1)	측정도수(n_{i1}) 기대도수(E_{i1})	90 90	86 90	96 90	88 90	360 (T_{01})
	$(n_{i1} - E_{i1})^2 / E_{i1}$	0	0.178	0.4	0.044	0.622
불량품 (B_2)	측정도수(n_{i2}) 기대도수(E_{i2})	10 10	14 10	4 10	12 10	40 (T_{02})
	$(n_{i2} - E_{i2})^2 / E_{i2}$	0	1.6	3.6	0.4	5.6
합 계		100(T_{10})	100(T_{20})	100(T_{30})	100(T_{40})	400(T)

③ 자유도 $\nu = (r-1)(c-1) = 3$ 이며, 위험률 $\alpha = 0.05$ 이다.

④ 검정통계량 $\chi_0^2 = 6.222$ 이며, χ^2 수치표 값은 $\chi^2(3,\ 0.05) = 7.81$이다.

[판정]

$\therefore \chi_0^2 = 6.222 \leqq \chi^2(3,\ 0.05) = 7.81$ 즉, 귀무가설 H_0이 채택되므로 제조방법에 따라 모불량률이 다르다고 할 수 없다. $(\alpha = 0.05)$

2.3 2×2 분할표

이 분할표는 $m \times n$ 때와 같이 기대치를 써서 그대로 χ_0^2을 계산하면 근사도가 나빠진다. 그것은 이항분포는 비연속적분포인데, 연속분포인 χ^2분포로서 근사시킨 탓이다. 이 때는 다음의 Yates의 식을 사용하면 된다.

$$\chi^2 = \frac{\left(|\ ad - bc\ | - \frac{T}{2} \right)^2 \cdot T}{T_1 T_2 T_A T_B}$$

여기서 a, b, c, d 는 데이터로서 적어도 3보다 커야한다.

이때, 자유도는 $\nu = (2-1)(2-1) = 1$

2×2 분할표

	1	2	계
A	a	c	TA
B	b	d	TB
계	T_1	T_2	T

예제 5 A반과 B반은 같은 작업을 하고 있다. 이들의 작업결과를 조사하였더니 다음 표와 같다. 반별 차이가 있는지 검정하라.(신뢰율 95%)

반별	합격수	불합격수	합계
A	89	16	105
B	78	18	96
합계	167	34	201

[풀이] $H_0 : P_A = P_B$

$H_1 : P_A \neq P_B$

$$\chi_0^2 = \frac{\left(| \, 89 \times 18 - 78 \times 16 \, | - \dfrac{201}{2} \right)^2 \times 201}{167 \times 34 \times 105 \times 96} = 0.226$$

$\chi_0^2 < \chi^2(1, 0.05) = 3.84$ 이므로 귀무가설 H_0이 채택되므로 A, B반은 불량수로는 차이가 없다고 판단됨.

3. 부호검정

두 집단 간의 비교에서 쌍을 이루는 두 표본인 경우 정규분포를 한다면 대응관계의 t 검정을 할 수 있을 것이다. 그렇지만 모집단의 분포모양이 어떤 상태인지를 모르는 경우에는 부호검정을 사용한다.

부호검정(sign test)은 짝을 이룬 관측치 간의 차이가 양(+)이거나 음(–)인 부호를 기초로 하고 있다. 두 관찰치를 비교하여 크면 (+), 작으면 (–)로 표현한다. 부호검정의 기본가정은 두 관측치 간에 차이가 없다면 (+)인 것의 개수와 (–)인 거의 개수는 같다는 것이다. 만일 대응 간 사이에 차이가 있다면 유의적인 양 또는 음의 차이의 개수가 나타날 것이다.

이항분포를 검정통계량으로 사용한다. 따라서 귀무가설은 $p = 0.50$ 이다. 만일 np와 $n(1-p)$가 모두 5보다 크다면 이항분포의 정규분포 근사치를 이용한다. 반면 표본의 수가 $n \leq 30$인 경우에 이항분포를 이용하여 검정할 수 있다.

예제 6 A회사에서는 신입사원을 대상으로 데이터 정보처리능력이 어느 정도인지 사전평가를 실시하였다. 그 다음에는 3개월 동안 50시간을 교육을 실시하여 교육 후 평가를 실시하였다. 이 신입사원 중에서 10명을 무작위 추출하여 교육 전, 후 평가 결과를 다음과 같이 정리하였다. 유의수준 0.05에서 정보처리능력 교육 프로그램이 향상되었는지를 검정하라.

신입사원		M_1	M_2	M_3	M_4	M_5	M_6	M_7	M_8	M_9	M_{10}
평가 점수	전	67	81	69	78	93	76	43	57	44	62
	후	78	83	83	77	92	82	55	69	40	67

[풀이] 귀무가설과 대립가설은 다음과 같다.

H_0 : 신입사원들의 데이터 정보처리능력은 향상되지 않았다. $(p = 0.50)$

H_1 : 신입사원들의 데이터 정보처리능력은 향상되었다. $(p > 0.50)$

신입사원		M_1	M_2	M_3	M_4	M_5	M_6	M_7	M_8	M_9	M_{10}
평가 점수	전	67	81	69	78	93	76	43	57	44	62
	후	78	83	83	77	92	82	55	69	40	67
향상부호		+	+	+	−	−	+	+	+	−	+

여기서는 $np = n(1-p) = 5$이다. 따라서 이항분포의 정규분포 근사를 이용할 수 없고, 이항분포를 이용하여야 한다. 이항분포에서 임계치는 어떻게 찾을 것인가? 대립가설을 보면 한쪽검정이라는 점을 염두에 두자. 만일 귀무가설 H_0이 진실이라면 (+)부호의 수는 $n = 10,\ p = 0.50$의 이항분포를 따른다. 이항분포표는 다음과 같다.

성공횟수	0	1	2	3	4	5	6	7	8	9	10
성공확률	.001	.010	.044	.117	.205	.246	.205	.117	.044	.010	.001
누적확률							합산	←	.055	.011	.001

검정통계량으로 이항분포가 이용되며 검정통계량은 n개의 관찰치로 이루어진 실험의 결과 나타나는 (+)부호의 수, 이것을 확률변수 X라고 한다. H_0을 채택할 것인지, 기각할 것인지를 위한 결정규칙으로 이항분포를 이용할 수 있다.

결정규칙은 10번 중 10번 성공할 확률부터 시작하여 뒤에서부터 더해온다. 유의수준(α)을 초과하지 않고 가능한 한 유의수준에 가까운 값을 만날 때까지 계속 뒤로 더해나간다. 이 문제의 경우, 유의수준(α)은 0.05이므로 10번 중 9번 이상 성공할 확률은 0.11이고, 8번 이상 성공할 확률은 0.55이다. 그런데 8번일 경우는 유의수준 0.50을 초과하므로, 귀무가설을 기각할 임계치는 9번이 된다. 즉, 표본에서 양(+)의 부호의 개수가 9번 이상이면, 귀무가설을 기각한다. 그런데 우리의 문제에서는 양(+)의 부호가 7개이므로 귀무가설을 채택한다. 즉, 신입생을 위한 데이터 정보처리능력 향상 프로그램이 효과적이라고 볼 수 없다.

4. 스피어만 순위상관계수

피어슨의 상관계수는 두 변수가 서열척도가 아닌, 등간척도나 비율척도로 측정된 자료일 경우에 두 변수간의 연관의 정도를 측정하는 좋은 지표이었다. 그러나 자료가 서열척도로 측정되고 순위가 매겨졌다면, 피어슨의 상관계수와 같은 순위연관의 지수가 스피어만 순위상관계수(Spearman rank-order correlation)이고, r_s로 표시한다.

순위상관계수의 전제조건은 자료가 무작위로 독립적으로 표본추출 한 것이며, 측정은 적어도 서열(ordinal)이어야 한다는 것이다.

스피어만 순위상관계수(Speaman rank-order correlation), r_s의 계산은 다음과 같이 한다. 먼저 개체에 대한 서열 간의 차이(d)를 계산하고, 각 차이를 제곱한다. 서열 차이의 제곱의 총합($\sum d^2$)을 구하고, 관측쌍의 수(N)를 다음 공식에 대입하면 된다.

$$r_s = 1 - \frac{6\sum_{i=1}^{n} d^2}{n(n^2-1)}$$

순위상관계수를 이용하여 순위상관의 존재여부를 검정하는 가설은 다음과 같이 수립한다.

$H_0 : X$와 X'는 상호 독립적이다(무관하다).

$H_1 : X$와 X'는 상호 독립적이지 않다(상관이 있다)

[표 12-2] 스피어만 순위상관검정 임계치 $r_s(\alpha/2)$를 r_s와 비교하여 $-r_s(\alpha/2) \le r_s \le r_s(\alpha/2)$이면 귀무가설 채택한다. 한쪽검정의 경우는 $r_s(\alpha)$ 보다 크거나 $-r_s(\alpha)$보다 작으면 귀무가설을 기각하고 대립가설을 채택한다.

예제 7 경기지역 품질분임조 경진대회에 10개 분임조팀이 발표를 하였다. 여기에서 두 명의 심사원이 평가하여 다음과 같이 순위를 부여하였다. 두 심사원이 평가한 순위가 상호 독립적인지를 α=5%로 검정하라. 각 심사원은 분임조의 우수성 순서대로 순위를 부여한 것이다.

분임조명	심사원1	심사원2	d	d^2
A	2	3	-1	1
B	5	8	-3	9
C	4	4	0	0
D	1	2	-1	1
E	9	10	-1	1
F	6	6	0	0
G	3	1	2	4
H	10	9	1	1
I	7	5	2	4
J	8	7	1	1
				22

H_0 : 심사원1과 심사원2의 평가는 상호 독립적이다(무관하다).

H_1 : 심사원1과 심사원2의 평가는 상호 독립적이지 않다(관련이 있다).

$r_s = 1 - \dfrac{6\sum_{i=1}^{n} d^2}{n(n^2-1)}$ 에서 수식을 대입하면 $r_s = 1 - \dfrac{6 \times 22}{10(10^2-1)} = 0.867$

검정통계량은 $r_s = 0.867$ 이며, 아래 [표 12-2] 스피어만 순위상관검정 임계치를 보면 $n = 10$ 일 때 $r_s(0.025) = 0.648$ 이다. $r_s = 0.867 > r_s(0.025) = 0.648$ 이므로 H_0은 기각하고 H_1을 채택한다. 즉, 두 심사원의 평가는 상호 독립적(관계성이 있음)이라고 볼 수 없다.

[표 12-2] **스피어만 순위상관검정 임계치**

n	유의수준 (α)			
	0.05	0.025	0.01	0.005
5	0.900	-	-	-
6	0.829	0.886	0.943	-
7	0.714	0.786	0.893	-
8	0.643	0.738	0.833	0.881
9	0.600	0.683	0.783	0.833
10	0.564	0.648	0.745	0.794
11	0.523	0.623	0.736	0.818
12	0.497	0.591	0.703	0.780
13	0.475	0.566	0.673	0.745
14	0.457	0.545	0.646	0.716
15	0.441	0.525	0.623	0.689
16	0.425	0.507	0.601	0.666
17	0.412	0.490	0.582	0.645
18	0.399	0.476	0.564	0.625
19	0.388	0.462	0.549	0.608
20	0.377	0.450	0.534	0.591

[주] α는 $H_0 : \rho_s = 0$인 한쪽검정에 해당되므로 양쪽검정의 경우 2를 곱해야 함.

Review Lecture

본 Review Lecture는 강의를 통하여 배운 내용을 교수님이 직접 학생들에게 질문형식을 통하여 강의 내용을 점검하고 마무리하는 코너입니다. ______ 같이 풀어 보실까요?

01 다음 내용은 비모수통계학에 대하여 기본개념을 나열한 것이다. 보기를 통하여 (　) 속에 넣어라.

① 자료가 명목자료이거나 서열자료인 경우이거나 모집단의 분포가 정규분포가 아니거나 혹은 모르는 경우에는 (　　　　　)을 이용한다.

② 모집단의 확률분포가 포아송분포나 정규분포 등 어떤 분포의 경우, 특정분포라고 해도 좋은가 어떤가에 대한 확인할 때 (　　　　　)을 적용한다.

③ 분할표는 모집단으로부터 채취한 계수치 데이터를 행과 열로 분류한 표로서 행이 r개, 열이 c개이면 (　　　　　)라고 한다.

④ 두 가지 속성을 구분하여 그 중 하나의 속성이 다른 하나의 속성에 전혀 영향을 미치지 않을 때 이들 속성은 (　　　　　)이라고 한다.

⑤ 두 집단 간의 비교에서 쌍을 이루는 두 표본인 경우 정규분포를 한다면 대응관계의 (　　　　　) 을 할 수 있을 것이다. 그렇지만 모집단의 분포모양이 어떤 상태인지를 모르는 경우에는 (　　　　　)을 사용한다.

⑥ (　　　　　)는 두 변수가 서열척도가 아닌, 등간척도나 비율척도로 측정된 자료일 경우에 두 변수간의 연관의 정도를 측정하는 좋은 지표이었다. 그러나 자료가 서열척도로 측정되고 순위가 매겨졌다면, 피어슨의 상관계수와 같은 순위연관의 지수가 (　　　　　)이고, r_s로 표시한다.

보기

피어슨 상관계수　　부호검정　　r×c 분할표　　비모수통계학　　적합도 검정
상호 독립적　　t검정　　스피어만 순위상관계수

연 / 습 / 문 / 제

01 인터넷 쇼핑몰 판매업체는 서울을 다섯 지역으로 나누어서 각 지역마다 직영점을 두고 있다. 지난 해 지역별 A품목에 대한 판매수량은 다음과 같다. 유의수준 1%로 지역별 A품목의 판매량은 같다고 할 수 있는지를 검정하라.

지역별	강북	강서	강남	강동	중구	합계
A품목 판매수량	70	75	70	50	35	300

02 15명의 아동들에 대해 상호작용의 적극성에 대해 두 명의 아동전문가가 판단한 순위는 다음과 같다. 각 전문가는 각각의 아동들에 대해 상호작용의 적극성이 가장 저조한 아이부터 순위를 부여하였다. 두 아동전문가의 판단이 일치한다고 할 수 있는지를 유의수준 5%로 검정하라.

아동	아동전문가 1	아동전문가 2
C_1	1	3
C_2	4	4
C_3	5	8
C_4	10	5
C_5	8	2
C_6	14	15
C_7	7	9
C_8	2	6
C_9	12	14
C_{10}	9	7
C_{11}	15	13
C_{12}	3	1
C_{13}	13	12
C_{14}	11	10
C_{15}	6	11

03 H자동차회사에서는 최근 구매한 자동차의 모델별 만족도를 조사하여 다음과 같은 자료를 얻었다. 자동차 모델별 만족도 비율에 차이가 있는지를 유의수준 5%로 검정하라.

구분	E모델	G모델	A모델	G모델	A모델	계
만족	15	12	7	12	9	5
보통	32	48	29	28	47	184
불만족	18	12	9	15	7	61
계	65	72	45	55	63	300

04 10명의 신입사원에게 이론교육과 실기교육을 실시한 다음 평가한 결과를 다음과 같은 자료를 얻었다. 이론평가의 결과와 실기평가 결과 사이에 양의 순위상관관계가 있다고 할 수 있는지 유의수준 5%로 검정하라.

평가대상사원	이론평가순위	실기평가순위
O_1	3	5
O_2	7	6
O_3	2	4
O_4	8	9
O_5	6	7
O_6	1	3
O_7	4	1
O_8	5	2
O_9	10	8
O_{10}	9	10

05 J소주와 D소주 간의 고객들의 선호도가 서로 다른지를 검정하기 위하여 12명을 무작위로 추출하여 소주를 시음하도록 하였다. 12명의 고객 가운데 2명은 J소주를 선호하였고 10명은 D소주를 선호하였다. 고객이 J소주를 선호하면 (+)부호를, D소주를 좋아하면 (−)부호를 사용한다고 하면 두 상표 소주에 고객의 선호도가 다른지 유의수준 5%로 검정하라.

부 록

1. 표준정규분포표(1)

[포함하는 확률]

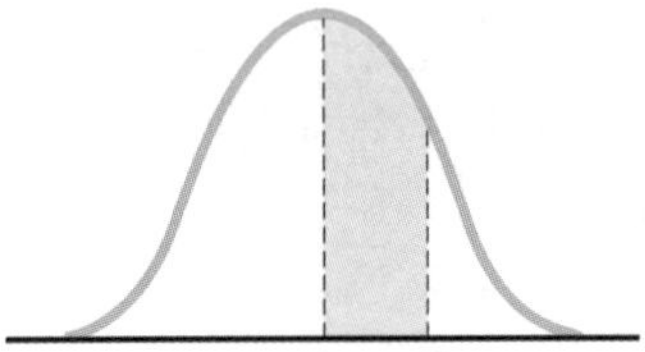

Z	0.00	0.01	0.02	0.03	0.04	0.05	0.06	0.07	0.08	0.09
0.0	0.0000	0.0040	0.0080	0.0120	0.0160	0.0199	0.0239	0.0279	0.0319	0.0359
0.1	0.0398	0.0438	0.0478	0.0517	0.0557	0.0596	0.0636	0.0675	0.0714	0.0753
0.2	0.0793	0.0832	0.0871	0.0910	0.0948	0.0987	0.1026	0.1064	0.1103	0.1141
0.3	0.1179	0.1217	0.1255	0.1293	0.1331	0.1368	0.1406	0.1443	0.1480	0.1517
0.4	0.1554	0.1591	0.1628	0.1664	0.1700	0.1736	0.1772	0.1808	0.1844	0.1879
0.5	0.1915	0.1950	0.1985	0.2019	0.2054	0.2088	0.2123	0.2157	0.2190	0.2224
0.6	0.2257	0.2291	0.2324	0.2357	0.2389	0.2422	0.2454	0.2486	0.2517	0.2549
0.7	0.2580	0.2611	0.2642	0.2673	0.2704	0.2734	0.2764	0.2794	0.2823	0.2852
0.8	0.2881	0.2910	0.2939	0.2967	0.2995	0.3023	0.3051	0.3078	0.3106	0.3133
0.9	0.3159	0.3186	0.3212	0.3238	0.3264	0.3289	0.3315	0.3340	0.3365	0.3389
1.0	0.3413	0.3438	0.3461	0.3485	0.3508	0.3531	0.3554	0.3577	0.3599	0.3621
1.1	0.3643	0.3665	0.3686	0.3708	0.3729	0.3749	0.3770	0.3790	0.3810	0.3830
1.2	0.3849	0.3869	0.3888	0.3907	0.3925	0.3944	0.3962	0.3980	0.3997	0.4015
1.3	0.4032	0.4049	0.4066	0.4082	0.4099	0.4115	0.4131	0.4147	0.4162	0.4177
1.4	0.4192	0.4207	0.4222	0.4236	0.4251	0.4265	0.4279	0.4292	0.4306	0.4319
1.5	0.4332	0.4345	0.4357	0.4370	0.4382	0.4394	0.4406	0.4418	0.4429	0.4441
1.6	0.4452	0.4463	0.4474	0.4484	0.4495	0.4505	0.4515	0.4525	0.4535	0.4545
1.7	0.4554	0.4564	0.4573	0.4582	0.4591	0.4599	0.4608	0.4616	0.4625	0.4633
1.8	0.4641	0.4649	0.4656	0.4664	0.4671	0.4678	0.4686	0.4693	0.4699	0.4706
1.9	0.4713	0.4719	0.4726	0.4732	0.4738	0.4744	0.4750	0.4756	0.4761	0.4767
2.0	0.4772	0.4778	0.4783	0.4788	0.4793	0.4798	0.4803	0.4808	0.4812	0.4817
2.1	0.4821	0.4826	0.4830	0.4834	0.4838	0.4842	0.4846	0.4850	0.4854	0.4857
2.2	0.4861	0.4864	0.4868	0.4871	0.4875	0.4878	0.4881	0.4884	0.4887	0.4890
2.3	0.4893	0.4896	0.4898	0.4901	0.4904	0.4906	0.4909	0.4911	0.4913	0.4916
2.4	0.4918	0.4920	0.4922	0.4925	0.4927	0.4929	0.4931	0.4932	0.4934	0.4936
2.5	0.4938	0.4940	0.4941	0.4943	0.4945	0.4946	0.4948	0.4949	0.4951	0.4952
2.6	0.4953	0.4955	0.4956	0.4957	0.4959	0.4960	0.4961	0.4962	0.4963	0.4964
2.7	0.4965	0.4966	0.4967	0.4968	0.4969	0.4970	0.4971	0.4972	0.4973	0.4974
2.8	0.4974	0.4975	0.4976	0.4977	0.4977	0.4978	0.4979	0.4979	0.4980	0.4981
2.9	0.4981	0.4982	0.4982	0.4983	0.4984	0.4984	0.4985	0.4985	0.4986	0.4986
3.0	0.4987	0.4987	0.4987	0.4988	0.4988	0.4989	0.4989	0.4989	0.4990	0.4990
3.1	0.4990	0.4991	0.4991	0.4991	0.4992	0.4992	0.4992	0.4992	0.4993	0.4993
3.2	0.4993	0.4993	0.4994	0.4994	0.4994	0.4994	0.4994	0.4995	0.4995	0.4995
3.3	0.4995	0.4995	0.4995	0.4996	0.4996	0.4996	0.4996	0.4996	0.4996	0.4997
3.4	0.4997	0.4997	0.4997	0.4997	0.4997	0.4997	0.4997	0.4997	0.4997	0.4998
4.0	0.49997									

2. 표준정규분포표(2)

[벗어나는 확률]

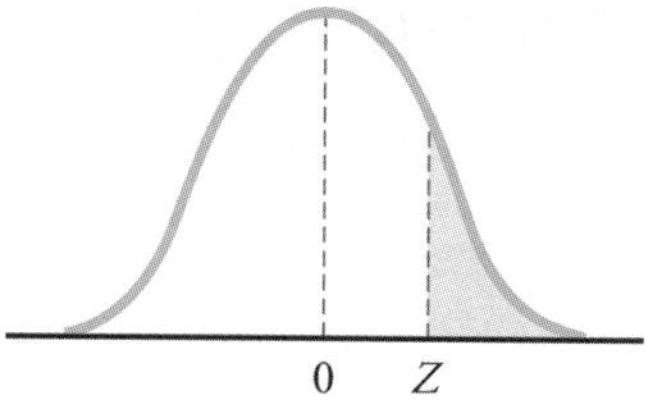

[주] $0.0^{2}82 = 0.0082$, $0.0^{3}97 = 0.00097$

Z	0.00	0.01	0.02	0.03	0.04	0.05	0.06	0.07	0.08	0.09
0.0	0.5000	0.4960	0.4920	0.4880	0.4841	0.4801	0.4761	0.4721	04681	0.4641
0.1	0.4602	0.4562	0.4522	0.4483	0.4443	0.4404	0.4364	0.4325	0.4286	0.4247
0.2	0.4207	0.4168	0.4129	0.4091	0.4052	0.4013	0.3974	0.3936	0.3897	0.3859
0.3	0.3821	0.3783	0.3745	0.3707	0.3669	0.3632	0.3594	0.3557	0.3520	0.3483
0.4	0.3446	0.3409	0.3372	0.3336	0.3300	0.3264	0.3228	0.3192	0.3156	0.3121
0.5	0.3085	0.3050	0.3015	0.2981	0.2946	0.2912	0.2877	0.2843	0.2810	0.2776
0.6	0.2743	0.2709	0.2676	0.2644	0.2611	0.2579	0.2546	0.2514	0.2483	0.2451
0.7	0.2420	0.2389	0.2358	0.2327	0.2297	0.2266	0.2236	0.2207	0.2177	0.2148
0.8	0.2119	0.2090	0.2061	0.2033	0.2005	0.1977	0.1949	0.1922	0.1894	0.1867
0.9	0.1841	0.1814	0.1788	0.1762	0.1736	0.1711	0.1685	0.1660	0.1635	0.1411
1.0	0.1587	0.1563	0.1539	0.1515	0.1492	0.1469	0.1446	0.1423	0.1401	0.1379
1.1	0.1357	0.1335	0.1314	0.1292	0.1271	0.1251	0.1230	0.1210	0.1190	0.1170
1.2	0.1151	0.1131	0.1112	0.1094	0.1075	0.1057	0.1038	0.1020	0.1003	0.0985
1.3	0.0968	0.0951	0.0934	0.0918	0.0901	0.0885	0.0869	0.0853	0.0838	0.0823
1.4	0.0808	0.0793	0.0778	0.0764	0.0749	0.0735	0.0721	0.0708	0.0694	0.0681
1.5	0.0668	0.0655	0.0643	0.0630	0.0618	0.0606	0.0594	0.0582	0.0571	0.0559
1.6	0.0548	0.0537	0.0526	0.0516	0.0505	0.0494	0.0485	0.0475	0.0465	0.0455
1.7	0.0446	0.0436	0.0427	0.0418	0.0409	0.0401	0.0392	0.0384	0.0375	0.0367
1.8	0.0359	0.0351	0.0344	0.0336	0.0329	0.0322	0.0314	0.0307	0.0300	0.0294
1.9	0.0287	0.0281	0.0274	0.0268	0.0262	0.0256	0.0250	0.0244	0.0239	0.0233
2.0	0.0228	0.0222	0.0217	0.0212	0.0207	0.0202	0.0197	0.0192	0.0188	0.0183
2.1	0.0179	0.0174	0.0170	0.0166	0.0162	0.0158	0.0154	0.0150	0.0146	0.0143
2.2	0.0139	0.0136	0.0132	0.0129	0.0125	0.0122	0.0119	0.0116	0.0113	0.0110
2.3	0.0108	0.0104	0.0102	$0.0^{2}99$	$0.0^{2}96$	$0.0^{2}94$	$0.0^{2}91$	$0.0^{2}89$	$0.0^{2}87$	$0.0^{2}84$
2.4	$0.0^{2}82$	$0.0^{2}80$	$0.0^{2}78$	$0.0^{2}75$	$0.0^{2}73$	$0.0^{2}71$	$0.0^{2}69$	$0.0^{2}68$	$0.0^{2}66$	$0.0^{2}64$
2.5	$0.0^{2}62$	$0.0^{2}60$	$0.0^{2}59$	$0.0^{2}57$	$0.0^{2}55$	$0.0^{2}54$	$0.0^{2}52$	$0.0^{2}51$	$0.0^{2}49$	$0.0^{2}48$
2.6	$0.0^{2}47$	$0.0^{2}45$	$0.0^{2}44$	$0.0^{2}43$	$0.0^{2}41$	$0.0^{2}40$	$0.0^{2}39$	$0.0^{2}38$	$0.0^{2}37$	$0.0^{2}36$
2.7	$0.0^{2}35$	$0.0^{2}34$	$0.0^{2}33$	$0.0^{2}32$	$0.0^{2}31$	$0.0^{2}30$	$0.0^{2}29$	$0.0^{2}28$	$0.0^{2}27$	$0.0^{2}26$
2.8	$0.0^{2}26$	$0.0^{2}25$	$0.0^{2}24$	$0.0^{2}23$	$0.0^{2}23$	$0.0^{2}22$	$0.0^{2}21$	$0.0^{2}21$	$0.0^{2}20$	$0.0^{2}19$
2.9	$0.0^{2}19$	$0.0^{2}18$	$0.0^{2}18$	$0.0^{2}17$	$0.0^{2}16$	$0.0^{2}16$	$0.0^{2}15$	$0.0^{2}15$	$0.0^{2}14$	$0.0^{2}14$
3.0	$0.0^{2}13$	$0.0^{2}13$	$0.0^{2}13$	$0.0^{2}12$	$0.0^{2}12$	$0.0^{2}11$	$0.0^{2}11$	$0.0^{2}11$	$0.0^{2}10$	$0.0^{2}10$
3.1	$0.0^{3}97$	$0.0^{3}94$	$0.0^{3}90$	$0.0^{3}87$	$0.0^{3}84$	$0.0^{3}82$	$0.0^{3}79$	$0.0^{3}76$	$0.0^{3}74$	$0.0^{3}71$
3.2	$0.0^{3}68$	$0.0^{3}66$	$0.0^{3}64$	$0.0^{3}61$	$0.0^{3}60$	$0.0^{3}58$	$0.0^{3}56$	$0.0^{3}54$	$0.0^{3}52$	$0.0^{3}50$
3.3	$0.0^{3}48$	$0.0^{3}47$	$0.0^{3}45$	$0.0^{3}43$	$0.0^{3}42$	$0.0^{3}40$	$0.0^{3}39$	$0.0^{3}38$	$0.0^{3}36$	$0.0^{3}35$
3.4	$0.0^{3}34$	$0.0^{3}32$	$0.0^{3}31$	$0.0^{3}30$	$0.0^{3}29$	$0.0^{3}28$	$0.0^{3}27$	$0.0^{3}26$	$0.0^{3}25$	$0.0^{3}24$
4.0	$0.0^{4}32$									

3. 표준정규분포표(3)

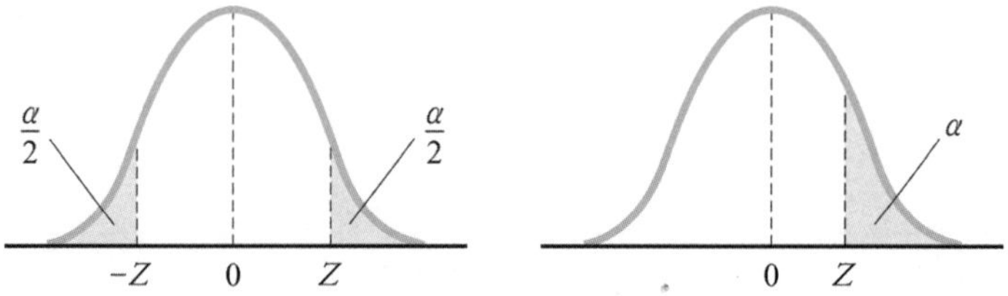

Z	양쪽 ($\frac{\alpha}{2}$)	한쪽 (α)
0.675	0.25	0.50
1.282	0.10	0.20
1.645	0.05	0.10
1.960	0.025	0.05
2.326	0.01	0.02
2.576	0.005	0.01
3.090	0.001	0.002

4. t 분포표

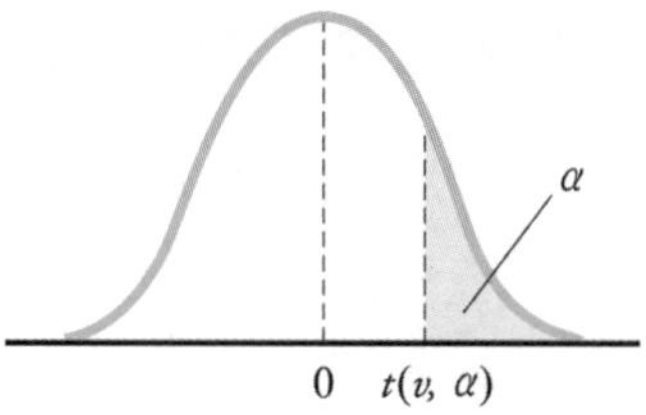

ν \ α	0.2	0.1	0.05	0.025	0.01	0.005	0.001
1	1.376	3.078	6.314	12.706	31.821	65.657	318.309
2	1.061	1.886	2.920	4.303	6.965	9.925	22.327
3	0.978	1.638	2.353	3.182	4.541	5.841	10.215
4	0.941	1.533	2.132	2.776	3.747	4.604	7.173
5	0.920	1.476	2.015	2.571	3.365	4.032	5.893
6	0.906	1.440	1.943	2.447	3.143	3.707	5.208
7	0.896	1.415	1.895	2.365	2.998	3.499	4.785
8	0.889	1.397	1.860	2.306	2.896	3.355	4.501
9	0.883	1.383	1.833	2.262	2.821	3.250	4.297
10	0.879	1.372	1.812	2.228	2.764	3.169	4.144
11	0.876	1.363	1.796	2.201	2.718	3.106	4.025
12	0.873	1.356	1.782	2.179	2.681	3.055	3.930
13	0.870	1.350	1.771	2.160	2.650	3.012	3.852
14	0.868	1.345	1.761	2.145	2.624	2.977	3.787
15	0.866	1.341	1.753	2.131	2.602	2.947	3.733
16	0.865	1.337	1.746	2.120	2.583	2.921	3.686
17	0.863	1.333	1.740	2.110	2.567	2.898	3.646
18	0.862	1.330	1.734	2.101	2.552	2.878	3.610
19	0.861	1.328	1.729	2.093	2.539	2.861	3.579
20	0.860	1.325	1.725	2.086	2.528	2.845	3.552
21	0.859	1.323	1.721	2.080	2.518	2.831	3.527
22	0.858	1.321	1.717	2.074	2.508	2.819	3.505
23	0.858	1.319	1.714	2.069	2.500	2.807	3.485
24	0.857	1.318	1.711	2.064	2.492	2.797	3.467
25	0.856	1.316	1.708	2.060	2.485	2.787	3.450
26	0.856	1.315	1.706	2.056	2.479	2.779	3.435
27	0.855	1.314	1.703	2.052	2.473	2.771	3.421
28	0.855	1.313	1.701	2.048	2.467	2.763	3.408
29	0.854	1.311	1.699	2.045	2.462	2.756	3.396
30	0.854	1.310	1.697	2.042	2.457	2.750	3.385
35	0.852	1.306	1.690	2.030	2.438	2.724	3.340
40	0.851	1.303	1.684	2.021	2.423	2.704	3.307
50	0.849	1.299	1.676	2.009	2.403	2.678	3.261
100	0.845	1.290	1.660	1.984	2.364	2.626	3.174
∞	0.842	1.282	1.645	1.960	2.326	2.576	3.090

5. χ^2 분포표

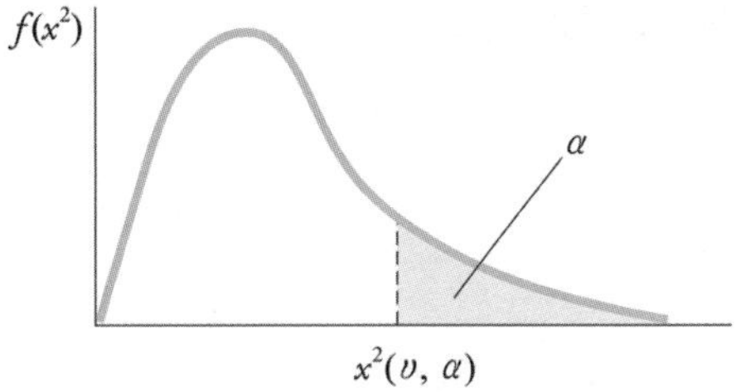

[주] $0.0^{4}39$ = 0.000039, $0.0^{3}16$ = 0.00016

ν \ α	0.995	0.99	0.975	0.95	0.1	0.05	0.025	0.01
1	$0.0^{4}39$	$0.0^{3}16$	$0.0^{3}98$	0.0039	2.7055	3.8415	5.0239	6.6349
2	0.0100	0.0201	0.0506	0.1026	4.6052	5.9915	7.3778	9.2103
3	0.0717	0.1148	0.2158	0.3518	6.2514	7.8147	9.3484	11.3449
4	0.2070	0.2971	0.4844	0.7107	7.7794	9.4877	11.1433	13.2767
5	0.4117	0.5543	0.8312	1.1455	9.2364	11.0705	12.8325	15.0863
6	0.6757	0.8721	1.2373	1.6354	10.6446	12.5916	14.4494	16.8119
7	0.9893	1.2390	1.6899	2.1674	12.0170	14.0671	16.0128	18.4753
8	1.3444	1.6465	2.1797	2.7326	13.3616	15.5073	17.5346	20.0902
9	1.7349	2.0879	2.7004	3.3251	14.6837	16.9190	19.0228	21.6660
10	2.1559	2.5582	3.2470	3.9403	15.9871	18.3070	20.4831	23.2093
11	2.6032	3.0535	3.8158	4.5748	17.2750	19.6751	21.9200	24.7250
12	3.0738	3.5706	4.4038	5.2260	18.5494	21.0261	23.3367	26.2170
13	3.5650	4.1069	5.0087	5.8919	19.8119	22.3621	24.7356	27.6883
14	4.0747	4.6604	5.6287	6.5706	21.0642	23.6848	26.1190	29.1413
15	4.6009	5.2294	6.2621	7.2609	22.3072	24.9958	27.4884	30.5779
16	5.1422	5.8122	6.9077	7.9616	23.5418	26.2962	28.8454	31.9999
17	5.6972	6.4078	7.5642	8.6718	24.7690	27.5871	30.1910	33.4087
18	6.2648	7.0149	8.2308	9.3905	25.9894	28.8693	31.5264	34.8053
19	6.8440	7.6327	8.9066	10.1170	27.2036	30.1435	32.8523	36.1908
20	7.4339	8.2604	9.5908	10.8508	28.4120	31.4104	34.1696	37.5662
21	8.0337	8.8972	10.2829	11.5913	29.6151	32.6705	35.4789	38.9321
22	8.6427	9.5425	10.9823	12.3380	30.8133	33.9244	36.7807	40.2894
23	9.2604	10.1957	11.6885	13.0905	32.0069	35.1725	38.0757	41.6384
24	9.8862	10.8564	12.4011	13.8484	33.1963	36.4151	39.3641	42.9798
25	10.5197	11.5240	13.1197	14.6114	34.3816	37.6525	40.6465	44.3141
26	11.1603	12.1981	13.8439	15.3791	35.5631	38.8852	41.9232	45.6417
27	11.8076	12.8786	14.5733	16.1513	36.7412	40.1133	43.1944	46.9630
28	12.4613	13.5648	15.3079	16.9279	37.9159	41.3372	44.4607	48.2782
29	13.1211	14.2565	16.0471	17.7083	39.0875	42.5569	45.7222	49.5879
30	13.7867	14.9535	16.7908	18.4926	40.2560	43.7729	46.9792	50.8922
35	17.1918	18.5089	20.5694	22.4650	46.0588	49.8018	53.2033	57.3421
40	20.7065	22.1643	24.4330	26.5093	51.8051	55.7585	59.3417	63.4907
50	27.9907	29.7067	32.3574	34.7643	63.1671	67.5048	71.4202	76.1539
100	67.3276	70.0649	74.2219	77.9295	118.498	124.342	129.561	135.807

6. F 분포표($\alpha = 0.05$)

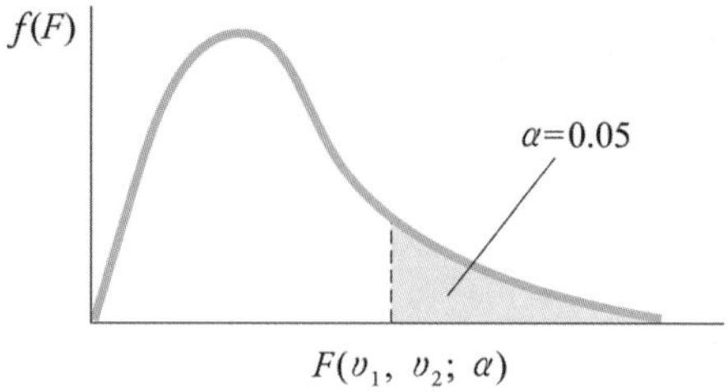

ν_1 \ ν_2	분자의 자유도																		
분모의 자유도	1	2	3	4	5	6	7	8	9	10	12	15	20	24	30	40	60	120	∞
1	161.4	199.5	215.7	224.6	230.2	234.0	236.8	238.9	240.5	241.9	243.9	245.9	248.0	249.1	250.1	251.1	252.2	253.3	254.3
2	18.51	19.00	19.25	19.25	19.30	19.33	19.35	19.37	19.38	19.40	19.41	19.43	19.45	19.45	19.46	19.47	19.48	19.49	19.50
3	10.13	9.55	9.28	9.12	9.01	8.94	8.89	8.85	8.81	8.79	8.74	8.70	8.66	8.64	8.62	8.59	8.57	8.55	8.53
4	7.71	6.94	6.59	6.39	6.26	6.16	6.09	6.04	6.00	5.96	5.91	5.86	5.80	5.77	5.75	5.72	5.69	5.66	5.63
5	6.61	5.79	5.41	5.19	5.05	4.95	4.88	4.82	4.77	4.74	4.68	4.62	4.56	4.53	4.50	4.46	4.43	4.40	4.36
6	5.99	5.14	4.76	4.53	4.39	4.28	4.21	4.15	4.10	4.06	4.00	3.94	3.87	3.84	3.81	3.77	3.74	3.70	3.67
7	5.59	4.74	4.35	4.12	3.97	3.87	3.79	3.73	3.68	3.64	3.57	3.51	3.44	3.41	3.38	3.34	3.30	3.27	3.23
8	5.32	4.46	4.07	3.84	3.69	3.58	3.50	3.44	3.39	3.35	3.28	3.22	3.51	3.12	3.08	3.04	3.01	2.97	2.93
9	5.12	4.26	3.86	3.63	3.48	3.37	3.29	3.23	3.18	3.14	3.07	3.01	2.94	2.90	2.86	2.83	2.79	2.75	2.71
10	4.96	4.10	3.71	3.48	3.33	3.22	3.14	3.07	3.02	2.98	2.91	2.85	2.77	2.74	2.70	2.66	2.62	2.58	2.54
11	4.84	3.98	3.59	3.36	3.20	3.09	3.01	2.95	2.90	2.85	2.79	2.72	2.65	2.61	2.57	2.53	2.49	2.45	2.40
12	4.75	3.89	3.49	3.26	3.11	3.00	2.91	2.85	2.80	2.75	2.69	2.62	2.54	2.51	2.47	2.43	2.38	2.34	2.30
13	4.67	3.81	3.41	3.18	3.03	2.92	2.83	2.77	2.71	2.67	2.60	2.53	2.46	2.42	2.38	2.34	2.30	2.25	2.21
14	4.60	3.74	3.34	3.11	2.96	2.85	2.76	2.70	2.65	2.60	2.53	2.46	2.39	2.35	2.31	2.27	2.22	2.18	2.13
15	4.54	3.68	3.29	3.06	2.90	2.79	2.71	2.64	2.59	2.54	2.48	2.40	2.33	2.29	2.25	2.20	2.16	2.11	2.07
16	4.49	3.63	3.24	3.01	2.85	2.74	2.66	2.59	2.54	2.49	2.42	2.35	2.28	2.24	2.19	2.15	2.11	2.06	2.01
17	4.45	3.59	3.20	2.96	2.81	2.70	2.61	2.55	2.49	2.45	2.38	2.31	2.23	2.19	2.15	2.10	2.06	2.01	1.96
18	4.41	3.55	3.16	2.93	2.77	2.66	2.58	2.51	2.46	2.41	2.34	2.27	2.19	2.15	2.11	2.06	2.02	1.97	1.92
19	4.38	3.52	3.13	2.90	2.74	2.63	2.54	2.48	2.42	2.38	2.31	2.23	2.16	2.11	2.07	2.03	1.98	1.93	1.88
20	4.35	3.49	3.10	2.87	2.71	2.60	2.51	2.45	2.39	2.35	2.28	2.20	2.12	2.08	2.04	1.99	1.95	1.90	1.84
21	4.32	3.47	3.07	2.84	2.68	2.57	2.49	2.42	2.37	2.32	2.25	2.18	2.10	2.05	2.01	1.96	1.92	1.87	1.81
22	4.30	3.44	3.05	2.82	2.66	2.55	2.46	2.40	2.34	2.30	2.23	2.15	2.07	2.03	1.98	1.94	1.89	1.84	1.78
23	4.28	3.42	3.03	2.80	2.64	2.53	2.44	2.37	2.32	2.27	2.20	2.13	2.05	2.01	1.96	1.91	1.86	1.81	1.76
24	4.26	3.40	3.01	2.78	2.62	2.51	2.42	2.36	2.30	2.25	2.18	2.11	2.03	1.98	1.94	1.89	1.84	1.79	1.73
25	4.24	3.39	2.99	2.76	2.60	2.49	2.40	2.34	2.28	2.24	2.16	2.09	2.01	1.96	1.92	1.87	1.82	1.77	1.71
26	4.23	3.37	2.98	2.74	2.59	2.47	2.39	2.32	2.27	2.22	2.15	2.07	1.99	1.95	1.90	1.85	1.80	1.75	1.69
27	4.21	3.35	2.96	2.73	2.57	2.46	2.37	2.31	2.25	2.20	2.13	2.06	1.97	1.93	1.88	1.84	1.79	1.73	1.67
28	4.20	3.34	2.95	2.71	2.56	2.45	2.36	2.29	2.24	2.19	2.12	2.04	1.96	1.91	1.87	1.82	1.77	1.71	1.65
29	4.18	3.33	2.93	2.70	2.55	2.43	2.35	2.28	2.22	2.18	2.10	2.06	1.94	1.90	1.85	1.81	1.75	1.70	1.64
30	4.17	3.32	2.92	2.69	2.53	2.42	2.33	2.27	2.21	2.16	2.09	2.01	1.93	1.89	1.84	1.79	1.74	1.68	1.62
40	4.08	3.23	2.84	2.61	2.45	2.34	2.25	2.18	2.12	2.08	2.00	1.92	1.84	1.79	1.74	1.69	1.64	1.58	1.51
60	4.00	3.15	2.76	2.53	2.37	2.25	2.17	2.10	2.04	1.99	1.92	1.84	1.75	1.70	1.65	1.59	1.53	1.47	1.39
120	3.92	3.07	2.68	2.45	2.29	2.17	2.09	2.02	1.96	1.91	1.83	1.75	1.66	1.61	1.55	1.50	1.43	1.35	1.25
∞	3.84	3.00	2.60	2.37	2.21	2.10	2.01	1.94	1.88	1.83	1.75	1.67	1.57	1.52	1.46	1.39	1.32	1.22	1.00

7. F 분포표($\alpha = 0.025$)

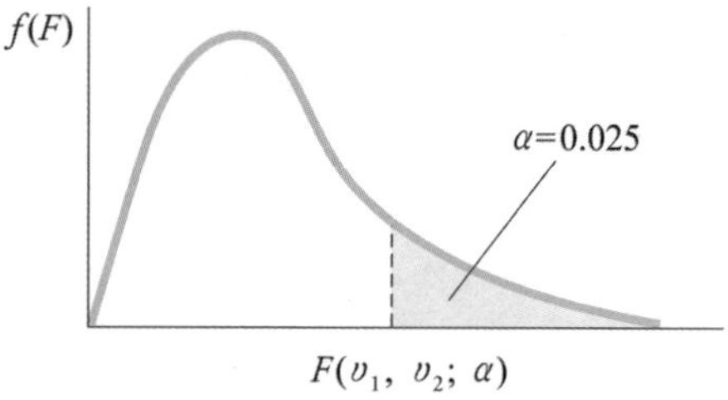

ν_1 \ ν_2	분자의 자유도																		
	1	2	3	4	5	6	7	8	9	10	12	15	20	24	30	40	60	120	∞
1	647.8	799.5	864.2	899.6	921.8	937.1	948.2	956.7	963.3	968.6	976.7	984.9	993.1	997.2	1001	1006	1010	1014	1018
2	38.51	39.00	39.17	39.25	39.30	39.33	39.36	39.37	39.39	39.40	39.41	39.43	39.45	39.46	39.46	39.47	39.48	39.49	39.50
3	17.44	16.04	15.44	15.10	14.88	14.73	14.62	14.54	14.47	14.42	14.32	14.25	14.17	14.12	14.08	14.04	13.99	13.95	13.90
4	12.22	10.65	9.98	9.60	9.36	9.20	9.07	8.98	8.90	8.84	8.75	8.66	8.56	8.51	8.46	8.41	8.36	8.31	8.26
5	10.01	8.43	7.76	7.39	7.15	6.98	6.85	6.76	6.68	6.62	6.52	6.43	6.33	6.28	6.23	6.18	6.12	6.07	6.02
6	8.81	7.26	6.60	6.23	5.99	5.82	5.70	5.60	5.52	5.46	5.37	5.27	5.17	5.12	5.07	5.01	4.96	4.90	4.85
7	8.07	6.54	5.89	5.52	5.29	5.12	4.99	4.90	4.82	4.76	4.67	4.57	4.47	4.42	4.36	4.31	4.25	4.20	4.14
8	7.57	6.06	5.42	5.05	4.82	4.65	4.53	4.43	4.36	4.30	4.20	4.10	4.00	3.95	3.89	3.84	3.78	3.73	3.67
9	7.21	5.71	5.08	5.72	4.48	4.32	4.20	4.10	4.03	3.96	3.87	3.77	3.67	3.61	3.56	3.51	3.45	3.39	3.33
10	6.94	5.46	4.83	4.47	4.24	4.07	3.95	3.85	3.78	3.72	3.62	3.52	3.42	3.37	3.31	3.26	3.20	3.14	3.08
11	6.72	5.26	4.63	4.28	4.04	3.88	3.76	3.66	3.59	3.53	3.43	3.33	3.23	3.17	3.12	3.06	3.00	2.94	2.88
12	6.55	5.10	4.47	4.12	3.89	3.73	3.61	3.51	3.44	3.37	3.28	3.18	3.07	3.02	2.96	2.91	2.85	2.79	2.72
13	6.41	4.97	4.35	4.00	3.77	3.60	3.48	3.39	3.31	3.25	3.15	3.05	2.95	2.89	2.84	2.78	2.72	2.66	2.60
14	6.30	4.86	4.24	3.89	3.66	3.50	3.38	3.29	3.21	3.15	3.05	2.95	2.84	2.79	2.73	2.67	2.61	2.55	2.49
15	6.20	4.77	4.15	3.80	3.58	3.41	3.29	3.20	3.12	3.06	2.96	2.86	2.76	2.70	2.64	2.59	2.52	2.46	2.40
분모의 자유도 16	6.12	4.69	4.08	3.73	3.50	3.34	3.22	3.12	3.05	2.99	2.89	2.79	2.68	2.63	2.57	2.51	2.45	2.38	2.32
17	6.04	4.62	4.01	3.66	3.44	3.28	3.16	3.06	2.98	2.92	2.82	2.72	2.62	2.56	2.50	2.44	2.38	2.32	2.25
18	5.98	4.56	3.95	3.61	3.38	3.22	3.10	3.01	2.93	2.87	2.77	2.67	2.56	2.50	2.44	2.38	2.32	2.26	2.19
19	5.92	4.51	3.90	3.56	3.33	3.17	3.05	2.96	2.88	2.82	2.72	2.62	2.51	2.45	2.39	2.33	2.27	2.20	2.13
20	5.87	4.46	3.86	3.51	3.29	3.13	3.01	2.91	2.84	2.77	2.68	2.57	2.46	2.41	2.35	2.29	2.22	2.16	2.09
21	5.83	4.42	3.82	3.48	3.25	3.09	2.97	2.87	2.80	2.73	2.64	2.53	2.42	2.37	2.31	2.25	2.18	2.11	2.04
22	5.79	4.38	3.78	3.44	3.22	3.05	2.93	2.84	2.76	2.70	2.60	2.50	2.39	2.33	2.27	2.21	2.14	2.08	2.00
23	5.75	4.35	3.75	3.41	3.18	3.02	2.90	2.81	2.73	2.67	2.57	2.47	2.36	2.30	2.24	2.18	2.11	2.04	1.97
24	5.72	4.32	3.72	3.38	3.15	2.99	2.87	2.78	2.70	2.64	2.54	2.44	2.33	2.27	2.21	2.15	2.08	2.01	1.94
25	5.69	4.29	3.69	3.35	3.13	2.97	2.85	2.75	2.68	2.61	2.51	2.41	2.30	2.24	2.18	2.12	2.05	1.98	1.91
26	5.66	4.27	3.67	3.33	3.10	2.94	2.82	2.73	2.65	2.59	2.49	2.39	2.28	2.22	2.16	2.09	2.03	1.95	1.88
27	5.63	4.24	3.65	3.31	3.08	2.92	2.80	2.71	2.63	2.57	2.47	2.36	2.25	2.19	2.13	2.07	2.00	1.93	1.85
28	5.61	4.22	3.63	3.29	3.06	2.90	2.78	2.69	2.61	2.55	2.45	2.34	2.23	2.17	2.11	2.05	1.98	1.91	1.83
29	5.58	4.20	3.61	3.27	3.04	2.88	2.76	2.67	2.59	2.53	2.43	2.32	2.21	2.15	2.09	2.03	1.96	1.89	1.81
30	5.57	4.18	3.59	3.25	3.03	2.87	2.75	2.65	2.57	2.51	2.41	2.31	2.20	2.14	2.07	2.01	1.94	1.87	1.79
40	5.42	4.05	3.46	3.13	2.90	2.74	2.62	2.53	2.45	2.39	2.29	2.18	2.07	2.01	1.94	1.88	1.80	1.72	1.64
60	5.29	3.93	3.34	3.01	2.79	2.63	2.51	2.41	2.33	2.27	2.17	2.06	1.94	1.88	1.82	1.74	1.67	1.58	1.48
120	5.15	3.80	3.23	2.89	2.67	2.52	2.39	2.30	2.22	2.16	2.05	1.94	1.82	1.76	1.69	1.61	1.53	1.43	1.31
∞	5.02	3.69	3.12	2.79	2.57	2.41	2.29	2.19	2.11	2.05	1.94	1.83	1.71	1.64	1.57	1.48	1.39	1.27	1.00

8. F 분포표($\alpha = 0.01$)

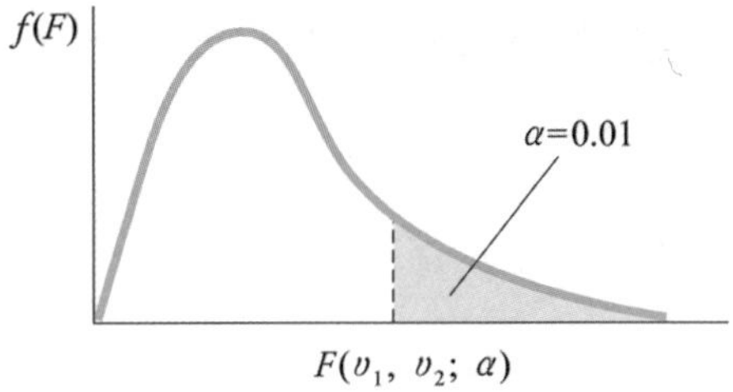

ν_1 \ ν_2	분자의 자유도																		
분모의 자유도	1	2	3	4	5	6	7	8	9	10	12	15	20	24	30	40	60	120	∞
1	4052	5000	5403	5625	5764	5859	5928	5982	6022	6056	6106	6157	6209	6235	6261	6287	6313	6339	6366
2	98.50	99.00	99.17	99.25	99.30	99.33	99.36	99.37	99.39	99.40	99.42	99.43	99.45	99.46	99.46	99.47	99.48	99.49	99.50
3	34.12	30.82	29.46	28.71	28.24	27.91	27.67	27.49	27.35	27.23	27.05	26.87	26.69	26.60	26.50	26.41	26.32	26.22	26.13
4	21.20	18.00	16.69	15.98	15.52	15.21	14.98	14.80	14.66	14.55	14.37	14.20	14.02	13.93	13.84	13.75	13.65	13.56	13.46
5	16.26	13.27	12.06	11.39	10.97	10.67	10.46	10.29	10.16	10.05	9.89	9.72	9.55	9.47	9.38	9.29	9.20	9.11	9.02
6	13.75	10.92	9.78	9.15	8.75	8.47	8.26	8.10	7.98	7.87	7.72	7.56	7.40	7.31	7.23	7.14	7.06	6.97	6.88
7	12.25	9.55	8.45	7.85	7.46	7.19	6.99	6.84	6.72	6.62	6.47	6.31	6.16	6.07	5.99	5.91	5.82	5.74	5.65
8	11.26	8.65	7.59	7.01	6.63	6.37	6.18	6.03	5.91	5.81	5.67	5.52	5.36	5.28	5.20	5.12	5.03	4.95	4.86
9	10.56	8.02	6.99	6.42	6.06	5.80	5.61	5.47	5.35	5.25	5.11	4.96	4.81	4.73	4.65	4.57	4.48	4.40	4.31
10	10.04	7.56	6.55	5.99	5.64	5.39	5.20	5.06	4.94	4.85	4.71	4.56	4.41	4.33	4.25	4.17	4.08	4.00	3.91
11	9.65	7.21	6.22	5.67	5.32	5.07	4.89	4.74	4.63	4.54	4.40	4.25	4.10	4.02	3.94	3.86	3.78	3.69	3.60
12	9.33	6.93	5.95	5.41	5.06	4.82	4.64	4.50	4.39	4.30	4.16	4.01	3.86	3.78	3.70	3.62	3.54	3.45	3.36
13	9.07	6.70	5.74	5.21	4.86	4.62	4.44	4.30	4.19	4.10	3.96	3.82	3.66	3.59	3.51	3.43	3.34	3.25	3.17
14	8.86	6.51	5.56	5.04	4.69	4.46	4.28	4.14	4.03	3.94	3.80	3.66	3.51	3.43	3.35	3.37	3.18	3.09	3.00
15	8.68	6.36	5.42	4.89	4.56	4.32	4.14	4.00	3.89	3.80	3.67	3.52	3.37	3.29	3.21	3.13	3.05	2.96	2.87
16	8.53	6.23	5.29	4.77	4.44	4.20	4.03	3.89	3.78	3.69	3.55	3.41	3.26	3.18	3.10	3.02	2.93	2.84	2.75
17	8.40	6.11	5.18	4.67	4.34	4.10	3.93	3.79	3.68	3.59	3.46	3.31	3.16	3.08	3.00	2.92	2.83	2.75	2.65
18	8.29	6.01	5.09	4.58	4.25	4.01	3.84	3.71	3.60	3.51	3.37	3.23	3.08	3.00	2.92	2.84	2.75	2.66	2.57
19	8.18	5.93	5.01	4.50	4.17	3.94	3.77	3.63	3.52	3.43	3.30	3.15	3.00	2.92	2.84	2.76	2.67	2.58	2.49
20	8.10	5.85	4.94	4.43	4.10	3.87	3.70	3.56	3.46	3.37	3.23	3.09	2.94	2.86	2.78	2.69	2.61	2.52	2.42
21	8.02	5.78	4.87	4.37	4.04	3.81	3.64	3.51	3.40	3.31	3.17	3.03	2.88	2.80	2.72	2.64	2.55	2.46	2.36
22	7.95	5.72	4.82	4.31	3.99	3.76	3.59	3.45	3.35	3.26	3.12	2.98	2.83	2.75	2.67	2.58	2.50	2.40	2.31
23	7.88	5.66	4.76	4.26	3.94	3.71	3.54	3.41	3.30	3.21	3.07	2.93	2.78	2.70	2.62	2.54	2.45	2.35	2.26
24	7.82	5.61	4.72	4.22	3.90	3.67	3.50	3.36	3.26	3.17	3.03	2.89	2.74	2.66	2.58	2.49	2.40	2.31	2.21
25	7.77	5.57	4.68	4.18	3.85	3.63	3.46	3.32	3.22	3.13	2.99	2.85	2.70	2.62	2.54	2.45	2.36	2.27	2.17
26	7.72	5.53	4.64	4.14	3.82	3.59	3.42	3.29	3.18	3.09	2.96	2.81	2.66	2.58	2.50	2.42	2.33	2.23	2.13
27	7.68	5.49	4.60	4.11	3.78	3.56	3.39	3.26	3.15	3.06	2.93	2.78	2.63	2.55	2.47	2.38	2.29	2.20	2.10
28	7.64	5.45	4.57	4.07	3.75	3.53	3.36	3.23	3.12	3.03	2.90	2.75	2.60	2.52	2.44	2.35	2.26	2.17	2.06
29	7.60	5.42	4.54	4.04	3.73	3.50	3.33	3.20	3.09	3.00	2.87	2.73	2.57	2.49	2.41	2.33	2.23	2.14	2.03
30	7.56	5.39	4.51	4.02	3.70	3.47	3.30	3.17	3.07	2.98	2.84	2.70	2.55	2.47	2.39	2.30	2.21	2.11	2.01
40	7.31	5.18	4.31	3.83	3.51	3.29	3.12	2.99	2.89	2.80	2.66	2.52	2.37	2.29	2.20	2.11	2.02	1.92	1.80
60	7.08	4.98	3.13	3.65	3.34	3.12	2.95	2.82	2.72	2.63	2.50	2.35	2.20	2.12	2.03	1.94	1.84	1.73	1.60
120	6.85	4.79	3.95	3.48	3.17	2.96	2.79	2.66	2.56	2.47	2.34	2.19	2.03	1.95	1.86	1.76	1.66	1.53	1.38
∞	6.63	4.61	3.78	3.32	3.02	2.80	2.64	2.51	2.41	2.32	2.18	2.04	1.88	1.79	1.70	1.59	1.47	1.32	1.00

9. 난수표

87 39 03 32 89	57 01 52 93 64	54 51 33 33 05	69 33 92 31 73
71 60 26 74 32	43 08 67 72 14	75 67 06 58 40	08 88 27 52 74
06 71 36 11 93	46 49 05 79 59	39 26 68 83 62	98 48 88 49 39
26 86 24 22 38	30 82 01 56 96	56 54 88 16 38	10 80 63 74 97
01 01 65 44 47	66 03 63 16 59	79 90 17 18 88	26 75 56 15 03
11 80 13 80 97	69 97 76 77 68	68 87 85 03 92	93 61 24 25 41
44 62 62 28 12	83 57 88 61 73	52 89 65 24 86	21 06 47 86 21
76 16 36 75 96	77 33 97 49 09	70 09 93 74 10	07 59 92 19 20
78 62 73 36 75	17 62 90 37 81	02 65 07 06 32	92 91 61 52 01
52 80 96 18 85	89 44 96 02 74	76 36 60 97 71	14 85 70 25 01
11 45 22 06 41	72 41 22 74 42	98 56 17 05 26	46 44 57 11 52
61 44 64 37 33	70 45 48 21 22	67 64 92 13 50	24 46 33 70 66
90 25 70 04 44	17 80 13 13 89	57 28 39 51 82	67 49 26 52 59
51 22 60 83 91	28 63 18 09 70	07 78 05 00 28	93 83 95 93 84
64 43 19 51 93	21 08 93 60 68	50 23 50 64 37	79 68 36 28 05
63 80 86 43 17	46 55 21 23 06	34 89 71 68 24	47 95 47 47 82
50 71 68 49 98	08 99 78 55 41	06 99 80 00 04	65 44 32 60 64
45 08 84 52 68	09 34 36 32 09	20 93 61 37 67	45 06 47 87 35
63 45 60 28 83	55 93 02 96 39	48 86 79 75 25	41 27 89 93 12
11 93 02 30 42	60 51 57 47 28	81 44 49 24 40	24 14 86 11 39
75 65 50 06 22	14 64 53 20 90	08 13 58 06 04	26 92 02 06 95
05 97 46 66 27	96 92 87 60 29	45 25 65 24 06	36 92 11 91 33
66 35 89 72 98	29 91 74 46 54	11 42 98 93 60	92 20 79 51 12
30 36 92 56 28	46 51 72 04 89	82 35 51 95 48	39 60 76 88 94
70 37 97 81 83	19 96 18 07 88	25 60 95 04 20	91 15 27 68 68
30 76 68 14 00	62 55 65 97 29	74 20 84 39 53	59 66 52 34 66
79 14 14 30 98	47 97 35 11 32	79 32 99 61 99	87 56 69 08 66
29 08 65 71 75	78 48 21 44 72	43 71 76 28 76	84 95 43 12 24
43 66 82 68 26	42 24 83 92 62	30 63 67 57 67	81 66 73 73 90
17 80 91 27 50	20 45 71 71 53	29 53 53 18 53	18 30 59 51 44
99 15 28 63 96	86 84 96 31 02	31 02 91 93 91	13 35 98 87 07
74 88 00 84 14	22 14 69 63 05	05 05 77 22 77	58 09 85 93 44
10 83 19 30 07	25 75 49 28 40	47 40 83 53 83	85 15 22 26 05
50 02 25 84 49	43 93 01 49 86	00 86 21 49 21	21 49 61 53 77
13 49 64 86 78	30 14 79 53 66	39 66 14 70 14	81 81 37 66 98
19 32 71 24 86	65 59 45 97 39	74 39 27 78 27	88 68 18 99 76
42 12 36 77 33	41 74 43 91 03	03 03 14 16 14	29 30 78 21 81
43 45 39 51 51	79 54 65 11 71	56 71 82 42 82	36 13 65 83 80
35 30 77 66 91	22 29 15 70 61	50 61 33 27 33	96 84 77 12 74
77 18 24 19 79	70 20 26 20 30	31 30 39 37 39	53 09 96 06 52
30 14 52 20 56	80 17 50 41 54	64 54 86 94 86	89 42 92 00 37
16 59 02 96 46	72 47 96 17 37	27 37 83 32 83	98 59 21 58 32
79 49 52 69 44	47 05 39 65 24	36 24 45 27 45	85 22 66 45 29
41 58 85 16 74	20 66 22 97 74	46 74 60 99 60	35 09 37 25 52
42 86 32 40 65	39 26 39 51 98	61 98 51 27 51	28 22 18 89 03
65 61 44 33 80	16 00 10 49 16	41 16 24 67 24	35 22 12 52 21
75 34 75 66 51	65 44 63 49 03	59 03 87 65 87	80 60 73 32 38
73 32 14 14 18	01 80 87 74 29	11 29 05 03 05	85 48 77 48 42
39 51 41 61 55	33 47 73 52 94	33 94 46 28 46	33 81 06 00 02
70 07 23 00 02	20 76 92 80 57	45 57 28 82 28	17 01 83 27 09

연습문제풀이

제1장 통계학 개요

[Review Lecture]

1. 수집, 정리, 불확실
2. 규칙성, 의사결정
3. 모집단, 상수, 표본, 변수
4. 양적자료, 연속형, 명목, 등간
5. 자료, 변수
6. ① 명목척도 ② 비율척도 ③ 서열척도 ④ 등간척도

[연습문제]

1. 8번 교재참고
10. (1) 2005명 (2) 150명
11. (1) 통계량 (2) 통계량 (3) 모수

제2장 기술통계학

[Review Lecture]

1. 막대그래프
2. 원그래프
3. 꺾은선 그래프
4. 점도표
5. 히스토그램
6. 도수다각형그래프
7. 줄기-잎 그래프
8. 레이더 차트
9. 산포, 좌우대칭
10. 중위수, 최빈치
11. 분산, 변동계수
12. 자유도
13. 비대칭도
14. 첨도
15. 상자그림
16. 5점 요약표시

[연습문제]

1. ① 계급의 수 $=1+\frac{\log 30}{\log 2}=6$ ② 범위 $=125-89=36$ ③ 계급의 폭 $=\frac{36}{6}=6$

④ 제 1구간의 하한경계치 $=89-\frac{1}{2}=88.5$

⑤ 도수분포표

경계치	중앙치	check	도수 (f)	u	fu	fu^2
88.5~94.5	91.5		2	-2	-4	8
94.5~100.5	97.5		6	-1	-6	6
100.5~106.5	103.5		9	0	0	0
106.5~112.5	109.5		7	1	7	7
112.5~118.5	115.5		3	2	6	12
118.5~124.5	121.5		2	3	6	18
124.5~130.5	127.5		1	4	4	16
합계			30		13	67

2. ① 224.1

② $2{,}563{,}473 - \dfrac{(11{,}205)^2}{50} = 52{,}432.5$

③ $s^2 = \dfrac{52{,}432.5}{49} = 1070.05$

④ 32.71

⑤ $SE = \dfrac{32.71}{\sqrt{50}} = 4.626$

⑥ 범위 $= 309 - 176 = 133$

⑦ $\dfrac{32.71}{224.1} \times 100 = 14.60\%$

3. 중위수 $= \dfrac{45+50}{2} = 47.5$ 산술평균 = 4.98

4. $\sqrt[4]{1.3 \times 2 \times 4 \times 5} = 2.685$

5. $\dfrac{2}{\dfrac{1}{5}+\dfrac{1}{4}} = 4.44km/hr$

6. $\bar{x}$=17.9 비대칭도 $= \dfrac{-12.672}{(3.477)^3} = -0.301$ 첨도 $= \dfrac{401.1057}{(3.477)^4} = 2.744$

7. 사분위수 범위 $Q_1 = \dfrac{11}{4} = 2.75$ $Q_3 = \dfrac{3(10+1)}{4} = 8.25$ $IQR = 128 - 119 = 9$

사분편차 $QD = 9/2 = 4.5$

8. $S_k = \dfrac{(67-109)}{15} = -2.8$

9. $CV_{남자} = \dfrac{6}{300} \times 100 = 2$ $CV_{여자} = \dfrac{3}{200} \times 100 = 1.5$

10. $\bar{x} = \dfrac{(5 \times 6) + \cdots + (45 \times 5)}{42} = 31.19$

11. $H=\dfrac{7}{\frac{1}{4}+\frac{1}{3}+\cdots+\frac{1}{10}}=4.21$, $M_e=5$

12. $G=(4\times5\times6\times9\times10\times13\times16)^{\frac{1}{7}}=\sqrt[7]{2246400}=8.079$

13. $M_e=73$

제3장 확률이론

[Review Lecture]

1. ② 2. ① 3. ④ 4. ③ 5. ⑨ 6. ⑤ 7. ⑥ 8. ⑦ 9. ⑧ 10. ⑪ 11.⑩

[연습문제]

1. (1) 고전적 (2) 경험적 (3) 고전적 (4) 고전적 (5) 경험적 (6) 경험적

2. $P(\text{산})=\dfrac{45}{80}=0.5625$ $P(\text{바다})=\dfrac{35}{80}=0.4375$ $P(\text{산}\cap\text{바다})=\dfrac{15}{80}=0.1875$

$P(\text{산}\cup\text{바다})=P(\text{산})+P(\text{바다})-P(\text{산}\cap\text{바다})=0.5625+0.4375-0.1875=0.8125$

3. $P(\text{킹}\cup\text{퀸})=P(\text{킹})+P(\text{퀸})=\dfrac{4}{54}+\dfrac{4}{54}=\dfrac{8}{54}=0.148$

4. $P(B/A)=\dfrac{0.1}{0.15}=0.667$

5. $P(B_2/A_1)\dfrac{P(A_1\cap B_2)}{P(A_1)}=\dfrac{0.4}{0.6}=0.67$

6. (1) $P(A)=P(A\cap B)+P(A\cap\overline{B})=0.2+0.2=0.4$ $P(B/A)=\dfrac{P(A\cap B)}{P(A)}=\dfrac{0.2}{0.4}=0.5$

(2) $P(\overline{A})=P(\overline{A}\cap B)+P(\overline{A}\cap\overline{B})=0.1+0.5=0.6$

$P(B/\overline{A})=\dfrac{P(\overline{A}\cap B)}{P(\overline{A})}=\dfrac{0.1}{0.6}=0.167$

7. (1) $P(A/B)=0.8$ (2) $P(A\cap B)=0.1$ (3) $P(B)=0.75$

8. (1) 결합확률표

구분	정년직 A	비정년직 $\overline{A}$	합계
남자 B	0.11	0.05	0.16
여자 $\overline{B}$	0.40	0.44	0.84
합계	0.51	0.49	1.00

(2) $P(\overline{A}/B) = 0.313$

(3) $P(A/\overline{B}) = 0.476$

9. $P(A \cap B) = P(B/A) \cdot P(A) = 0.25 \times 0.2 = 0.05$

10. $P(A \cap B) = P(A) \cdot P(B) = 0.80 \times 0.7 = 0.56$

11. (1) S = {1H, 2H, 3H … 6H, 1T, 2T … 6T}

(2) P = {1H, 1T, 3H, 3T, 5H, 5T} = 0.5

(3) P = {1H, 2H, 3H … 6H} = 0.5

(4) P = {1T, 3T, 5T} =0.25

제4장 확률변수와 확률함수

[Review Lecture]

1. (1) 연속 (2) 이산 (3) 연속 (4) 이산 (5) 이산 (6) 연속

2. (1) ② (2) ⑤ (3) ④ (4) ③ (5) ①

[연습문제]

1. (1) 0.12 (2) 0.63 (3) 이산

2. (1) $P(1) = \frac{1}{6} \quad P(2) = \frac{2}{6} \quad P(3) = \frac{3}{6}$

세 개의 확률이 양수이고 합이 1이므로 확률질량함수임.

(2)

확률변수(X)	확률P(X)
1	1/6
2	2/6
3	3/6

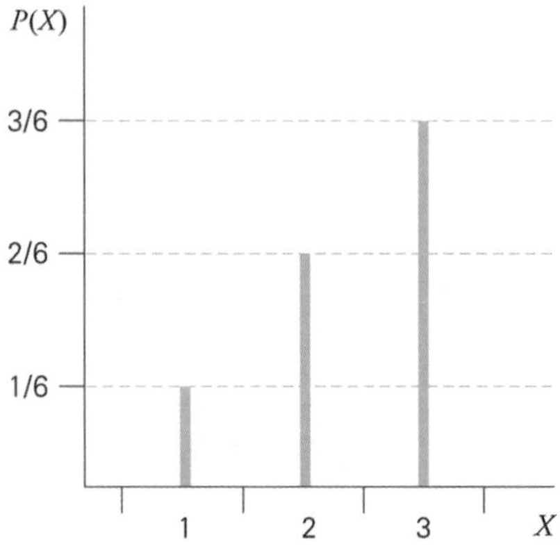

3. (1) $f(-1) = -\frac{1}{6} < 0$ 이므로 확률밀도함수가 아님

(2) $f(-1) = \frac{2}{10} \geq 0$ $f(0)= \frac{1}{10} \geq 0$ $f(1)= \frac{2}{10} \geq 0$ $f(2)= \frac{5}{10} \geq 0$

f(-1)+f(0)+f(1)+f(2)=1 이므로 확률밀도함수임.

(3) $f(1)= \frac{1}{6} > 0$ $f(2)= \frac{2}{6} > 0$ $f(3)= \frac{3}{6} > 0$

f(1)+f(2)+f(3)=1 이므로 확률밀도함수임.

4. (1)

확률변수(X)	확률P(X)
1	1/6
2	1/6
3	1/6
4	1/6
5	1/6
6	1/6

** 그림 생략

(2)

확률변수(X)	P(X)	F(X)
1	1/6	1/6
2	1/6	2/6
3	1/6	3/6
4	1/6	4/6
5	1/6	5/6
6	1/6	1

** 그림 생략

5. (1) 기대치 $E(X) = 3.29$ 분산 $Var(X) = 2.09$ 표준편차= $\sqrt{2.09031} = 1.446$

(2) $P(2 \leq X \leq 4) = 0.77$

(3) $F(4) = 0.85$

6. 기대값 $E(X) = 2$

7. $E(2X-3Y+6) = 2E(X) - 3E(Y) + 6 = 7$

8. (1) $E(2X-6) = 4$ $Var(2X-6) = 2^2 Var(X) = 36$

(2) $E(5X) = 25$ $Var(5X) = 5^2 Var(X) = 225$

(3) $E(4X+4) = 24$ $Var(4X+4) = 4^2 Var(X) = 144$

제5장 이산확률분포

[Review Lecture]

1. ① 1 ② 일정, 1 ③ 독립
2. ① 좌우대칭 ② 정규 ③ 포아송 ④ 이산
3. ① 독립 ② 0 ③ 비례
4. ① 포아송 ② 정규 ③ 분산 ④ 이산
5. ① 이항 ② 이산 ③ 비복원

[연습문제]

1. (1) $P(X=3)=0.0474$

   (2) $P(X \geq 20)=P(X=20)+P(X=21)+P(X=22)=0.000000004$

   (3) $P(X \leq 20)=P(X=0)+P(X=1)+P(X=2)=0.0207$

   (4) $E(X)=6.6$, $Var(X)=4.62$

2. $E(X)=p=0.05$, $Var(X)=pq=0.0475$

3. $P(X \leq 2)=P(X=0)+P(X=1)+P(X=2)=0.091$

4. $P(X=0)=0.809$

5. ① $P(X=0)=0.279$, ② $P(X=10)=0.000000000619$

6. ①

X	P(X)
0	0.02799
1	0.13064
2	0.26127
3	0.2903
4	0.1935
5	0.0774
6	0.0172
7	0.0016

   ② $E(X)=2.8$, $Var(X)=np(1-p)=1.68$

7. $E(X)=3.35$, $Var(X)=2.9675$, $\sigma(X)=\sqrt{2.9675}=1.7226$

8. $P(x=2)=0.206$

9. $P(X \leq 2) = P(0) + P(1) + P(2) = 0.0296$

10. $P(X \geq 3) = 0.191$

11. $P(x \leq 2) = 0.676$

12. $P(x = 3) = 0.0879$

13. ① $P(x=2) = 0.1688$ ② $P(x=2) = 0.16686$ ③ $P(x=2) = 0.16466$

14. ① $P(x=0) = 0.665$ ② $P(x \leq 2) = 0.9937$ ③ $P(x=20) = 0.000000$

④ $P(X \geq 3) = 0.0063$

15. $P(x = 3) = 0.0521$

제6장 연속확률분포

[Review Lecture]

1. ① 종 ② 중심 ③ 곡선 ④ 1 ⑤ 평균

2. μ, σ^2

3. μ, 확률, 0, 1

4. 정규

5. np, npq

6. $X-0.5$, $X+0.5$

[연습문제]

1. ① 0.6826 ② 0.9544 ③ 0.9974

2. ① $P(X \geq 20) = P(\frac{X-\mu}{\sigma} \geq \frac{20-20}{4}) = Z \geq 0$

② $P(15 \leq X \leq 20) = P(\frac{15-20}{4} \leq \frac{X-\mu}{\sigma} \leq \frac{20-20}{4}) = -1.25 \leq Z \leq 0$

3. ① $P = 0.3721$ ② $P = 0.2266$ ③ $P = 0.0188$

4. ① $P(700 \leq X \leq 900) = P(\frac{700-800}{120} \leq \frac{X-\mu}{\sigma} \leq \frac{900-800}{120})$

$= P(-0.833 \leq Z \leq 0.833)$

$= 0.5934$

② $P(X \le 700) = P(\frac{X-\mu}{\sigma} \le \frac{700-800}{120}) = 0.2033$

③ $P(X \ge 900) = P(\frac{X-\mu}{\sigma} \ge \frac{900-800}{120}) = 0.2033$

5\. $P(X \le 1) = P(\frac{X-\mu}{\sigma} \le \frac{1-2.5}{1.5}) = 0.1587$

6\. $P(X \ge 90) = 0.15866$, 159명

7\. ① $P(6 \le X \le 10) = P(-1 \le Z \le 1) = 0.6826$

② $P(X \le 7) = P(\frac{X-\mu}{\sigma} \le \frac{7-8}{2}) = 0.3085$

③ $P(X \ge 10) = P(\frac{X-\mu}{\sigma} \ge \frac{10-8}{2}) = 0.1587$

8\. $P(X < 90) = (\frac{X-\mu}{\sigma} < \frac{90-95}{2.5}) = 0.0228$

9\. $P(3.75 \le X \le 4.5) = P(\frac{3.75-4}{0.5} \le \frac{X-\mu}{\sigma} \le \frac{4.5-4}{0.5}) = 0.5328$

10\. $P(X \le 40) = P(\frac{X-\mu}{\sigma} \le \frac{40-55}{5}) = 0.0013$

11\. $P(455 \le X < 545) = P(-1.5 \le Z \le 1.5) = 0.8664$

12\. $P(X \ge 80) = P(\frac{X-\mu}{\sigma} \ge \frac{80-88}{5}) = 0.9452$

13\. $P(X \ge 62) = P(\frac{X-\mu}{\sigma} \ge \frac{62-50}{5}) = 0.0082$

14\. $E(X) = \mu = np = 200 \times 0.5 = 100$ $Var(X) = \sigma^2 = npq = 50$ $\sigma = 7.071$

① $P(99.5 \le X \le 120.5) = P(\frac{99.5-100}{7.071} \le \frac{X-\mu}{\sigma} \le \frac{120.5-100}{7.071}) = 0.526$

② $P(X \ge 119.5) = P(\frac{X-\mu}{\sigma} \ge \frac{119.5-100}{7.071}) = 0.0029$

15\. ①$P(X=5) = 0.134$ ②$P(4.5 \le X \le 5.5) = 0.1567$

제7장 표본분포

[Review Lecture]

1. (1) ④ (2) ② (3) ① (4) ③

2. 중심극한의 정리

[연습문제]

1. (1) $P(\overline{X} \geq 70) = P\left(\frac{\overline{X} - \mu}{\sigma / \sqrt{n}}) \geq \frac{70 - 65}{16.4 / \sqrt{50}}\right) = P(Z \geq 2.16) = 0.015$

   (2) $P(60 \leq \overline{X} \leq 70) = 0.968$ (3) $P(\overline{X} \leq 60) = 0.015$

2. $P(\overline{X} \leq 60) = 0.00040406$

3. (1) $E(X) = 6$, $V(X) = 8$ (2) $E(\overline{X}) = 6$, $V(\overline{X}) = 4$. $\sigma(\overline{X}) = 2$

4. (1) $P(\overline{X} \geq 30) = 0.5$ (2) $P(28 \leq \overline{X} \leq 32) = 0.9714$, (3) $P(\overline{X} \leq 30) = 0.5$

5. $\mu = 30$ $\sigma^2 = 16$ $n = 23$이므로 표본평균 $\mu_{\bar{x}} = \mu = 30$, 표준오차 $\sigma_{\bar{x}} = 0.834$

6. $\mu_{\bar{x}} = \mu = 120$ $\sigma_{\bar{x}} = 1.414$

7. $\mu = 3$ $\sigma = 5$ $n = 80$ 이므로 $P(3 \leq \overline{X} \leq 5) = P(0 \leq Z \leq 3.58) \fallingdotseq 0.4998$

8. $\mu = 1000$ $n = 20$ $\sigma_{\bar{x}} = 100$ 이므로 $P(\overline{X} \leq 900) = 0.0000039110$

9. $p = 0.55$ $n = 200$ $\sigma_p^2 = V(\frac{X}{n}) = 0.00124$ $\sigma_{p=} \sqrt{0.00124} = 0.0352$

   $P(X \leq 0.5) = 0.0778$

10. $p = 0.15$ $n = 200$ $np = 30 \geq 5$ 이므로 이항분포의 정규조사에 의해 확률계산

    $P(X \leq 0.125) = 0.1411$

제8장 추정

[Review Lecture]

1. (1) ② (2) ④ (3) ③
   (4) ⑤ (5) ⑥ ⑧ (6) ⑦

2. (1) ② (2) ③ (3) ① (4) ④

[연습문제]

1. ① $\hat{\mu}=10.57$, ② $\hat{\sigma^2}=\frac{S}{n-1}=0.205$ $\left(S=1119.095-\frac{11172.49}{10}=1.846\right)$

③ $\sigma=0.4529$

2. $\mu=99\pm1.96\frac{30}{\sqrt{58}}=99\pm7.72$

3. $\mu=0.824\pm2.576\frac{0.042}{\sqrt{200}}=0.842\pm0.00765$

4. $\mu=1.78\pm1.96\frac{0.7}{\sqrt{9}}=1.78\pm0.457$

5. $\mu=66.2\pm t(9,\ 0.025)\sqrt{\frac{16.178}{10}}=66.2\pm2.877$

6. $\mu=665\pm2.576\frac{8}{\sqrt{50}}=655\pm2.914$

7. $\mu_A-\mu_B=0.72\pm1.96\sqrt{\frac{0.2^2}{10}+\frac{0.15^2}{8}}=0.72\pm0.1618$

8. $\mu_A-\mu_B=9.5\pm2.576\sqrt{7.1132}=9.5\pm6.870$

9. $\mu_A-\mu_B=0.675\pm t(14,\ 0.025)\sqrt{0.1268}\sqrt{\frac{1}{8}+\frac{1}{8}}=0.675\pm0.3819$

10.

A	0.83	0.88	0.87	0.83	0.79	0.83	합계
B	0.80	0.85	0.83	0.80	0.76	0.81	
d	0.03	0.03	0.04	0.03	0.03	0.02	$\sum d=0.18$
d^2	0.0009	0.0009	0.0016	0.0009	0.0009	0.0004	$\sum d^2=0.0056$

$S_d=0.0056-\frac{(0.18)^2}{6}=0.0002$, $V_d=\frac{0.0002}{5}=0.00004$이므로

$\mu_A-\mu_B=0.03\pm t(5,\ 0.025)\sqrt{\frac{0.00004}{6}}=0.03\pm0.00664$

11. $\frac{0.01456}{\chi^2(9,\ 0.025)}\le\sigma^2\le\frac{0.01456}{\chi^2(9,\ 0.975)}=0.000765\le\sigma^2\le0.0053918$

12. $P=0.08\pm1.96\sqrt{\frac{0.08(1-0.08)}{500}}=0.08\pm0.0238$

13. $P=0.04167\pm2.576\sqrt{\frac{0.04167(1-0.04167)}{120}}=0.04167\pm0.04699$

14. $P_1 - P_2 = 0.01 \pm 1.96\sqrt{\frac{0.07(1-0.07)}{100} + \frac{0.06(1-0.06)}{200}} = 0.01 \pm 0.05987$

15. $P = 0.34615 \pm 1.96\sqrt{\frac{0.34615(1-34615)}{130}} = 0.34615 \pm 0.0818$

16. $P_1 - P_2 = 0.04 \pm 2.576\sqrt{\frac{0.1(1-0.1)}{120} + \frac{0.06(1-0.06)}{150}} = 0.04 \pm 0.08644$

17. $C_A - C_B = 7 \pm 1.96\sqrt{42+35} = 7 \pm 17.99$

18. $C = 16 \pm 1.96\sqrt{16} = 16 \pm 7.84$

19. $U = 0.3 \pm 1.96\sqrt{\frac{0.3}{100}} = 0.3 \pm 0.10735$

20. $C_A - C_B = 9 \pm 1.96\sqrt{28+37} = 9 \pm 15.80$

21. $n \fallingdotseq 664$

제9장 검정

[Review Lecture]

1. (1) 2　(2) 1　(3) 3
   (4) 5　(5) 4　(6) 6
   (7) 8　(8) 7

[연습문제]

1. $H_0 : \mu = \mu_{0,}\quad H_1 : \mu \neq \mu_0$

   $Z_0 = \frac{75-69}{10/\sqrt{80}} = 5.367$

   $Z_0 = 5.367 \geq Z(0.025) = 1.96$ 이므로 귀무가설 기각, 대립가설 채택

   즉, 영어실력 향상 프로그램이 효과가 있다고 할 수 있음.

2. $H_0 : \mu = \mu_{0,}\quad H_1 : \mu \neq \mu_0$

   $Z_0 = \frac{18-15}{3/\sqrt{10}} = 3.162$

   $Z_0 = 3.162 \geq Z(0.005) = 2.576$ 이므로 귀무가설 기각, 대립가설 채택

3. $H_0 : \mu = \mu_{0,} \quad H_1 : \mu \neq \mu_0$

$$t_0 = \frac{0.0164 - 0.015}{\sqrt{0.000002044} / \sqrt{10}} = 3.0967$$

$t_0 = 3.0967 \geq t(9,\ 0.025) = 2.262$ 이므로 귀무가설 기각, 대립가설 채택

4. $H_0 : \mu = 5000, \quad H_1 : \mu > 5000$

$$t_0 = \frac{5654.545 - 5000}{\sqrt{150727.27} / \sqrt{11}} = 5.5916$$

$t_0 = 5.5916 \geq t(10,\ 0.05) = 1.812$ 이므로 귀무가설 기각, 대립가설 채택

5. $H_0 : \mu_A = \mu_{B,} \quad H_1 : \mu_A \neq \mu_B$

$$Z_0 = \frac{23.083 - 22.333}{\sqrt{\frac{5^2}{12}} + \sqrt{\frac{5^2}{12}}} = 0.3674$$

$Z_0 = 0.3674 \leq Z(0.025) = 1.96$ 이므로 귀무가설 채택.

즉, A사와 B사와의 인장강도가 차이가 있다고 할 수 없다.

6. 대응관계 검정

$H_0 : \mu_A = \mu_{B,} \quad H_1 : \mu_A \neq \mu_B$

$$t_0 = \frac{3.34}{\sqrt{6.734} / \sqrt{10}} = 4.070$$

$t_0 = 4.070 \geq t(9,\ 0.025) = 2.262$ 이므로 귀무가설 기각, 대립가설 채택

7. $H_0 : \sigma_A^2 = \sigma_B^2 \quad H_1 : \sigma_A^2 \neq \sigma_B^2$

$$F_o = \frac{0.001984}{0.001107} = 1.7922$$

$F_o = 1.7922 \leq F(7,\ 7 : 0.025) = 4.99$ 이므로 귀무가설 채택.

8. $H_0 : \sigma^2 = 0.01 \quad H_1 : \sigma^2 < 0.01$

$$\chi_0^2 = \frac{0.1539}{0.01} = 15.39$$

$\chi_o^2 = 15.39 \geq \chi^2(19,\ 0.95) = 10.117$ 이므로 귀무가설 채택.

9. $Z_o = \dfrac{0.06667 - 0.05}{\sqrt{\dfrac{0.05(1-0.05)}{120}}} = \dfrac{0.01667}{\sqrt{0.0003958}} = 0.8379$

10. H_0 : 흡연 = 비흡연, H_1 : 흡연 ≠ 비흡연

$$Z_o = \frac{0.018667 - 0.005833}{\sqrt{0.01296(1-0.01296)\left(\frac{1}{1500} + \frac{1}{1200}\right)}} = 2.9299$$

$Z_0 = 2.9299 \geq Z(0.025) = 1.96$ 이므로 귀무가설 기각, 대립가설 채택.

11. $H_0 : P_A = P_{B,} \quad H_1 : P_A \neq P_B$

$$Z_o = \frac{0.05 - 0.044}{\sqrt{0.04727(1-0.04727)\left(\frac{1}{300}+\frac{1}{250}\right)}} = 0.3302$$

$Z_0 = 0.3302 \leq Z(0.005) = 2.576$ 이므로 귀무가설 채택.

12. $H_0 : P = 0.03, \quad H_1 : P \neq 0.03$

$$Z_o = \frac{0.0267 - 0.03}{\sqrt{\frac{0.03(1-0.03)}{150}}} = -0.23693$$

$Z_0 = -0.23693 \geq -Z(0.025) = -1.96$ 이므로 귀무가설 채택.

13. $H_0 : C = 35 \quad H_1 : C \neq 35$

$$Z_o = \frac{25 - 35}{\sqrt{35}} = -1.6903$$

$Z_0 = -1.6903 \geq -Z(0.025) = -1.96$ 이므로 귀무가설 채택.

14. $H_0 : C_A = C_{B,} \quad H_1 : C_A \neq C_B$

$$Z_o = \frac{5 - 7}{\sqrt{5+7}} = -0.57735$$

$Z_0 = -0.57735 \geq -Z(0.005) = -2.576$ 이므로 귀무가설 채택.

15. $H_0 : C = 7, \quad H_1 : C \neq 7$

$$Z_o = \frac{4 - 7}{\sqrt{7}} = -1.13389$$

$Z_0 = -1.13389 \geq -Z(0.025) = -1.96$ 이므로 귀무가설 채택.

제10장 상관분석과 회귀분석

[Review Lecture]

1. (1) ③ (2) ① (3) ④
   (4) ② (5) ⑤ (6) ⑥
2. (1) ② (2) ① (3) ③
   (4) ⑤ (5) ④

[연습문제]

1. $S_{xx} = 275 - \dfrac{37^2}{6} = 46.833$,　$S_{yy} = 391 - \dfrac{45^2}{6} = 53.5$,　$S_{xy} = 323 - \dfrac{37 \times 45}{6} = 45.5$

$r = \dfrac{45.5}{\sqrt{46.833 \times 53.5}} = 0.909$

2. (1) $r = \dfrac{3.5993}{\sqrt{18100.1 \times 0.0007269}} = 0.992$

(2) $H_0 : \rho = 0$,　$H_1 : \rho \neq 0$

$$t_o = \frac{0.992}{\sqrt{\dfrac{1-(0.992)^2}{8}}} = 22.2263$$

$t_o = 22.2263 \geq t(8,\ 0.025) = 2.306$ 이므로 귀무가설 기각, 대립기설 채택.

3. $b = \dfrac{S_{xy}}{S_{xx}} = \dfrac{396.2}{74.5} = 5.318$　$y - 32.6 = 5.318(x - 3.5)$　$\therefore y = 13.987 + 5.318x$

4. $b = \dfrac{S_{xy}}{S_{yy}} = \dfrac{43}{186.8} = 0.230$　$x - 5 = 0.230(y - 10.8)$　$\therefore x = 2.516 + 0.230y$

5. (1) $H_0 : \rho = 0$,　$H_1 : \rho \neq 0$

$$t_o = \frac{0.9192}{\sqrt{\dfrac{1-(0.9192)^2}{3}}} = 4.043$$

$t_o = 4.043 \geq t(3,\ 0.025) = 3.182$ 이므로 귀무가설 기각, 대립가설 채택.

(2) $y = 1.8 + 1.3x$

(3) $H_0 : \rho = 0.5$,　$H_1 : \rho \neq 0.5$

$Z_o = \sqrt{5-3}\,[1.582555 - 0.54306] = 1.4612$

$Z_o = 1.4612 \leq Z(0.025) = 1.96$ 이므로 귀무가설 채택.

6. $S_R = b^2 \cdot S_{xx} = \dfrac{(S_{xy})^2}{S_{xx}} = \dfrac{(67.8)^2}{90.5} = 50.79$

7. $y = 2.261 + 0.30435x$

8. (1) $r = \dfrac{2.048}{\sqrt{2.872 \times 1.732}} = 0.91826$

(2) $y = 1.565 + 0.71309x$

(3) $x = 0.4918 + 1.1824y$

(4) $r^2 = (0.91826)^2 \times 100 = 84.32\%$

(5) $V_{xy} = 0.512$

제11장 분산분석

[Review Lecture]

1. (2) 반복　　　　(4) 교락
2. ① 제어인자　　② 표시인자　　③ 블록인자
   ④ 보조인자　　⑤ 오차인자

[연습문제]

1. (1) 분산분석표

요인	변동	자유도	평균변동	F_o	$F(0.05)$
A	2.963	3	0.9877	5.959 *	4.07
E	1.326	8	0.16575		
T	4.289	11			

(2) $F_o = 5.959 \geq F(3,\ 8:\ 0.05) = 4.07$ 이므로 귀무가설 기각, 대립가설 채택.

즉, 열처리 온도 간($A_1,\ A_2,\ A_3,\ A_4$) 인장강도가 차이가 있음.

(3) $\mu_1 = 59.3 \pm t(8,\ 0.025)\sqrt{\dfrac{0.16575}{3}} = 59.3 \pm 0.542$

$\mu_2 = 59.9 \pm t(8,\ 0.025)\sqrt{\dfrac{0.16575}{3}} = 59.9 \pm 0.542$

$\mu_3 = 60.367 \pm t(8,\ 0.025)\sqrt{\dfrac{0.16575}{3}} = 60.367 \pm 0.542$

$\mu_4 = 60.6 \pm t(8,\ 0.025)\sqrt{\dfrac{0.16575}{3}} = 60.6 \pm 0.542$

2.

요인	변동	자유도	평균변동	F_o	$F(\alpha)$
A			(0.5633)	11.246	3.24 (0.05)
E		(16)	(0.0493)		5.29 (0.01)
T	(2.478)				

(귀무가설 기각, 대립가설 채택 - 고도로 유의함.)

3. (1) 분산분석표

요인	변동	자유도	평균변동	F_o	$F(0.05)$
A B E	(11.21)	(2) (3) (6)	(3.533)	(0.588) (1.059)	(5.14) (4.76)
T					

(2) A, B인자 귀무가설 채택.

4. (1) 분산분석표

요인	변동	자유도	평균변동	F_o	$F(\alpha=0.05,\ 0.01)$
A	1.762	2	0.881	14.49**	5.14 10.9
B	5.360	3	1.787	29.39**	4.76 9.78
E	0.365	6	0.0608		
T	7.487	11			

(2) A, B인자 귀무가설 기각, 대립가설 채택. - 각 수준 간 고도로 유의함

(3) $\mu(A_2)=13.15\pm t(6,\ 0.025)\sqrt{\dfrac{0.0608}{4}}=13.15\pm 0.302$

(4) $\mu(B_1)=12.7\pm t(6,\ 0.005)\sqrt{\dfrac{0.0608}{3}}=12.7\pm 0.528$

제12장 비모수통계학

[Review Lecture]

① 비모수통계학　② 적합도검정　③ $r\times c$ 분할표

④ 상호독립적　⑤ t검정, 부호검정

⑥ 피어슨상관계수, 스피어만 순위상관계수

[연습문제]

1. $\chi_o^2=\sum\dfrac{(O_i-E_i)^2}{E_i}=19.8$　$\chi_o^2=19.18>\chi^2(4,\ 0.01)=13.277$　H_0기각

2. $H_0 = \rho_s \le 0$ $H_1 = \rho_s > 0$ $r_s = 1 - \dfrac{6 \times 138}{15(15^2 - 1)} = 0.75$

$r_s = 0.75 > r_s(15,\ 0.05) = 0.441$ H_0기각

3. $\chi^2 = 12.911 < \chi^2(8,\ 0.05) = 15.5073$ H_0 채택

4. $r_s = 1 - \dfrac{6 \times 38}{10 \times 99} = 0.7697$

5. $H_0 : p = 0.5$ $H_1 : p \neq 0$ $n = 12,\ \ p = 0.5$ $\dfrac{\alpha}{2} = 0.025$로써 0.025를 초과하지 않으면서 가까운 누적확률 0.0192임 (+)부호수가 2이하이거나 10이상이면 H_0기각
따라서 (+)부호수가 2이므로 H_0기각함.

참고문헌

[1] 고기곤, 통계학의 이해와 활용, 문우사, 2014.

[2] 강병서, 의사결정을 위한 현대통계학, 무역경영사, 2008.

[3] 김태호외, 실용통계학, 청목출판사, 2000.

[4] 류근관, 통계학[3판], 법문사, 2013.

[5] 이용구외, 통계학의 이해, 율곡출판사, 2014.

[6] 김양렬외, 경영경제통계학, 명경사, 2007.

[7] 김병태외, 사회과학 통계학, 대경, 2013.

[8] 강금식외, 알기쉬운 통계학[2판], 오래, 2013.

[9] 김홍규, 쉽게 이해하는 통계학, 학현사, 2012.

[10] 안상형외, 경영경제통계학, 박영사, 2011.

[11] 허문열외, 수리통계학, 박영사, 1996.

[12] 김종호외, 기초통계학, 연학사, 1999.

[13] 오혜영, 통계학입문, 교우사, 2002.

[14] 황인창외, 알기쉬운 통계학, 학현사, 1998.

[15] 김태림외, 통계학개론, 한국방송대출판부, 2003.

[16] 임용구, 품질관리기사 실기, 성안당, 2006.

[17] 장용철, 보건통계학, 미디어, 2004.

[18] 서수교, 보건통계학, 고문사, 2002.

[19] 김주영외, 보건통계학, 고문사, 2004.

[20] 이성란, 병원통계, 신광출판사, 2006.

[21] 강성홍외, 병원통계분석학, 청구문화사, 2001.

[22] 박성현, 현대실험계획법, 민영사, 2005.

[23] Hitoshi Kume, Statistical Method for Quality Improvement, ATOS, 1985.

[24] Montgomery, D.C., Introduction to Statistical Quality Control, 3rd ed., John Wiley & Sons, Inc.,1996.

[25] William W. Heines, Montgomery, D.C., Probability and Statistics Engineering and Management Science John Wiley & Sons, Inc.,1990.